EXPOSITION UNIVERSELLE INTERNATIONALE

DE 1878, À PARIS.

CATALOGUE OFFICIEL

PUBLIÉ

PAR LE COMMISSARIAT GÉNÉRAL.

TOME VII.

CONCOURS D'ANIMAUX VIVANTS.

PARIS.

IMPRIMERIE NATIONALE.

M DCCC LXXVIII.

CATALOGUE OFFICIEL

PUBLIÉ

PAR LE COMMISSARIAT GÉNÉRAL.

TOME VII.

EXPOSITION UNIVERSELLE INTERNATIONALE DE 1878, À PARIS.

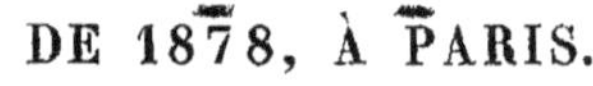

CATALOGUE OFFICIEL

PUBLIÉ

PAR LE COMMISSARIAT GÉNÉRAL.

TOME VII.

CONCOURS D'ANIMAUX VIVANTS.

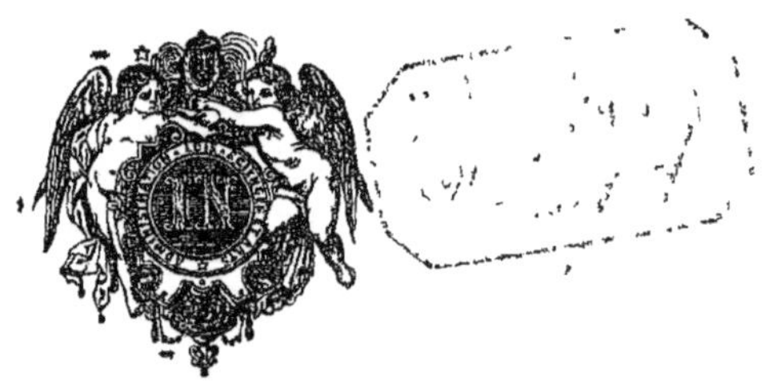

PARIS.

IMPRIMERIE NATIONALE.

M DCCC LXXVIII.

TABLE DES MATIÈRES.

AVERTISSEMENT.

Le catalogue général officiel de 1878 se compose de huit volumes :

1ᵉʳ volume. OEuvres d'art (groupe I), sections françaises et étrangères.

2ᵉ volume. Section française, France (groupes II et VI).

3ᵉ volume., Section française, France (groupes VII à IX); — Algérie et colonies françaises (groupes I à IX).

4ᵉ et 5ᵉ volumes. Sections étrangères (groupes II à IX).

6ᵉ volume. Sections historiques, française et étrangères.

7ᵉ volume. Concours d'animaux vivants et d'horticulture.

8ᵉ volume. Table alphabétique générale.

Ces huit volumes sont vendus ensemble ou séparément. Réunis, ils forment un catalogue complet comprenant tous les exposants de tous les produits.

Pour la France, la liste des exposants de chaque classe est précédée d'une notice rédigée sous la responsabilité du commissariat général et destinée à procurer aux visiteurs des indications succinctes qui leur permettent de se rendre un compte sommaire de l'industrie de la classe.

Les puissances étrangères avaient été invitées à fournir les éléments de notices analogues; le temps a malheureusement manqué à la plupart d'entre elles, et pour quelques-unes seulement on a pu établir un exposé sommaire de l'état des diverses industries.

Les listes des exposants sont dressées par classe suivant l'ordre alphabétique; dans l'article consacré à chaque exposant, on trouve le nom et les prénoms, l'adresse commerciale, l'indication sommaire des objets exposés, le numéro de l'emplacement qu'ils occupent dans la classe. La série des numéros recommence pour chaque nation et pour chaque classe ou chaque groupe, suivant l'importance du nombre des exposants. Quelquefois même, lorsque le nombre des exposants est peu considérable, il n'y a qu'une seule série de numéros par nation. Leur succession correspond d'ailleurs à la succession des places dans les galeries réservées aux différentes classes, de telle sorte que le visiteur sait toujours dans quel sens il doit se diriger pour trouver l'exposition qu'il désire voir.

Les listes d'exposants ont été arrêtées par les comités d'admission qui ont fourni à l'Administration tous les éléments nécessaires à leur rédaction.

Pour la section française, la notice sommaire de chaque classe est en outre précédée de l'indication des diverses parties des palais et parcs où sont répartis les exposants de la classe, et des numéros compris dans chacun de ces divers emplacements.

MINISTÈRE DE L'AGRICULTURE ET DU COMMERCE.

EXPOSITION UNIVERSELLE INTERNATIONALE
DE 1878, À PARIS.

EXPOSITION TEMPORAIRE D'ANIMAUX VIVANTS.
(CLASSÉS 78, 79, 80 ET 81.)

LISTE DU JURY.

PRÉSIDENT

M. BOULEY, membre de l'Institut, membre de la Société centrale d'agriculture de France, membre de l'Académie de médecine, de la Société de médecine vétérinaire, inspecteur général des Écoles vétérinaires.

ESPÈCE BOVINE.

1ʳᵉ SECTION.

MM. Malo, inspecteur général de l'agriculture.
Jacob Wilson (Angleterre).
N....., éleveur anglais.
le Comte J.-II. Vander Straeten-Ponthoz, à Clavier (Belgique).
Bourderonnet, à Saint-Junien (Haute-Vienne).
A. Burel, à Fongueusemare (Seine-Inférieure).
Gernigon, à Saint-Fort (Mayenne).
De la Valette, à Villiers-Charlemagne (Mayenne).

2ᵉ SECTION.

MM. Tisserand, inspecteur général de l'agriculture.
N....., éleveur hollandais.
le Colonel Fluckiger, à Aarwangen (Suisse).
Ronnberg, directeur général de l'agriculture, à Bruxelles.
N....., éleveur danois.
Bassi, directeur de l'École vétérinaire de Turin (Italie).
Godard, à Bar-le-Duc (Meuse).
Perron, à Gray (Haute-Saône).

3ᵉ SECTION.

MM. Fourot, député, à Evaux (Creuse).
Boitel, inspecteur général de l'agriculture.
Bouthier de Lafour, à Garsaillon (Saône-et-Loire).
Cesbron-Lavau, à Cholet (Maine-et-Loire).
A. Hébert, aîné, à Villiers-en-Vexin (Eure).

4ᵉ SECTION.

MM. LEMBEZAT, inspecteur général de l'agriculture.
DUPONT, à Bordeaux (Gironde).
GUILBAUD, à Saint-Germain-de-Prinçay (Vendée).
LE CORNUÉ, à Nantes (Loire-Inférieure).
LEREMBOURE, à Sare (Basses-Pyrénées).

5ᵉ SECTION.

MM. DU PEYRAT (CH.), adjoint à l'inspection générale de l'agriculture.
MAISONODE, à Aurillac (Cantal).
MURET (E.), à Aixe (Haute-Vienne).
DE VERNINAC, à Sarrazac (Lot).
DE VIALAR, à Saint-Nauphary (Tarn-et-Garonne).

6ᵉ SECTION.

MM. VILLAIN, député (Aisne).
HALNA DU FRÉTAY, inspecteur général de l'agriculture.
BORDILLON, au Lion-d'Angers (Maine-et-Loire).
NOGARÈDE, à Cholet (Maine-et-Loire).
TOCHOV, à Chambéry (Savoie).

ESPÈCE OVINE.

Iʳᵉ SECTION.

M. le professeur MARTIN WICDENS, (Autriche).
MM. BERNARDIN, directeur de la bergerie de Rambouillet (Seine-et-Oise).
TANNEUR, à Guise (Aisne).
LEFEBVRE, à Saint-Escobille (Seine-et-Oise).
MAÎTRE (A.), à Châtillon (Côte-d'Or).
PERRAULT DE JOTEMPS, à Mâcon (Saône-et-Loire).

2ᵉ SECTION.

MM. DUTERTRE, inspecteur général de l'agriculture et des bergeries, directeur de l'École
d'agriculture de Grignon.
HUGH AYLMER (Angleterre).
N...., éleveur anglais.
DARBLAY, à Chevilly (Loiret).
LELONG (E.), à Maintenon (Eure-et-Loir).
SIREDEY, à Fontaine-en-Quesnoy (Côte-d'Or).
VUAFLARD, à Caumont (Aisne).

3ᵉ SECTION.

MM. GASTON-BAZILLE, à Montpellier (Hérault).
CAUSSE, à Nîmes (Gard).
FOUGERON, à Breilly (Somme).
GUÉDON, directeur de la bergerie du Haut-Tingry (Pas-de-Calais).
LE CORBEILLER, à Poulaines (Indre).

·ESPÈCE PORCINE.

1re SECTION.

MM. Lefebvre de Sainte-Marie, inspecteur général de l'agriculture.
Chrisp (T.) (Angleterre).
Ross (J.) (Angleterre).
Demole, à Crévins-Bossey (Haute-Savoie).
Le Sénéchal, directeur de la vacherie de Corbon (Calvados).
Marquis de Verdun, à Aucey (Manche).

2e SECTION.

MM. Heuzé, inspecteur général de l'agriculture.
Caille, à Crisenoy (Seine-et-Marne).
Denille, directeur de la ferme-école de Besplas (Aude).
de Felcourt, à Vitry-le-François (Marne).
Michaux, à Bonnières (Seine-et-Oise).
Nanquette, directeur de la ferme-école des Hubaudières (Indre-et-Loire).

ANIMAUX DE ·BASSE-COUR.

1re SECTION.

MM. Logerotte, député (Saône-et-Loire).
Broquette, à Seine-Port (Seine-et-Marne).
Édoux, à Paris.
Mennechet, à Amiens (Somme).

2e SECTION.

MM. Malézieux, député (Aisne).
Cresswell (O.-E.) (Angleterre).
N....., éleveur anglais.
Gindre-Malherbe, à Paris.
Léveillé, à Paris.
Wuirion, inspecteur du Jardin d'acclimatation de Paris.

3e SECTION.

MM. Geoffroy-Saint-Hilaire, directeur du Jardin d'acclimatation de Paris.
Bénion, à Angers (Maine-et-Loire).
Boucheroy, à Beaugency (Loiret).
Havet, ancien chef de division à l'assistance publique à Paris.

4e SECTION.

MM. Dronne, à Paris.
✝Gayot (E.), membre de la Société centrale d'agriculture de France.
Piétrement, à Paris.
Pons (H.), à Rodez (Aveyron).

LISTE
DU PERSONNEL DU COMMISSARIAT GÉNÉRAL,
ATTACHÉ
AUX CONCOURS D'ANIMAUX VIVANTS.
(CLASSES 78, 79, 80 ET 81.)

COMMISSARIAT.

M. A. PORLIER, Directeur de l'agriculture.

M. F. RADOUANT, chef de bureau à la Direction de l'agriculture, chef de service.

ADMINISTRATION.

MM. Némon, rédacteur à la Direction de l'agriculture.
Langlois de Neuville, employé à la Direction de l'agriculture.

SERVICE VÉTÉRINAIRE.

M. Reynal, directeur de l'École vétérinaire d'Alfort.
Dix élèves de l'École.

SERVICE DES FOURRAGES.

M. Monaco, régisseur de l'École nationale vétérinaire d'Alfort.

EXPOSITION DES ANIMAUX.

Section étrangère.

ESPÈCES BOVINE, OVINE ET PORCINE.

MM. de Lapparent, adjoint à l'inspection générale de l'agriculture.
C. Zedde, ancien élève de l'École d'agriculture de Grignon.

Section française.

ESPÈCE BOVINE.

MM. C. Michelet, rédacteur à la Direction de l'agriculture.
V. Girin, ancien élève de l'École d'agriculture de Grignon.
Fournat de Brézenaud, ancien élève de l'École d'agriculture de la Saulsaie.

ESPÈCE OVINE.

M. J. Lefèvre, sous-directeur de la bergerie de Rambouillet.
Élèves bergers.

ESPÈCE PORCINE.

MM. Rougane de Chanteloup, ancien élève de l'École d'agriculture de la Saulsaie.
Abel de Noblet, ancien élève de l'École d'agriculture de Grignon.

ANIMAUX DE BASSE-COUR.

M. H. Mesnier, ancien élève de l'École d'agriculture de la Saulsaie.

GROUPE VIII.

AGRICULTURE.

CLASSES 78, 79, 80 ET 81.

Esplanade des Invalides.

CONCOURS D'ANIMAUX VIVANTS.

NOTICE SOMMAIRE.

Les races d'animaux domestiques que notre pays possède sont nombreuses et très-variées. Elles constituent une des principales richesses de la France agricole. Suivant les conditions diverses de climat, de sol, de culture, elles se répartissent ainsi qu'il suit, d'après la dernière statistique générale de 1873 :

ESPÈCE BOVINE.

Veaux...	1,252,477
Bouvillons et taurillons............................	947,821
Génisses..	1,476,589
Taureaux..	313,081
Bœufs...	1,792,570
Vaches..	5,938,818
Total...............	11,721,450

Les départements dont la population bovine dépasse 200,000 têtes, sont ceux du Finistère, de la Vendée, de la Loire-Inférieure, de l'Ille-et-Vilaine, de Saône-et-Loire, des Côtes-du-Nord, du Morbihan, de Maine-et-Loire, de la Mayenne, du Nord, du Calvados, de la Manche, de l'Ain, du Puy-de-Dôme, de la Seine-Inférieure et du Cantal.

Ceux où cette population est inférieure à 20,000 têtes, sont : le Vaucluse, le Var, la Seine, le Gard, l'Hérault, les Basses-Alpes, les Bouches-du-Rhône, les Alpes-Maritimes et le territoire de Belfort.

ESPÈCE OVINE.

RACES PERFECTIONNÉES.

Agneaux	1,034,334	
Béliers	61,793	4,327,862
Moutons	1,318,877	
Brebis	1,912,858	

RACES INDIGÈNES.

Agneaux	5,199,462	
Béliers	454,956	21,607,252
Moutons	5,828,437	
Brebis	10,124,397	

TOTAL 25,935,114

Les départements dont la population ovine dépasse 500,000 têtes, sont les suivants : Aisne, Creuse, Dordogne, Aveyron, Eure-et-Loir, Indre, Haute-Vienne, Corrèze, Seine-et-Marne, Cher, Somme, Oise, Basses-Pyrénées et Marne.

Ceux où elle est inférieure à 20,000 têtes, sont les suivants : Seine, territoire de Belfort, Jura, Ille-et-Vilaine, Haute-Savoie, Rhône, Finistère, Doubs, Sarthe, Maine-et-Loire, Ain, Mayenne et Haute-Saône.

C'est surtout dans les départements de l'Aisne, Eure-et-Loir, Marne, Oise et Seine-et-Marne, que l'on rencontre les plus grandes quantités de moutons appartenant aux races perfectionnées.

ESPÈCE PORCINE.

Cochons de lait	1,681,539
Verrats	54,551
Porcs	3,097,588
Truies	921,978

TOTAL 5,755,656

Les départements dont la population porcine excède 100,000 têtes, sont les suivants : Saône-et-Loire, Pas-de-Calais, Côtes-du-Nord, Dordogne, Meuse, Aveyron, Meurthe-et-Moselle, Corrèze, Vosges, Manche, Haute-Vienne, Ille-et-Vilaine, Maine-et-Loire et Basses-Pyrénées.

Ceux où elle est inférieure à 30,000 têtes sont les suivants : Seine, Alpes-Maritimes, territoire de Belfort, Hérault, Rhône, Seine-et-Oise, Hautes-Alpes, Aude, Seine-et-Marne, Savoie, Haute-Savoie, Eure-et-Loir et Aube.

Dans l'Ouest et le Nord, les bêtes bovines sont élevées plus particulièrement en vue de la production du lait et de la viande; dans les départements du centre, en vue du travail; dans ceux du Sud-Ouest, en vue de la production laitière et du travail.

Dans l'élevage des races ovines perfectionnées, on recherche plus spécialement la production de la viande, et dans certaines contrées du Sud-Ouest, dont l'Aveyron et le Cantal sont les centres, la production du lait utilisé pour la fabrication des fromages.

En suivant le programme adopté par l'Exposition actuelle pour le classement des espèces et des races d'animaux domestiques, d'origine française, on trouvera ci-après quelques détails sommaires qui permettront d'apprécier les différentes aptitudes et les qualités de ces races.

ESPÈCE BOVINE.

Ire CATÉGORIE.

RACES NORMANDES.

Le département de la Manche, véritable berceau des races normandes, constitue avec celui du Calvados, le centre principal de production des animaux appartenant à ces races qui se subdivisent en cotentine, bessine, augeronne, etc. L'ensemble des bêtes bovines normandes présente une grande diversité de taille, de formes et de robe, suivant le milieu qui les a produites; mais il forme, néanmoins, une grande et belle race, robuste, généralement bien étoffée, au tempérament lymphatique, au pelage varié et presque toujours bringé ou bigarré, et qui est surtout très-recherchée pour ses remarquables qualités laitières, ainsi que pour la qualité de sa viande, dont elle fournit un appoint d'une certaine importance pour la consommation de Paris.

Les races normandes sont entretenues aussi, mais en moins grande quantité que dans la Manche et le Calvados, dans les départements de l'Orne, de l'Eure, de la Seine-Inférieure, d'Eure-et-Loir, de Seine-et-Oise, de Seine-et-Marne et de la Seine, où leurs génisses viennent, concurremment avec les vaches flamandes, repeupler les vacheries de Paris et de ses environs.

On fabrique avec le lait des vaches de race bessine le beurre d'Isigny, et avec celui des autres races normandes : le beurre de Gournay, les fromages raffinés de Camembert, de Livarot, de Pont-l'Évêque et de Neufchâtel, ainsi que les fromages double-crème de Neufchâtel et ceux de Gournay, dits fromages Gervais. Cette production atteint annuellement le chiffre d'environ 110 millions.

2° CATÉGORIE.

RACE FLAMANDE.

La race flamande est éminemment laitière. On la trouve dans les départements du Nord, du Pas-de-Calais, de l'Aisne et jusqu'aux environs de Paris; mais son centre principal d'élevage est dans les arrondissements de Dunkerque et d'Hazebrouck, surtout dans les herbages substantiels de Bergues, de Cassel et de Bailleul, où une judicieuse sélection maintient la race dans la plénitude de ses aptitudes au lait et à la graisse.

La vache flamande est caractérisée par sa robe rouge brun plus foncé vers la tête, avec quelques marques blanches, les extrémités et les ouvertures naturelles noires. C'est une bête de forte taille ayant une belle conformation, une peau fine, une tête distinguée, une ligne dorsale bien droite, une croupe large et une queue fine et bien attachée. Toutefois, la poitrine manque de largeur et les côtes pourraient être plus arrondies.

Une bonne vache flamande de Bergues peut produire 2,600 litres de lait par an. La traite journalière, après le vélage, s'élève, en effet, souvent à 25 litres et même 30 pour les sujets exceptionnels.

Dans cette race, les mâles sont sacrifiés dans le jeune âge et vendus à l'état de veau, à l'exception de ceux destinés à la reproduction.

RACE CHAROLAISE.

La race charolaise est la plus belle et la plus importante des races bovines du centre. Originaire du Brionnais et du Charolais (partie sud-ouest du département de Saône-et-Loire), elle s'est propagée sur toute l'étendue des départements de Saône-et-Loire, de la Nièvre et de l'Allier, ainsi que sur quelques points de ceux du Cher, de l'Yonne, de la Côte-d'Or et de la Haute-Loire. C'est une race de travail, et surtout une race de premier ordre pour la boucherie.

Le charolais se reconnaît à sa robe blanche au poil fin et soyeux, à son corps régulièrement cylindrique, à sa tête courte, large, ornée de cornes fines de moyenne grandeur, blanches et relevées vers la pointe, à son mufle rosé, son œil grand, sa physionomie douce. Il est près de terre et montre une queue bien attachée, une culotte très-prononcée et bien descendue, un dos droit et large, des côtes bien arrondies, une poitrine ample et profonde et une encolure peu chargée de fanon.

La vache charolaise n'est pas bonne laitière.

La sous-race charolaise-nivernaise, dont les meilleurs types proviennent de la Nièvre et de l'Allier, est surtout remarquable et se montre supérieure aux autres races françaises dans les concours de boucherie, où elle a parfois remporté le prix d'honneur contre les durham et les croisements durham.

Les animaux de la race charolaise sont achetés à des prix très-élevés par les agriculteurs du Nord et des environs de Paris, qui les utilisent d'abord pour les travaux des champs, puis les engraissent pour la boucherie.

RACES GASCONNE ET CAROLAISE.

Ces deux races ont pour centres de production, la première, le pays de Carolles situé dans la haute Ariége; la seconde, le département du Gers et particulièrement l'arrondissement de Lombez. Toutes les deux dérivent de la race suisse de Schwitz; elles sont essentiellement travailleuses, et les animaux sont conservés fréquemment jusqu'à l'âge de quinze ans.

La conformation des animaux de ces deux races est assez régulière : le corps est cylindrique, la poitrine bien développée, les membres forts, la charpente osseuse un peu grossière et la queue attachée un peu haut. La robe est gris blaireau avec des nuances plus ou moins foncées, les extrémités et les ouvertures naturelles sont ordinairement noires.

Les vaches sont passablement laitières.

Ces deux races donnent lieu à un grand mouvement commercial entre les pays de production et les départements de la Haute-Garonne, le Tarn-et-Garonne, le Lot-et-Garonne, l'Aude, les Hautes-Pyrénées et le Tarn, où les bœufs gascons et carolais sont recherchés en vue du travail.

RACE GARONNAISE.

Cette race, la plus volumineuse parmi celles qui vivent dans le bassin sous-pyrénéen, se rattache à la grande famille bovine gauloise, et se partage en deux groupes, celui de la vallée, qui fournit les animaux les plus développés, et celui des coteaux qui renferme des sujets moins grands, moins lourds, mais plus résistants au travail.

Les bœufs garonnais sont très-longs de corps, et présentent souvent certains défauts de conformation : leur côte est plate, leur poitrine sanglée, leur fesse courte et coupée trop tôt au-dessus du jarret; ils ont une queue mal attachée et une ossature assez commune. La tête longue, lourde et busquée donne à l'animal l'air triste. Le pelage est uniformément de couleur froment; le mufle et le bord des paupières d'un rose pâle, les cornes blanches.

Les femelles sont mieux conformées que les mâles, mais médiocres laitières.

La race garonnaise est très-estimée pour le travail à cause de sa force colossale et de sa patience, et elle s'engraisse assez facilement.

Les meilleurs centres de production sont le val de la Garonne jusqu'à Agen, et la vallée de la Dordogne.

RACE BAZADAISE.

L'arrondissement de Bazas est le principal centre d'élevage des animaux de cette race qui se répand, toutefois, dans les départements des Landes et du Gers, et sur divers points de ceux du Lot-et-Garonne et de Tarn-et-Garonne.

Les formes de ces animaux sont parfaites : la poitrine, bien descendue, est large et profonde; la côte est très-ronde et l'ensemble du corps presque cylindrique; la ligne du dos est droite; la hanche large, carrée et bien placée; la culotte, souvent très-bonne, laisse toutefois à désirer dans une grande partie des animaux. La tête est courte, le front large et ouvert, le cornage souvent défectueux.

Les femelles sont, pour ainsi dire, irréprochables de formes, mais de faibles laitières.

Le taureau bazadais est un animal farouche, presque féroce et très-dangereux. Dès qu'il prend un peu d'âge on ne peut guère l'approcher, et il doit être tenu, dans son étable, à un câble très-fort. Les bœufs, travailleurs excellents, conservent toujours un caractère inné de violence et d'ardeur : ils sont très-irritables et il faut beaucoup de douceur et de précautions pour les conduire.

La viande des animaux bazadais est placée hors ligne comme qualité.

RACE FEMELINE.

Cette race, qui appartient au type comtois, a son centre d'élevage sur les bords du Doubs, de la Saône et s'étend jusqu'à la Bresse.

Les animaux femelins ont le poil froment plus ou moins foncé, la tête fine, les cornes petites, les yeux rapprochés des cornes, le cou grêle, la poitrine étroite, le corps allongé, le train de derrière large, les jambes courtes et fines, la peau souple et d'une grande finesse, la base de la queue un peu proéminente.

La vache est généralement petite et bonne laitière : leur rendement ordinaire, après le vélage, est de 15 à 18 litres par jour.

Les taureaux sont très-ardents et deviennent même méchants avec l'âge.

Les bœufs sont forts, actifs, dociles et font d'excellentes bêtes de travail.

Les animaux femelins s'engraissent tardivement, mais facilement.

·RACES DES PYRÉNÉES.

1º RACE DE LOURDES.

Cette race est bonne laitière, comparée aux autres races du bassin pyrénéen; son centre de production est dans la vallée d'Argelès (Hautes-Pyrénées).

Les animaux sont de petite taille et portent une robe froment clair qui est considérée comme un caractère essentiel de la pureté du sang; toutefois, chez les taureaux, cette couleur est un peu plus foncée. La tête est longue et assez lourde, les cornes d'un blanc mat.

Cette race, très-estimée comme laitière,, dans une contrée où l'aptitude au lait est rare dans l'espèce bovine, alimente les vacheries de Tarbes, de Bagnères et des grandes villes du Sud-Ouest.

2º RACES DES VALLÉES D'AURE ET DE SAINT-GIRONS.

La première de ces deux races, qui ont beaucoup de points communs et d'aptitudes analogues, est élevée dans les hautes vallées des Pyrénées (Hautes-Pyrénées); la seconde est localisée dans l'arrondissement de Saint-Girons (Ariége).

·Cette dernière, qui peut être considérée comme la souche mère de la race bazadaise, est bien faite dans sa petite taille et présente un ensemble gracieux. La robe des animaux est gris-blaireau foncé passant au marron et toutes les muqueuses extérieures sont roses. Les bêtes sont moins fortes que celles de la race de Lourdes.

La vache de Saint-Girons, fort estimée comme laitière, s'exporte dans la plaine de l'Ariége, dans la Haute-Garonne, l'Aude et l'Hérault; c'est la vache des petits ménages, et elle peut être regardée comme la bretonne du Sud-Ouest.

La race d'Aure est moins fine; son poil est plus rude et plus fauve; les vaches sont moins bonnes laitières.

Les bœufs des deux races sont petits, trapus, résistants, mais, sans qualités saillantes.

3° RACES BÉARNAISE, BASQUAISE ET D'URT.

Ces trois races appartiennent à la même famille et n'ont entre elles que des différences difficilement appréciables : leur caractère essentiel est l'aptitude au travail jointe à la production d'une viande d'excellente qualité.

Les animaux de ces trois races ont un aspect gracieux, fier et coquet. La tête est courte, carrée; le front large est orné de cornes bien plantées et finement tournées. La robe varie du rouge foncé au froment clair, et ces différences de couleur, ainsi que certaines nuances dans la direction et la longueur des cornes constituent à peu près les seules modifications existant entre les trois types.

Le taureau porte, dès son jeune âge, un cornage très-développé, caractère assez rare en général dans les races bovines françaises : il est très-courageux et on l'emploie pour la course landaise.

Les vaches, mauvaises laitières, sont surtout utilisées pour le travail.

Le bœuf est vif, ardent au travail; mais il doit être conduit avec douceur, car il se révolte facilement.

L'élevage de ces trois races s'effectue dans la partie des Pyrénées comprise entre Saint-Jean-de-Luz et Cauterets. Les animaux vont généralement se faire engraisser dans le département des Landes et notamment dans l'arrondissement de Saint-Sauveur, d'où leur vient le nom de *bœufs landais* qui leur est donné à Bordeaux, dont ils alimentent la boucherie.

RACE LIMOUSINE.

La race limousine a son principal centre d'élevage dans la Haute-Vienne. Elle est de taille moyenne et son pelage est froment rouge.

Les animaux limousins ont la tête légère, le mufle et les paupières d'un rose pâle, le cornage blanc bien ouvert et remontant, le rein bien soutenu, la côte ronde, l'attache de la queue un peu saillante, les membres courts et charnus, les extrémités blanches. Leurs qualités prédominantes sont la sobriété, l'aptitude au travail et la précocité à l'engraissement.

Les vaches sont médiocres laitières.

La race limousine est placée parmi les meilleures races françaises pour le rendement et la qualité de la viande.

RACE DE SALERS.

Elle est originaire du massif des monts d'Auvergne dont elle occupe le plateau central, le Cantal et le Puy-de-Dôme, s'étendant dans les départements voisins en inclinant vers l'Ouest.

L'animal de Salers a l'aspect svelte avec un squelette volumineux et puissant; son pelage est rouge vif acajou marqué de blanc sous le ventre. Il a la tête courte et forte, le front large et couvert de poils abondants et frisés, les cornes lisses, contournées et relevées en dehors; le corps long, cylindré, haut monté sur jambes; l'encolure forte, le fanon épais et prononcé, la croupe courte avec l'attache de queue élevée, les saillies osseuses apparentes.

Dans les plaines de la Limagne, les salers ont la robe pie rouge, le corps moins allongé, plus carré et plus près de terre. Dans la partie Est, les mêmes animaux ont le pelage vif miroité, pie alezan ou noir avec la tête blanche.

La race de Salers se reproduit avec une grande fixité; elle est très-rustique, excellente au travail, et douée d'aptitudes laitières suffisantes.

RACE D'AUBRAC.

Cette race, originaire des montagnes d'Aubrac, a ses principaux centres d'élevage dans l'Aveyron, la Lozère et une faible partie du Cantal.

Ses caractères sont : le pelage variant du gris fauve au gris argenté; les cornes grosses, noires à la pointe; la tête belle; l'œil vif et à fleur de tête; l'encolure courte et musclée; le fanon détaché; la poitrine développée; le corps ramassé et cylindrique; les cuisses larges et courtes.

L'aubrac est sobre, doux, maniable, vigoureux et apte au travail, à la production laitière comme à l'engraissement. Sa viande est d'excellente qualité.

Les bœufs quittent la montagne vers l'âge de trois ans pour émigrer du côté de la Lozère. Après trois ou quatre années de travail, ils sont livrés à l'engraissement dans les excellents pâturages du Mézenc et vont approvisionner les boucheries des grandes villes du Sud-Est.

RACE DU MÉZENC.

La région du mont Mézenc (Ardèche) est désignée comme le berceau de cette race, qui occupe les départements de l'Ardèche, de la Haute-Loire et une partie de celui de la Loire.

Les caractères qui la distinguent sont : le pelage rouge clair ou froment, la tête massive; les cornes grosses et projetées en avant; la peau épaisse, le poil rude; le fanon pendant sous la gorge; la poitrine assez vaste; le dos ensellé; le flanc long et creux; les reins faibles, l'ossature énorme.

Les bestiaux de cette race ont une constitution robuste et font d'excellents animaux de rente par leur aptitude au travail, ainsi qu'à la production du lait et de la viande. Le bœuf mézenc est fort estimé de la boucherie pour la saveur de sa viande due à la flore alpine des pâturages du Mézenc et à la maturité qu'il acquiert avec l'âge.

RACE PARTHENAISE ET SES DÉRIVÉS.

La race parthenaise et ses dérivés (races vendéenne, nantaise et mancelle) constitue la population bovine des départements des Deux-Sèvres, de la Vendée, de la Loire-Inférieure, d'une grande partie de ceux de Maine-et-Loire, de la Vienne, d'Indre-et-Loire et de la Charente-Inférieure.

Cette famille bovine, que les éleveurs considèrent comme une race pure, est, de l'avis des zootechniciens, le produit d'un mélange avec les animaux de diverses races suisses. Ainsi, dans la race mancelle, on retrouve les caractères des grandes races bernoise et fribourgeoise, et, dans les races parthenaise et nantaise, ceux de la race de Schwitz.

L'ensemble de la famille parthenaise a, comme caractère fixe, les muqueuses extérieures noires entourées d'un cercle gris blaireau. Dans les dérivés de la race parthenaise, ce caractère varie par la nuance du poil qui entoure les muqueuses. Le mélange de sang étranger n'a pas été, toutefois, suffisamment infusé dans la race indigène pour modifier la forme qui est restée tout à fait celle de l'animal français.

La race parthenaise réalise les trois aptitudes que l'on peut souhaiter voir réunies dans l'espèce bovine : le travail, la faculté d'engraissement rapide et la qualité laitière.

On distingue les animaux de cette famille à leur ossature légère, à leur corps bien proportionné et gracieux ; à leur tête légère présentant un front large et plat muni de belles cornes bien dirigées et toujours d'un noir vif. Chez eux, l'œil est bien placé, vif, et le regard est doux.

Les bœufs sont excellents pour le travail et, après l'engraissement, leur viande est considérée de première qualité par la boucherie de Paris, qui le désigne sous le nom de bœuf de Chollet.

Les vaches sont bonnes laitières. Elles ne sont jamais soumises au travail et sont utilisées exclusivement pour la production du lait. Dans les riches pâturages de la Loire et dans les herbages du littoral, depuis la Loire jusqu'à la Charente, on rencontre fréquemment des vaches pouvant lutter avec les meilleures laitières connues.

RACE TARENTAISE OU TARINE.

Cette race, de petite taille, originaire des montagnes de la Tarentaise (Alpes), est sobre, rustique, infatigable et se distingue par son aptitude au travail et surtout par sa qualité laitière.

Le pelage des animaux tarentais est gris clair, les extrémités et les ouvertures naturelles noires. Chez le taureau, la robe est plus souvent gris blaireau fromenté sur les côtes et noire à la hauteur de l'épaule, sur le cou, les joues et la partie inférieure de l'animal ; chez la vache, elle est fauve ou d'un froment gris qui n'appartient à aucune autre race.

Le corps est ramassé, les jambes courtes, la côte ronde, la queue trop relevée, le fanon légèrement descendu, la tête courte, le front large, les cornes bien posées, les yeux grands et doux.

Ces animaux sont éminemment propres à remplacer le mouton sur les pâturages alpestres, et cependant ils conservent leurs aptitudes sur le littoral méditerranéen malgré la chaleur du climat.

RACE BRETONNE.

La race bretonne, dont le berceau paraît être le département du Morbihan, se rencontre dans les cinq départements qui composent l'ancienne Bretagne, à l'exception d'une grande partie de la Loire-Inférieure où on entretient des animaux de race parthenaise ou nantaise, et des confins de l'Ille-et-Vilaine où on préfère la race normande.

Les animaux bretons sont rustiques, sobres et propres au travail.

La vache qui, on l'a dit avec raison, est la bête laitière par excellence des pays pauvres, est petite et trapue; elle a les membres courts et un peu grêles, mais les extrémités en sont d'une finesse remarquable; sa tête est courte et sèche, son œil est vif; elle a le mufle noir, parfois marbré et rarement blanc; ses cornes sont fines et blanches à la base, mais parfois disparates, sa robe est ordinairement pie noire; elle a la peau fine, souple et bien détachée, son allure est vive et décidée et son caractère doux et sociable.

Dans les parties de la Bretagne les plus fertiles et les mieux cultivées, les animaux de race bretonne ont acquis plus de développement et des formes meilleures.

On trouve sur le littoral nord, et surtout dans le Finistère, des animaux bovins à la robe pie alezan, ayant quelque ressemblance avec les races si essentiellement laitières des îles anglaises de la Manche. La plupart de ces variétés proviennent de croisements opérés avec des taureaux de races étrangères à la Bretagne, en vue d'agrandir la taille des bêtes bretonnes.

RACE DURHAM ET CROISEMENTS DURHAM.

Cette race, créée en Angleterre, dans le canton de Durham, vers 1780, par plusieurs éleveurs, à la tête desquels il faut placer Ch. Colling, a été importée en France, à partir de 1838, par l'Administration de l'agriculture qui a été secondée dans cette tâche par MM. Aug. Yvart et Lefebvre de Sainte-Marie.

Le premier centre d'élevage pour l'acclimatation des animaux durham fut le haras du Pin; mais, depuis 1861, la vacherie expérimentale a été transférée à Corbon (Calvados). La fondation de cet établissement a eu une sérieuse influence sur les progrès de l'agriculture française, en démontrant aux éleveurs les avantages des races précoces.

Les qualités du durham sont l'aptitude extraordinaire à l'engraissement; la grande précocité, qui permet de livrer les sujets à la boucherie dès l'âge de trois ans et toujours avant quatre ans. La conformation du bœuf durham, appelé en Angleterre *short horned improved*, est celle de l'animal de boucherie la plus perfectionnée.

Les animaux de Durham sont moins difficiles à nourrir qu'on ne le suppose et ils réussissent parfaitement là où la culture est prospère. Ils se sont multipliés, dans une large proportion, et conservés purs dans les départements de Maine-et-Loire et de la Mayenne; ils se sont en outre répandus un peu partout, mais avec des chances diverses; toutefois, de nombreux noyaux d'élevage se sont maintenus avec avantage dans la Côte-d'Or, le Finistère, l'Ille-et-Vilaine, la Loire, l'Orne, la Sarthe, la Seine-Inférieure et dans quelques autres départements du centre.

Le *Herd Book* français, dont huit volumes ont paru, permet de constater que plus de 19,000 mâles et femelles ont servi, en France, à la reproduction, depuis 1838, et que les taureaux surtout ont contribué à répandre un nombre considérable de croisements recherchés au point de vue des formes, comme à celui de la·boucherie, car ces croisements, sans altérer les qualités propres aux races auxquels ils sont appliqués, c'est-à-dire à ·celles vivant dans les contrées dont la fertitité naturelle ou acquise permet de nourrir abondamment les jeunes animaux, augmente chez ces races l'aptitude à l'engraissement et à la précocité.

C'est surtout dans les départements de l'Ouest que les croisements de la race durham ont été les plus nombreux et que leur influence sur la culture et les conditions économiques de l'industrie agricole a été le plus appréciable. Actuellement, la supériorité du sang anglais en fait de croisement pour les animaux de boucherie, est indiscutable.

ESPÈCE OVINE.

RACES MÉRINOS ET·MÉTIS-MÉRINOS.

La race mérinos, la plus répandue de toutes les races ovines sur la surface du globe, est originaire de l'Espagne d'où elle a été importée en France, par le Gouvernement à la fin du siècle dernier.

Elle est surtout remarquable par la finesse, la douceur, le nerf et l'élasticité de la laine, ainsi que par le poids élevé de sa toison qui, dans certaines variétés, recouvre le corps de l'animal depuis le bout·du nez jusqu'aux onglons.

Dans l'Allemagne du Nord, cette race, introduite en 1765 par l'Électeur de Saxe, est connue sous le nom de race électorale; en Autriche, en Hongrie, en Bavière et en Wurtemberg, elle est désignée sous le nom de *negretti*. Dans les colonies, au Cap, en Australie, en Océanie, le mérinos a été une source considérable de richesses par la mise en valeur de vastes étendues de terrains autrefois improductifs.

Le mérinos est très-répandu en France. Son introduction a causé une véritable révolution en agriculture; elle a été le point de départ de nombreuses et importantes améliorations parmi lesquelles on doit citer en première ligne l'extension donnée à la culture des prairies artificielles. Une grande partie des troupeaux français ont été alors complétement transformés par l'emploi continu des béliers mérinos, et c'est le résultat de cette absorption de la race indigène par le mérinos que l'on est convenu de désigner dans les concours sous le nom·de métis-mérinos.

Les mérinos français les plus renommés sont ceux du Soissonnais, du Châtillonnais, de la Beauce et de la Champagne. Dans les bergeries de ces diverses contrées comme dans la bergerie expérimentale de Rambouillet, fondée et régie par l'Administration de l'agriculture, où la race mérinos est restée complétement pure, les éleveurs étrangers viennent, chaque année acheter, aux prix les plus élevés, les reproducteurs dont ils ont besoin.

Depuis quinze ans environ, cette race a subi d'heureuses transformations.

Par suite de la diminution du prix des laines, des modifications dans la fabrication des tissus et de l'accroissement du prix de la viande, la toison du mérinos, sa conformation et son aptitude à l'engraissement ont été singulièrement changés. C'est ainsi que l'on trouve aujourd'hui en France des mérinos porteurs d'une laine suffisamment fine, longue, douce et nerveuse et fournissant à un âge moins avancé une viande de bien meilleure qualité qu'anciennement.

RACES FRANÇAISES A LAINE LONGUE (ARTÉSIENNE, NORMANDE PICARDE, FLAMANDE, ETC.).

Dans quelques parties du département du Nord, dans le Pas-de-Calais, la Somme, la Seine-Inférieure, la Normandie, la Vendée et les Charentes, on trouve des moutons haut montés sur pattes, à laine commune et longue, à mèches pointues, à chanfrein busqué, à oreilles larges, longues et pendantes; le ventre, les cuisses et les jambes dégarnies de laine. Ce mouton représente la race flamande, qui est le type original des animaux ovins des dix contrées citées plus haut. Dans le Nord, la race est appelée *flamande;* dans le Pas-de-Calais, *artésienne;* dans la Somme, *picarde;* dans la Seine-Inférieure, *normande;* dans les Charentes, *saintongeoise,* et dans la Vendée, *vendéenne.*

Suivant le milieu dans lequel elle est entretenue, elle a subi certaines modifications; mais, tous les animaux de la région Nord-Ouest ont une seule et même origine, la race flamande, dont le principal mérite est de s'engraisser facilement.

Depuis trente ans, ces animaux ont été améliorés, quelques-uns par sélection; les autres, et ce sont les plus nombreux, par l'emploi des béliers anglais à laine longue, soit diskley, soit new-kent.

RACES FRANÇAISES DES PAYS DE PLAINE, A LAINE COMMUNE (BERRICHON, SOLOGNOT, ETC.).

Les races berrichonne et solognote sont entretenues, la première, dans l'Indre, le Cher et une partie du Loir-et-Cher; la seconde, dans le Loir-et-Cher. Ces deux races, très-rustiques et d'un engraissement facile, ont beaucoup d'analogie dans leur conformation, leur lainage et la qualité de leur viande qui est très-savoureuse et recherchée. Le solognot se distingue, toutefois, surtout par la coloration roussâtre de sa face et de ses jambes.

Les deux races ont, en général, une laine commune, courte, dure et sèche, excepté dans la partie du Berry appelée Champagne où elle est plus douce et moins grossière.

La taille de ces animaux varie suivant la fertilité du sol; la tête est un **peu** busquée, le museau pointu, l'oreille large et pendante en arrière; la tête, le ventre, les cuisses et les jambes sont dépourvus de laine.

Au sud de Châteauroux, près de la Châtre, on trouve une variété de la race berrichonne, sous le nom de Crevant, très-recherchée pour son aptitude à prendre la graisse.

La plupart des troupeaux solognots, et surtout les berrichons, ont été améliorés par des·béliers, soit south-down, soit dishley, soit charmoise, qui ont exercé sur eux une influence très-heureuse au point de vue de la conformation, de la précocité et de l'aptitude à l'engraissement.

RACES FRANÇAISES DES PAYS·DE MONTAGNES (LARZAC, LAURAGUAIS, CAUSSE, ETC.).

La race de Larzac se trouve principalement dans l'Aveyron. Ses caractères sont : petite taille ; tête forte, chauve et privée de cornes ; chanfrein busqué ; jambes dégarnies de laine ; poitrine étroite ; corps plein et ramassé ; laine commune, longue et nerveuse, viande très-estimée.

Les qualités lactifères sont très-développées chez les brebis, qui fournissent le lait servant à la fabrication du fromage de Roquefort.

Le mouton lauraguais, originaire des environs de Castelnaudary, est très-répandu dans la Haute-Garonne, l'Aude, le Gers, le Tarn-et-Garonne, le Lot-et-Garonne et l'Ariége. Sa taille est moyenne ; sa tête assez fine et sans cornes. Il a la poitrine étroite, le train postérieur développé, la laine commune, mais tassée.

Les·brebis sont très-fécondes et leur lait est utilisé, comme celui des bêtes de Larzac, pour la fabrication des fromages.

Les bêtes ovines du Causse et du Ségala sont entretenues dans l'Aveyron ; celles de Causse sont les moutons des plateaux calcaires ; celles de Ségala, les moutons des coteaux schisteux et des plateaux granitiques.

Le causse est haut monté sur jambes ; il a la tête volumineuss et busquée ; l'ossature forte, la laine longue et commune.

Le ségala est plus petit ; il a la tête moins forte ; l'ossature et la laine plus fines.

Ces deux races, de même origine, sont très-rustiques ; sous le rapport de l'engraissement, le ségala est supérieur au mouton de Causse.

RACE DE LA CHARMOISE.

On a donné le nom de *race* de la Charmoise à un croisement new-kent-berrichon qui a été formé en 1840, à la ferme de la·Charmoise (Loir-et-Cher) par un éleveur très-distingué, M. Malingié-Nouel.

Les animaux issus de ce croisement ont une taille moyenne ; la tête petite, sèche et sans cornes ; l'ossature fine ; les épaules et la poitrine larges et profondes ; les reins larges ; la laine tassée et de bonne qualité. Ils sont surtout très-remarquables par leur précocité et leur aptitude à l'engraissement. Quoique les *charmoises* soient loin d'avoir toute l'homogénité désirable, ils ont cependant contribué dans une proportion notable à·améliorer les races berrichonnes et solognotes.

6ᵉ CATÉGORIE.

RACES ÉTRANGÈRES A LAINE LONGUE (DISHLEY ET ANALOGUES).

La race dishley, plus connue en Angleterre (son pays natal) sous le nom de new-leicester, est le résultat des efforts faits, dès 1755, par·Bakewell, le célèbre fermier de Dishley-Grange, pour améliorer la vieille race du Leicester, qui laissait beaucoup à désirer comme précocité et conformation. Un plein succès couronna les travaux de Bakewell et les mérites du new-leicester furent tellement appréciés, qu'aujourd'hui il serait presque impossible de trouver dans toute la Grande-Bretagne un troupeau à laine longue qui n'ait reçu à un certain degré une infusion du sang dishley.

Les qualités principales de cette race sont une grande précocité et un rendement élevé en viande nette.

Les caractères généraux sont les suivants : tête relativement petite, chauve, sans cornes ; oreilles fines, souvent rosées ; œil bien ouvert, cou court, grêle, enfoncé dans les épaules ; poitrine large et profonde ; épaules larges ; garrot épais ; côtes arrondies, lombes larges ; gigot peu développé ; laine très-longue, commune, souvent soyeuse, à ondulations larges, mèches pointues et pendantes ; absence de laine aux jambes. Viande assez bonne, mais souvent trop grasse, beaucoup de graisse à l'extérieur.

Le dishley est mou, lent, lymphatique. Il ne supporte ni la chaleur, ni la marche. C'est l'animal des contrées riches, fertiles et brumeuses. Il ne trouve sa place en France, que dans des conditions exceptionnelles, aussi les éleveurs de dishley à l'état pur sont-ils rares dans notre pays. Cette race a néanmoins rendu, et rend encore, de nombreux et importants services pour l'amélioration des bêtes à laine longue du Nord et de l'Ouest. En Beauce, on s'en sert avec grand succès pour croiser avec le mérinos. Dans le centre, on trouve aussi des dishley-berrichon, des dishley-solognot, des dishley-poitevin, qui donnent des produits satisfaisants.

RACE NEW-KENT.

Parmi les races étrangères à laine longue, il faut citer le new-kent, que l'on rencontre dans le comté de Kent, et surtout dans la partie de ce comté appelée Romney-Marsh. Le new-kent a été formé par le croisement de la vieille race du kent avec le dishley. Après avoir joué un certain rôle en France, lors de l'importation des races anglaises, et surtout au moment de la création du troupeau de la Charmoise, il a complétement disparu de notre pays. On lui préfère le dishley, à juste raison.

Le new-kent se distinguait cependant par quelques qualités particulières : il était plus prolifique, sa laine était plus douce, sa toison plus lourde, sa viande meilleure et moins grasse ; il était plus rustique et marchait mieux. Mais, par son ossature forte et sa conformation, il a toujours été inconstestablement inférieur au new-leicester, qui est plus précoce et plus fin.

7ᵉ CATÉGORIE.

RACES ÉTRANGÈRES A LAINE COURTE.

(Southdown et analogues.)

La race southdown, originaire des *dunes* du *sud* de l'Angleterre (comme l'indique son nom), est la plus préconisée dans la Grande-Bretagne pour sa

précocité, la perfection de ses formes, la qualité de sa viande, sous le
double rapport de la finesse du grain et de la sapidité.

Les noms de Ellmann et de Jonas Webb sont au southdown, ce que celui
de Bakewell est au new-leicester, et celui de Colling à l'espèce bovine, race
durham.

Les deux éleveurs, Ellmann, dans le comté de Sussex, à Lewis; Jonas
Webb, à Babraham, près Cambridge, se sont, en effet, illustrés dans l'amélioration du southdown, et ont fait de cette race le type par excellence de
l'animal de boucherie.

Les caractères principaux du southdown sont les suivants : laine courte,
frisée, peu abondante, généralement dure, sèche et manquant de nerf,
finesse moyenne; tête dépourvue de cornes, large, noirâtre ou ardoisée; oreilles
petites, fines et hardies; œil vif et intelligent; poitrine large et profonde;
épaule large; flanc court; ossature mince; jambes fines, de même coloration
que la tête; lombes et train postérieur larges; gigot très-développé et bien
descendu; formes harmonieuses.

Le southdown est relativement rustique; il est bon marcheur; il préfère les pays secs et calcaires, aux terres basses et humides dans lesquelles
le dishley réussit mieux que lui. Il n'y a en France que peu d'éleveurs de
cette race, mais leur habileté supplée au nombre; à leur tête nous citerons:
MM. de Bouillé, de la Nièvre, et Nouette-Delorme, du Loiret, qui ont acquis
à juste titre une grande réputation pour leur élevage. Les produits de
leurs troupeaux peuvent rivaliser avec ceux des meilleurs éleveurs de l'Angleterre.

Le croisement southdown est très-répandu en France; il y est très-estimé
sous tout rapport, et a contribué, dans une large proportion, à l'amélioration
des races du Centre, et surtout des troupeaux du Berry et de la Sologne.

8e CATÉGORIE.

CROISEMENTS DIVERS.

En passant en revue les diverses races étrangères qui ont quelque réputation en France, nous avons dit le rôle qu'elles jouaient dans l'économie
des bêtes à laine. Nous n'avons donc qu'à répéter ici que les croisements les
plus recherchés et les mieux réussis sont ceux opérés avec le dishley et
le southdown.

ESPÈCE PORCINE.

L'espèce porcine a été pendant longtemps presque abandonnée à elle-même
dans toutes les provinces françaises. Les races qu'on regardait alors comme les plus méritantes étaient au nombre de six, savoir: la race normande, la race craonnaise, la race périgourdine, la race des Pyrénées, la

race bressane et la race de Lorraine. Ces diverses races avaient généralement une conformation moins défectueuse et une plus grande aptitude à l'engraissement que la race commune qui est partout osseuse, mince et très-haute sur jambes; mais, si leurs produits étaient de bonne qualité, elles ne jouissaient pas de cette précocité qui distingue à un si haut degré les petites et les grandes races anglaises et perfectionnées.

Les concours d'animaux reproducteurs et les concours d'animaux gras créés depuis trente ans, ayant permis dans toutes les régions d'avoir une juste idée de la bonne conformation que doit présenter une bête porcine améliorée soit par la sélection, soit par les croisements, les éleveurs n'ont pas hésité à s'imposer la tâche de perfectionner les races qu'ils élèvent pour les vendre jeunes ou les engraisser à l'âge adulte.

C'est en croisant diverses races indigènes entre elles, ou en y infusant du sang des races anglaises, qu'on est parvenu à posséder, avec le temps, des animaux qui sont véritablement intermédiaires entre nos vieilles races indigènes et les races anglaises.

Ce perfectionnement, il est vrai, a modifié les caractères des races typiques à un tel point, qu'il est parfois difficile de dire si tel ou tel animal est dérivé de la race périgourdine ou de la race normande ou augeronne; mais ces changements n'ont pas aujourd'hui d'importance. Il importe peu, en effet, de connaître les races desquelles un animal est dérivé. Ce qu'il est utile de connaître, c'est de savoir s'il se développe et s'engraisse promptement, si la viande et le lard qu'il fournit sont de bonne qualité, et s'il utilise, avec profit la nourriture qu'on doit lui donner en abondance quand il est jeune ou lorsqu'on l'engraisse.

Autrefois, la plupart des bêtes porcines que possédait la France étaient bonnes marcheuses, parce qu'elles vivaient le plus ordinairement dans les pâturages, les bois et les forêts. De nos jours, par suite du progrès de l'agriculture et de l'économie du bétail, la plus grande partie des truies et des porcs sont élevés ou engraissés en stabulation. Aussi, a-t-on reconnu qu'il n'était pas nécessaire que ces animaux aient, comme par le passé, des jambes élevées et grêles.

Les races anglaises les plus répandues en France sont : la race berkshire, la race new-leicester et la race yorkshire. Ces races ont une conformation parfaite eu égard à leur taille, et elles se développent et s'engraissent avec une grande promptitude. Toutefois, on leur reproche souvent d'avoir un lard épais et n'ayant pas la fermeté du gras qui couvre la viande de nos races indigènes. Ces qualités spéciales expliquent pourquoi les agriculteurs français ont accepté avec empressement les races anglaises, quand il ont reconnu la nécessité de les employer comme races amélioratrices des races indigènes.

L'espèce porcine comprenait, en 1789, quatre millions; en 1840, cinq millions; et en 1866, six millions de têtes diverses. Cet accroissement justifie une fois de plus l'importance que cette espèce a acquise de nos jours en France.

ESPÈCE BOVINE[1].

1ʳᵉ DIVISION.

ANIMAUX MÂLES ET FEMELLES DE RACES ÉTRANGÈRES,
NÉS ET ÉLEVÉS À L'ÉTRANGER, AMENÉS OU IMPORTÉS EN FRANCE,
ET APPARTENANT SOIT À DES ÉTRANGERS, SOIT À DES FRANÇAIS.

1ʳᵉ CLASSE.
RACES DU LITTORAL DE LA MER DU NORD.

1ʳᵉ CATÉGORIE.
RACE DURHAM À COURTES CORNES (SHORT HORNED IMPROVED).

Animaux mâles de 1 à 2 ans.

(1ᵉʳ prix, **1,000ᶠ**; 2ᵉ, **900ᶠ**; 3ᵉ, **800ᶠ**; 4ᵉ, **700ᶠ**.)

1. — 12 m. — N....., rouan; son père, Saint-Ronan (35458); sa mère, Jenny-Lind 17ᵗʰ. — M. HANNAN (B.), à Riverstown, Killucan (Irlande).

2. — 14 m. — N.................. — M. TAAFFE (P.), à Fouborough, Tulsk, Co. Roscommon (Irlande).

3. — 15 m. 8 j. — Earl of Bucks, rouan rouge; son père, Ragman; sa mère, Countess of Fawsley. — M. KERSLEY FOWLER (J.), à The Prebendal Farm Aylesbury (Angleterre).

4. — 16 m. — Lord-of-All, rouan........ — M. TIBERGHIEN (P.), à Manage (Hainaut).

5. — 18 m. — N....., rouan; son père, Pluto (35050); sa mère..... — MM. DUDDING, à Pauton-Houel Wragby, Lincolnshire (Grande-Bretagne).

6. — 18 m. 4 j. — N....., rouan; son père, Aeronaut; sa mère, Jenny-Lind 5ᵗʰ. — M. HANNAN (B.), précité.

7. — 19 m. — Nobilis, rouan; son père, Royal-Commander; sa mère, Victoria Gloriosa. — LADY PIGOT, à West-Hall, Weybridge (Surrey).

8. — 21 m. — N....., rouan.......... — Mᵐᵉ Vᵉ VERPLANCKE, à Damme (Flandre occidentale).

9. — 23 m. — Fitz-Gladiator, rouan...... — M. MATHIEU (J.), à Thourout (Flandre occidentale).

[1] L'âge des animaux est calculé au 1ᵉʳ mai 1878.

Animaux mâles de 2 à 4 ans.

(1er prix, **1,000**f; 2e, **900**f; 3e, **800**f; 4e, **700**f.)

10. — 25 m. — N....., rouge.......... M. COËNE (E.), à Vlamertinghe (Flandre occidentale).

11. — 25 m. — N....., rouan.......... M. VANDERMERSCH (J.), à Moorseele (Flandre orientale).

12. — 27 m. — N....., rouge pie, né en Angleterre. M. BAUDUIN (J.-J.), à Rosoux (province de Liége).

13. — 27 m. 14 j. — Prince-Rupert, rouan; son père, Rupert (35430); sa mère, Lucy, 17th, H. B. A. (vol. 23, page 744). M. JOHN GREEN (B.), à The Hill Secarrow-Roscommon (Irlande).

14. — 29 m. — Saint-Fawrence, rouan; son pere, King-Charming (31476); sa mère, Vashti. M. KERSLEY FOWLER (J.), précité.

15. — 29 m. 14 j. — The Beau, blanc; son père, Damon (33503); sa mère, May-Belle. LADY PIGOT, précitée.

16. — 32 m. 3 j. — Baron-Australia-Bates, blanc; son père, Baron-Bates 3nd; sa mère, Australia, 13th. M. FOX (G.), à Elmhurst-Hall, Lichfield.

17. — 33 m. — N....., rouge.......... M. LAMQUET, à Beho (Luxembourg).

18. — 40 m. 22 j. — Grand-Duke of Morecombe, rouan; son père, 2nd Duke of Tregunter; sa mère, Grand-Duchess of Oxford. M. EARL OF BECTIVE, à Underley-Hall, Carnforth.

19. — 41 m. — N....., rouge.......... M. VERHEYDEN, à Dilbeek (Brabant).

20. — 42 m. — Paul, rouge.......... M. le comte DE RIOCOUR (H.), à Boussu-en-Fagne (province de Namur).

20 bis. — 42 m. — Durham.......... M. HAELTERMAN, à Oultre (Flandre).

21. — 44 m. — N....., rouan.......... M. DE WONCK-VALÉRIANE, à Cras-Avernas (province de Liége).

22. — 47 m. — N....., rouge.......... M. DUCHÂTEAU, à Quevaucamps (Hainaut).

23. — 47 m. — Royal Booth, rouan...... M. TIBERGHIEN (P.), précité.

Animaux femelles de 1 à 2 ans.

(1er prix, **500**f; 2e, **400**f; 3e, **300**f; 4e, **250**f.)

24. — 12 m. — Francine, rouge pie...... M. le comte DE RIOCOUR (H.), précité.

25. — 12 m. — Clarisse, rouanne........ Le même.

26. — 13 m. 12 j. — Princess-Blush 2nd, rouanne; son père, Duke of Airdrie 24th; sa mère, Blush. M. FOX (G.), précité.

27. — 14 m. — Flor, rouanne.......... M. le comte DE RIOCOUR (H.), précité.

28. — 15 m. 9 j. — N....., rouanne; son père, Conqueror (30786); sa mère, Victoria 43nd. M. HUMPHREY SMITH, à Mountmellick, comté de Queen's County (Irlande).

29. — 15 m. 24 j. — Underley-Darling, rouanne; son père, 2nd Duke of Tregunter; sa mère, Underley-Darling. M. EARL OF BECTIVE, précité.

30. — 17 m. 12 j. — Cawlina 9th, rouanne; son père, Maurico (26805); sa mère, Cawlina 5th, par King-Tom (31521). SA MAJESTÉ LA REINE D'ANGLETERRE, domaine de Windsor.

31. — 17 m. 17 j. — Coralina, rouanne; son père, Telemachus (27603); sa mère, Coraline, par Cambridge-Duke 5th (30644). M. le marquis D'EXETER, à Burghley-Houel, Stamford, Northamptonshire (Grande-Bretagne).

32. — 17 m. 25 j. — May-Queen, rouanne; son père, Red Cross Knight; sa mère, May-Belle.
Lady Pigot, précitée.

33. — 18 m. — N....., rouanne; son père,, Royal-Windsor (29890); sa mère, Silky-Sally, par Baron-Killerby.
M. Robert Bruce, à Great-Smeaton, North-allerton (Grande-Bretagne).

34. — 18 m. — N....., rouanne........
M. Tiberghien, (P.), précité.

35. — 18 m. — N....., rouanne...........
Le même.

36. — 18 m. — N....., rouge et blanche..
Le même.

37. — 19 m. — N....., blanche........
M. Matthieu (J.), précité.

38. — 19 m. 3 j. — Grand-Duchess of Morecombe, rouanne; son père, 2nd Duke of Tregunter; sa mère, Grand-Duchess of Oxford the 18th.
M. Earl of Bective, précité.

39. — 19 m. 19 j. — Princess-Sale 2nd, rouge et blanche; son père, Duke of Underley; sa mère, Lady-Sale of Putney.
Le même.

40. — 21 m. — N....., rouge pie.......
M. de Wonck-Valériane, précité.

41. — 21 m. 5 j. — Marchioness the 11th, rouge et blanche; son père, Duke of Underley; sa mère, Marchioness 6th.
M. Earl of Bective, précité.

42. — 22 m. — N....., rouge et blanche.
M. Coppée, à Mons (Hainaut).

43. — 22 m. — N....., blanche........
M. de Wonck-Valériane, précité.

44. — 22 m. — N..... rouanne........
Le même.

45. — 22 m. — N....., rouge..........
M. Matthieu (J.), précité.

46. — 23 m. 10 j. — Sea-Bird, rouanne; son père, Telemachus (27603); sa mère, Sea-Gull, par Nestor (24648).
M. le marquis d'Exeter, précité.

47. — 23 m. 17 j. — N....., rouanne; son père, Conqueror (30786); sa mère, Queen of Bucolics.
M. Humphrey Smith, précité.

Animaux femelles de 2 ans et au-dessus.

(1er prix, **600f**; 2e, **500f**; 3e, **400f**; 4e, **350f**; 5e, **300f**.)

48. — 27 m. 24 j. — Victoria; son père, Royal Benedict (27348); sa mère, Victoria Fulgida.
Lady Pigot, précitée.

49. — 26 m. 10 j. — Red-Rose of Teviot 3rd, rouge; son père, Duke of Underley; sa mère, Red-Rose of Troceddall.
M. Earl of Bective, précité.

50. — 32 m. 28 j. — Dainty-Dam; son père, Opoponax (34950); sa mère, Dame-Doras.
Lady Pigot, précitée.

51. — 27 m. 28 j. — Ritella, rouanne; son père, The Empire (35762); sa mère, Rita, 5th.
M. Berger Spence (J.), à Londres, Half Moon Street, 15, Piccadilly.

52. — 30 m. 26 j. — Lady-Wellesley 3e, blanche (B. 34); son père, Master-Fragrant (34810); sa mère, Lady-Wellesley, H. B. A. (vol. 23, page 336).
M. Cazenave, à Idron (Basses-Pyrénées).

53. — 31 m. — Sophie ....., rouge .....
M. le comte de Riocour (H.), précité.

54. — 33 m. — N......., rouanne ....
M. de Wonck-Valériane, précité.

55. — 34 m. — N......,blanche; son père,   M. Robert Bruce, précité.
Lord-Godolphin (36005); sa mere,
Lady-Lawson, par Baron-Killerby.

56. — 35 m. — Rosalba, rouanne rouge;   Lady Pigot, précitée.
son père, Royal; sa mère, Rosette.

57. — 36 m. — N......, rouge et blanche;   M. Coppée, précité.
née en Angleterre.

58. — 38 m. — Eulalie, rouge pie ....   M. le comte de Riocour (H.), précité.

59. — 44 m. — N....., blanche........   M. de Wonck-Valériane, precité.

60. — 45 m. — N....., 'blanche........   Le même.

61. — 46 m. — N....., rouanne........   M. Matthieu (J.), précité.

62. — 47 m. 21 j.' — Cawlina 5ᵗʰ, rouanne;   S. M. la Reine d'Angleterre.
son pere, King-Tom (31521); sa
mère, Cawlina 2ⁿᵈ, par Prince of
Sax-Coburg (20576).

63. — 48 m. — N......, blanche ....   M. Matthieu (J.), précité.

64. — 4 ans 8 j. — N......, blanche; son   M. Robert Bruce, precité.
pere, Royal-Windsor (29890);
sa mère, Sylvia, par Champion
(13529).

65. — 4 ans 1 m. 20 j. — N......, rouge   M. Hannan (B.), précité.
et blanche; son père, Abercorn; sa
mère, Jenny-Lind 5ᵗʰ.

66. — 4 ans 1 m. 28 j. — N......, rouge   Le même.
et blanche; son père, Abercorn; sa
mere, Jenny-Lind 8ᵗʰ.

67. — 4 ans 4 m. 5 j. — Queen of Ithaca,   M. le marquis d'Exeter, précite.
rouanne; son père, Cambridge-
Duke, 5ᵗʰ (30644); sa mère, Ca-
lypso, par Telemachus (27603).

68. — 4 ans 5 m. — N......, rouge .....   M. Matthieu (J.), précité.

69. — 4 ans 5 m. 9 j. — Telemachina,   M. le marquis d'Exeter, précit',
rouanne; son pere, Telemachus
(27603); sa mere, La ly-Penrhyn,
par 3ᵘᵈ Duke of Warfdale (21619).

70. — 4 ans 5 m. 18 j. — Gräfin Fogga-   M. Kersley-Fowler (J.), précit°.
thorpe 8ᵗʰ, rouanne; son père,
Duke of Oatlands; sa mère, Gräfin
Foggathorpe 5ᵗʰ.

71. — 4 ans 7 m. — Zvezda; son père, King-   Lady Pigot, précitée.
James (28971); sa mère, Lucky Star.

72. — 4 ans 10 m. 24 j. — N ,......   M. Hannan (B.), précité.
rouanne; son' pere, Lieut-general;
sa mere, Glossy 6ᵗʰ.

73. — 5 ans. — N....., rouanne........   M. Matthieu (J.), précite.

74. — 5 ans. — N....., rouanne........   Le même.

75. — 5 ans. — Pelagie, rouanne........   M. le comte de Riocour (H.), précite.

76. — 5 ans — Élisa, rouanne ....   M. Tiberghien (P.), précité.

77. — 5 ans 4 m. — Rose, rouge pie .....   M. le comte de Riocour (H.), precité.

78. — 5 ans 11 m. 23 j. — N.....,   M. Hannan (B.), precité.
rouanne; son père, Abercorn; sa
mère, Jenny-Lind 7ᵗʰ.

79. — 6 ans. — Anglaise, rouanne........   M. le comte de Riocour (II.), precite.

80. — 6 ans. — Blooming-Girl, rouanne. ..   M. Tiberghien (P.), précité.

81. — 6 ans. — Prim-Rose, rouanne ......   M. Verheyden (E.), precité.

82. — 6 ans 2 m. — Victoire, rouanne....   M. le comte de Riocour (H.), precite.

83. — 6 ans 3 m. — N....., rouanne. ...   M. de Wonck-Valériane, précité.

84. — 6 ans 3 m. — Lady-Alice, rouanne..   M. Tiberghien (P.), précite.

85. — 7 ans 3 m. — N....., rouanne.... M. BEAUDUIN (J.-J.), précité.
86. — 7 ans 10 m. 20 j. — N......, M. HANNAN (B.), précité.
    rouanne; son père, Abercorn; sa
    mère, Jenny-Lind 7th.
87. — 8 ans 3 m. — Benedicta, rouanne; S. M. LA REINE D'ANGLETERRE.
    son père, Royal-Benedict (27348);
    sa mère, Blue-Bell, par Cymil
    (19542).
88. — 8 ans 6 m. — Clôture, rouanne.... M. le comte DE RIOCOUR (H.), précité.
89. — 8 ans 7 m. — Mouchette, rouanne.. Le même.
90. — 8 ans 11 m. 22 j. — N......, M. HANNAN (B.), précité.
    rouanne; son père, Napoléon-III;
    sa mère, Jenny-Lind 6th.
91. — 10 ans 10 m. 24 j. — N......, Le même.
    rouanne; son père, Napoléon-III;
    sa mère, Jenny-Lind' 2nd.

2ᵉ CATÉGORIE.

RACE HEREFORD.

Animaux mâles de 1 à 2 ans.

(1ᵉʳ prix, **800ᶠ**; 2ᵉ, **700ᶠ**.)

Pas d'animaux présentés.

Animaux de 2 à 4 ans.

(1ᵉʳ prix, **800ᶠ**; 2ᵉ, **700ᶠ**.)

92. — 41 m. 21 j. — Rouge, face blanche.. S. M. LA REINE D'ANGLETERRE.

Animaux femelles de 1 à 2 ans.

(1ᵉʳ prix, **400ᶠ**; 2ᵉ, **300ᶠ**.)

93. — 16 m. 17 j. — Rouge et tête blanche.. M. HEWER (J.), à Paradise Villa, Marden,
    Hereford (Angleterre).

Animaux femelles de 2 ans et au-dessus.

(1ᵉʳ prix, **500ᶠ**; 2ᵉ, **400ᶠ**.)

Pas d'animaux présentés.

3ᵉ CATÉGORIE.

RACES DEVON, SUSSEX ET ANALOGUES.

Animaux mâles de 1 à 2 ans.

(1ᵉʳ prix, **800ᶠ**; 2ᵉ, **700ᶠ**.)

94. — 13 m. 25 j. — Devon, rouge....... Mᵐᵉ MARIA LANGDON, à Flitton Barton, North
    Molton, Devonshire (Angleterre).
95. — 17 m. 5 j. — Devon, rouge........ La même.
96. — 18 m. 11 j. — Devon, rouge....... M. TURNER (G.), à Great Bowley, près Ti-
    verton, Devonshire (Angleterre).
97. — 21 m. 27 j. — Sussex, rouge....... MM. STANFORD (E. et A.), à Ashurst, Stey-
    ning, Sussex (Angleterre).

98. — 22 m. 24 j. — Devon, rouge........ M. Farthing (W.), à Stowey Court, Brid-
                                         gewater Somerset (Angleterre).
99. — 24 m. — ..... rouge.......... M. Rolles Fryer (W.), à Lytchett Minster,
                                         Poole, Dorsetshire.

Animaux mâles de 2 à 4 ans.

(1ᵉʳ prix, 800ᶠ; 2ᵉ, 700ᶠ.)

100. — 27 m. 15 j. — Devon, rouge..... M. Farthing (W.), précité.
101. — 32 m. — Sussex, rouge......... MM. Stanford (E. et A.), précités.

Animaux femelles de 1 à 2 ans.

(1ᵉʳ prix, 400ᶠ; 2ᵉ, 300ᶠ.)

102. — 19 m. 12 j. — ..... rouge..... M. Rolles Fryer (W.), précité.
103. — 20 m. 12 j. — Devon, rouge..... M. Turner (G.), précité.
104. — 22 m. 8 j. — Devon, rouge....... S. M. la Reine d'Angleterre.
105. — 22 m. 15 j. — Devon, rouge..... M. Farthing (W.), précité.
106. — 23 m. — Sussex, rouge........... MM. Stanford (E. et A.), précités.
107. — 23 m. 29 j. — Devon, rouge..... Mᵐᵉ Maria Langdon, précitée.

Animaux femelles de 2 ans et au-dessus.

(1ᵉʳ prix, 500ᶠ; 2ᵉ, 400ᶠ.)

108. — 24 m. 6 j. — Devon, rouge,...... Mᵐᵉ Maria Langdon, précitée.
109. — 30 m. 20 j. — Devon, rouge..... M. Farthing (W), précité.
110. — 4 ans 5 m. 2 j. — Rouge........ M. Rolles Fryer (W.), précité.
111. — 6 ans. — Sussex, rouge......... MM. Stanford (E. et A.), précités.

4ᵉ CATÉGORIE.

RACES DES ÎLES DE LA MANCHE (JERSEY, ALDERNEY, ETC.).

Animaux mâles de 1 à 4 ans.

(1ᵉʳ prix, 600ᶠ; 2ᵉ, 500ᶠ.)

112. — 36 m. — Blanc............... M. Letitia King, à Geashell King's County
                                         (Irlande).

Animaux femelles de 1 an et au-dessus.

(1ᵉʳ prix, 400ᶠ; 2ᵉ, 300ᶠ; 3ᵉ, 200ᶠ.)

Pas d'animaux présentés.

5ᵉ CATÉGORIE.

RACE D'AYR.

Animaux mâles de 1 à 4 ans.

(1ᵉʳ prix, 600ᶠ; 2ᵉ, 500ᶠ; 3ᵉ, 400ᶠ; 4ᵉ, 300ᶠ.)

113. — 23 m. 10 j. — Brun et blanc..... M. Hunter (W.), à Abington, Lanarkshire
                                         (Écosse).

Animaux femelles de 1 an et au-dessus.

(1er prix, 400f; 2e, 300f; 3e, 250f; 4e, 200f.)

115. — 28 m. — Rouge et blanche....... M. Farmer (W.-G.), à Hinckley, Leicester-shire (Grande-Bretagne).
116. — 36 m. 8 j. — Brune et blanche.... M. Morton (J.), à Rether Abington, Lanarkshire (Écosse).
117. — 37 m. — Brun foncé............ M. Duncan (J.), à Benmore Killemun, Argyllshire (Écosse).
118. — 47 m. 26 j. — Brune et blanche... M. Hunter (W.), précité.
119. — 5 ans. — Rouge et blanche....... M. Woods (A.), à The Wilderness, Aintree, près Liverpool (Angleterre).
120. — 5 ans 4 m. — Tavelée.......... M. Farmer (W.-G.), précité.

6e CATÉGORIE.

RACES SANS CORNES (ANGUS, SUFFOLK, ABERDEEN ET GALLOWAY).

Animaux mâles de 1 à 2 ans.

(1er prix, 800f; 2e, 700f.)

121. — 14 m. 21 j. — Polled-aberdeen, noir. M. Macpherson Grant (G.), à Ballindalloch Baetle (Écosse).
122. — 15 m. — Aberdeen-angus; noir.... M. Mac Combie (W.), à Tillyfour Aberdeen (Écosse).
123. — 21 m. 14 j. — Red-polled-suffolk or norfolk, rouge. M. Colman (J.-J.), à Corrow-House Norwich.

Animaux mâles de 2 à 4 ans.

(1er prix, 800f; 2e, 700f; 3e, 600f.)

124. — 38 m. 10 j. — Aberdeen-angus, noir. M. Mac Combie (W.), précité.
125. — 38 m. 23 j. — Polled-aberdeen, noir. M. Macpherson Grant (G.), précité.

Animaux femelles de 1 à 2 ans.

(1er prix, 500f; 2e, 400f.)

126. — 13 m. 5 j. — Polled-aberdeen, noire. M. Macpherson Grant (G.), précité.
127. — 15 m. — Aberdeen-angus, noire... M. Mac Combie (W.), précité.
128. — 16 m. — Aberdeen-angus, noire... Le même.
129. — 20 m. — Aberdeen-angus, noire... Le même.
130. — 20 m. 5 j. — Red-polled-suffolk or norfolk, rouge. M. Colman (J.-J.), précité.
131. — 21 m. — Aberdeen-angus, noire... M. Mac Combie (W.), précité.
132. — 23 m. 21 j. — Polled-aberdeen noire. M. Macpherson Grant (G.), précité.

Animaux femelles de 2 ans et au-dessus.

(1er prix, 600f; 2e, 500f; 3e, 400f.)

133. — 25 m. — Aberdeen-angus, noire... M. Mac Combie (W.), précité.
134. — 31 m. 14 j. — Red-polled suffolk or norfolk. M. Colman (J.-J.), précité.

135. — 39 m. — ..... noire et blanche.   M. Godin (L.), à Mons (Hainaut).
136. — 4 ans 4 m. — Aberdeen-angus,   M. Mac Combie (W.), précité.
noire.
137. — 5 ans 3 m.— Aberdeen-angus, noire.   Le même.
138. — 6 ans. — Aberdeen, noire........   M. Bruce (G.), à Keig, Aberdeenshire
(Écosse).
139. — 6 ans 9 m. 14 j. — Red-polled-suf-   M. Colman (J.-J.), précité.
folk or norfolk, rouge.
140. — 7 ans 2 m. 4 j. — Polled-aberdeen,   M. Macpherson Grant (G.), précite.
noire.
141. — 11 ans 3 m. 13 j. — Polled-aber-   Le même.
deen, noire.

7ᵉ CATÉGORIE.

RACE DES HIGHLANDS D'ÉCOSSE.

Animaux mâles de 1 et 2 ans.

(1ᵉʳ prix, **700ᶠ**; 2°, **600ᶠ**.)

Pas d'animaux présentés.

Animaux mâles de 2 à 4 ans.

(1ᵉʳ prix, **700ᶠ**; 2°, **600ᶠ**.)

142. — 38 m. 7 j. — West-highland, brun.   M. Duncan (J.), à Benmore Killemun, Argyllshire.

Animaux femelles de 1 à 2 ans.

(1ᵉʳ prix, **400ᶠ**; 2°, **300ᶠ**; 3°, **200ᶠ**.)

143. — 24 m. — West-highland, brune....   M. Duncan (J.), précité.
144. — 24 m. — West-higland, tavelée....   Le même.

Animaux femelles de 2 ans et au-dessus.

(1ᵉʳ prix, **400ᶠ**; 2°, **300ᶠ**; 3°, **200ᶠ**.)

145. — 36 m. — West-highland, noire....   M. Duncan (J.), précité.
146. — 37 m. — Bochastle, brun foncé...   Le même.
147. — 6 ans 1 m. — West-highland, fro-   Le même.
ment.
148. — 8 ans. — West-highland, crème....   Le même.

8ᵉ CATÉGORIE.

RACE DE KERRY.

Animaux mâles de 1 à 4 ans.

(1ᵉʳ prix, **600ᶠ**; 2°, **500ᶠ**.)

149. — 27 m. 10 j. — Noir... ....   M. Robertson (J.), à Malahide, Co. Dublin
(Irlande).
150. — 28 m. 10 j. — Noir.............   M. Robertson junior (J.), à Dublin, Mary
Street, 22.
151. — 35 m. — Noir.... .   ....   M. Musard, à Villequier (Seine-Inférieure).

Animaux femelles de 1 an et au-dessus.

(1er prix, **400^f**; 2e, **300^f**; 3e, **200^f**.)

152. — 18 m. 10 j. — Noire............. M. ROBERTSON (J.), précité.
153. — 25 m. — Noire.................. Le même.
154. — 33 m. 20 j. — Noire............ Le même.
155. — 37 m. 20 j. — Noire.·········· M. HOGG ROBERTSON (J.), à Malahide, Co. Dublin (Irlande).
156. — 40 m. — Noire................. M. MUSARD, précité.
157. — 4 ans 3 m. — Noire............ Mme ROBERTSON, à Malahide, Co. Dublin (Irlande).
158. — 4 ans 3 m. — Noire............ M. ROBERTSON (J.), précité.
159. — 4 ans 4 m. 20 j. — Noire....... Le même.
160. — 4 ans 6 m. 10 j. — Noire....... Le même.
161. — 4 ans 10 m. — Noire........... M. ROBERTSON JUNIOR (J.), précité.
162. — 5 ans 2 m. — Noire............ M. TAIT ROBERTSON (R.), à Malahide, Co. Dublin (Irlande).

9e CATÉGORIE.

RACE HOLLANDAISE.

Animaux mâles de 1 à 4 ans.

(1er prix, **800^f**; 2e, **700^f**; 3e, **600^f**; 4e, **500^f**; 5e, **400^f**.)‡

163. — 12 m. — Noir et blanc.......... M. DE GOEDE (A.), à Gurmerende (Hollande).
164. — 13 m. — Noir et blanc.......... SOCIÉTÉ DU HERD-BOOK NÉERLANDAIS, à Loosduinen (Hollande).
165. — 14 m. — Noir et blanc.......... La même.
166. — 14 m. — Noir et blanc.......... La même.
167. — 18 m. — Blanc et noir.......... M. ROBERT (P.-J.-B.), rue de la Chapelle, 46. Paris.
168. — 24 m. — Noir et blanc.......... M. DE GOEDE, précité.
169. — 24 m. — Noir et blanc.......... M. HULLEMAN, à Furisk (Hollande).
170. — 24 m. — Blanc et noir.......... M. ROBERT (P.-J. B.), precité.
171. — 26 m. — Noir et blanc.......... M. le baron VAN DER BORCH, dit DE ROUWENOORT, à Roville (Hollande).
172. — 27 m. — Noir et blanc.......... M. DERBOVEN (J.), à Malines (province d'Anvers).
173. — 36 m. — Rouge pie............. M. CHERMANNE, à Pont-de-Loup (Hainaut).
174. — 36 m. — Noir et blanc......... M. le Comte DE RIBAUCOURT, à Perck (Brabant).
175. — 37 m. — Noir et blanc.......... SOCIÉTÉ DU HERD-BOOK NÉERLANDAIS, précitée.
176. — 37 m. 15 j. — Rouge et blanc..... M. le baron VAN DER BORCH, dit DE ROUWENOORT, précité.
177. — 38 m. — Noir et blanc.......... M. KLAY, à Mydrecht.
178. — ..... — Noir et blanc.......... SOCIÉTÉ DU HERD-BOOK NÉERLANDAIS, précitée.

Animaux femelles de 2 ans et au-dessus.

‡(1er prix, **600^f**; 2e, **500^f**; 3e, **400^f**; 4e, **300^f**; 5e, **200^f**.)

179. — 24 m. — Noire et blanche........ M. GODIN (L.), précité.
180. — 24 m. 15 j. — Noire et blanche.... SOCIÉTÉ DU HERD-BOOK NÉERLANDAIS, précitée.
181. — 36 m. — Noire et blanche....... M. DE GOEDE (A.), précité.
182. — 36 m. — Noire et blanche....... M. HULLEMAN, précité.
183. — 36 m. — Noire et blanche....... M. ROBERT (P.-J.-B.), précité.

184. — 40 m. — Noire et blanche........ M. le baron Van der Borch, dit de Rouwe-noort, précité.
185. — 44 m. — Noire et blanche........ M. Brantjes (N.), à Purmerende (Hollande).
186. — 48 m. — Noire et blanche........ M. de Goede (A), précité.
187. — 48 m. — Noire et blanche........ M. Hulleman, précité.
188. — 48 m. — Noire et blanche........ M. Robert (P.-J.-B.), précité.
189. — 4 ans 12 j. — Noire et blanche.... Société du Herd-book néerlandais, précitée.
190. — 4 ans 15 j. — Noire et blanche.... La même.
191. — 4 ans 20 j. — Noire et blanche..... La même.
192. — 4 ans 1 m. 10 j. — Noire et blanche. La même.
193. — 4 ans 2 m. — Noire et blanche...... M. le baron Van der Borch, dit de Rouwe-noort, précité.
194. — 4 ans 3 m. — Noire et blanche..... Le même.
195. — 4 ans 5 m. — Noire et blanche.... M. de Wonck-Valériane, précité.
196. — 4 ans 6 m. — Noire et blanche.... M. Robert (P.-J.-B.), précité.
197. — 5 ans — Noire et blanche........ M. Auvray (P.), à Roquencourt (Seine-et-Oise).
198. — 5 ans — Noire et blanche........ M. Brantjes, précité.
199. — 5 ans 10 j. — Noire et blanche.... Société du Herd-book néerlandais, précitée.
200. — 5 ans 16 j. — Noire et blanche..... La même.
201. — 5 ans 20 j. — Noire et blanche.... La même.
202. — 5 ans 1 m. 10 j. — Blanche et noire. La même.
203. — 5 ans 2 m. — Noire et blanche.... M. Robert (C.), à Laminne (province de Liege).
204. — 5 ans 2 m. — Noire et blanche.... M. le baron Van der Borch, dit de Rouwe-noort, précité.
205. — 5 ans 2 m. — Blanche et noire..... Le même.
206. — 5 ans 2 m. — Noire et blanche..... M. Robert (P.-J.-B.), précité.
207. — 5 ans 3 m. — Blanche et noire.... M. le baron Van der Borch, dit de Rouwe-noort, précité.
208. — 5 ans 3 m. — Noire et blanche.... Société du Herd-book néerlandais, pré-citée.
209. — 5 ans 11 m. — Noire et blanche... M. Godin (L.), précité.
210. — 6 ans. — Noire et blanche........ M. Brantjes (N.), précité.
211. — 6 ans. — Noire et blanche........ M. Brantjes (C.-J.), à Purmerende (Hollande).
212. — 6 ans. — Noire et blanche........ M. Broquet (Victor), à Void (Meuse).
213. — 6 ans. — Noire et blanche........ M. le comte de Ribaucourt (A.), précité.
214. — 6 ans 3 m. — Noire et blanche.... M. Derboven, (J.), précité.
215. — 6 ans 4 m. — Rouge et blanche... M. le baron Van der Borch, dit de Rouwe-noort, précité.
216. — 6 ans 10 m. — Grise et blanche.... M. Gillet-Chemery, à Courtisols (Marne).
217. — 7 ans. — Noire et blanche .... M. de Goede (A.), précité.
218. — 7 ans. — Grise et blanche......... M. le comte de Ribaucourt (A.), précité.
219. — 7 ans. — Blanche et noire........ M. Hulleman, précité.
220. — 7 ans 2 m. 6 j. — Noire et blanche. Mᵐᵉ Vries, à Baard (Hollande).
221. — 8 ans. — Noire et blanche......... M. Hulleman, précité.

10ᵉ CATEGORIE.

RACES DES POLDERS ET DES TERRAINS BAS DU NORD, NON COMPRISES DANS LES CATÉGORIES CI-DESSUS.

Animaux mâles de 1 à 2 ans.

(1ᵉʳ prix, **600ᶠ**; 2ᵉ, **500ᶠ**; 3ᵉ, **400ᶠ**; 4ᵉ, **300ᶠ**.)

222. — 16 m. — Noir et blanc......... M. Robert (P.-J.-B.), précité.

Animaux mâles de 2 à 4 ans.

(1ᵉʳ prix, **600ᶠ**; 2°, **500ᶠ**; 3°, **400ᶠ**; 4°, **300ᶠ**.)

223. — 24 m. — Flamand, rouge........ M. Lefebvre-Lamblin, à Taintignies (Hainaut).
224. — 24 m. 15 j. — Noir et blanc....... M. Robert (P.-J.-B.), précité.
225. — 25 m. — Noir et blanc.......... M. Derboven (J.), précité.
226. — 30 m. — Flamand, rouge........ M. Van de Kerre, à Wetteren (Flandre orientale).
227. — 42 m. — Noir .... M. Robert (P.-J.-B.), précité.

Animaux femelles de 1 à 2 ans.

(1ᵉʳ prix, **400ᶠ**; 2°, **300ᶠ**; 3°, **200ᶠ**.)

228. — 18 m. — Noire et blanche........ M. Robert (P.-J.-B.), précité.
229. — 21 m. — Blanche et noire........ M. Tiberghien (P.), précité.
230. — 22 m. — Blanche et noire. .... Le même.
231. — 23 m. — Noire et blanche........ M. Robert (P.-J.-B.), précité.

Animaux femelles de 2 ans et au-dessus.

(1ᵉʳ prix, **500ᶠ**; 2°, **400ᶠ**; 3°, **300ᶠ**.)

232. — 25 m. — Flamande, rouge....... M. Lefebvre-Lamblin, précité.
233. — 25 m. — Flamande, rouge....... Le même.
234. — 29 m. — Flamande, rouge et blanche. M. Haelterman (J.-B.), à Oultre (Flandre orientale).
235. — 42 m. — Noire et blanche........ M. Robert (P.-J.-B.), précité.
236. — 48 m. — Flamande, blanche et noire. M. Van Loo, à Gand (Flandre orientale).
237. — 5 ans. — Noire et blanche........ M. Robert (P.-J.-B.), précité.
238. — 7 ans 5 m. — Flamande, rouge et blanche. M. Matthieu (J.), précité.

2ᵉ CLASSE.

RACES DU LITTORAL DE LA MER BALTIQUE.

RACES DANOISE, SUÉDOISE, NORWÉGIENNE, ETC.

Animaux mâles de 1 à 4 ans.

(1ᵉʳ prix, **800ᶠ**; 2°, **500ᶠ**.)

239. — 3 ans 10 m. — Angel, rouge...... M. le comte de Krag-Fuel-Wind-Trys, à Halsted, Maribo (Danemark).
240. — 4 ans. — Fionie, rouge.......... M. Tlausen, à Gièdme, Swendbourg (Danemark).

Animaux femelles de 2 ans et au-dessus.

(1ᵉʳ prix, **400ᶠ**; 2°, **300ᶠ**.)

241. — 5 ans. — Fionie, rouge.......... M. Tlausen, précité.
242. — 5 ans. — Fionie, rouge.......... Le même.
243. — 5 ans 2 m. 20 j. — Angel, rouge.. M. le comte de Krag-Fuel-Wind-Trys, précité.
244. — 6 ans. — Fionie, rouge.......... M. Tlausen, précité.

245. — 6 ans. — Fionie, rouge.......:...   M. Tlausen, précité.
246. — 6 ans 2 m. 19 j. — Angel, rouge...   M. le comte DE Krag-Fuel-Wind-Trys, pré-
       cité.
247. — 7 ans. — Fionie, rouge..........   M. Tlausen, précité.
248. — 7 ans. 2 m. — Angel, rouge......   M. le comte DE Krag-Fuel-Wind-Trys, pré-
       cite.
249. — 7 ans 2 m. 27 j. — Angel, rouge ..   Le même.
250. — 7 ans 3 m. 3 j. — Angel, rouge ...   Le même.

3ᵉ CLASSE.

RACES DE L'EUROPE CENTRALE.

1ʳᵉ CATÉGORIE.

RACES BERNOISE, FRIBOURGEOISE, SIMMENTHAL ET ANALOGUES.

Animaux mâles de 1 à 4 ans.

(1ᵉʳ prix, **800ᶠ**; 2ᵉ, **700ᶠ**; 3ᵉ, **600ᶠ**; 4ᵉ, **500ᶠ**.)

251. — 12 m. — Simmenthal, rouge et   SOCIÉTÉ DES ÉLEVEURS DU BAS SIMMENTHAL
     blanc.   (M. Rebmann, président).
252. — 14 m. — Simmenthal, rouge et   M. Anken (S.), à Zweisimmen (canton de
     blanc.   Berne).
253. — 24 m. 15 j. — Simmenthal, rouge   SOCIÉTÉ DES ÉLEVEURS DU BAS SIMMENTHAL,
     et blanc.   precitee.
254. — 32 m. — Simmenthal, rouge et   M. Anken (S.), précité.
     blanc.
255. — 48 m. — Simmenthal, rouge et   SOCIÉTÉ DES ÉLEVEURS DU BAS SIMMENTHAL,
     blanc.   précitee.

Animaux femelles de 2 ans et au-dessus.

(1ᵉʳ prix, **600ᶠ**; 2ᵉ, **500ᶠ**; 3ᵉ, **400ᶠ**; 4ᵉ, **300ᶠ**.)

256. — 24 m. — Simmenthal, rouge et   M. Anken (S.), précité.
     blanche.
257. — 30 m. — Simmenthal, rouge et   Le même.
     blanche.
258. — 30 m. — Simmenthal, rouge et   SOCIÉTÉ DES ÉLEVEURS DU BAS SIMMENTHAL,
     blanche.   precitee.
259. — 41 m. — Simmenthal, rouge et   La même.
     blanche.
260. — 42 m. — Simmenthal, rouge et   La même.
     blanche.
261. — 4 ans 3 m. — Simmenthal, rouge   La même.
     blanche.
262. — 5 ans. — Simmenthal, rouge et   M. Anken (S.), précite.
     blanche.
263. — 5 ans. — Simmenthal, rouge et   Le même.
     blanche.
264. — 5 ans — Fribourgeoise, noire et   M. Broquer (Victor), précité.
     blanche.
265. — 5 ans 2 m. — Simmenthal, rouge et   SOCIÉTÉ DES ÉLEVEURS DU BAS SIMMENTHAL,
     blanche.   precitee.
266. — 5 ans 6 m. — Siebenthal, rouge et   M. Limat, à Carmagens, canton de Fribourg.
     blanche.

267. — 5 ans 6 m. — Fribourgeoise, rouge M. Limat, précité.
et blanche.

268. — 6 ans 1 m. — Simmenthal, rouge et Société des éleveurs du bas Simmenthal,
blanche.   precitee.

2° CATEGORIE.

RACES SCHWITZ ET ANALOGUES.

Animaux mâles de 1 à 4 ans.

(1ᵉʳ prix, **800ᶠ**; 2ᵉ, **700ᶠ**; 3ᵉ, **600ᶠ**; 4ᵉ, **500**.)

269. — 12 m. — Schwitz, gris . . . . M. Henggeler (L.), à Unteraegen, canton
de Zug.
270. — 12 m. — Schwitz, gris . . . . Société agricole de Schwitz.
271. — 14 m. — Schwitz, gris . . . . M. de Laprade, à Mazerolles (Vienne),
272. — 18 m. — Schwitz, gris . . . . Société agricole de Schwitz, precitee.
273. — 24 m. — Schwitz, gris . . . . M. Burgi, à Arth, canton de Schwitz.
274. — 26 m. 15 j. — Schwitz, gris . . . . . . M. Hasler, à Schönenberg, canton de
Zurich.
275. — 35 m. — Schwitz, gris . . . . M. Henggeler-Benziger, à Oberaegen, canton de Zug.
276. — 36 m. — Schwitz, gris . . . . MM. Lagèze et Nouvion, à Betheniville
(Marne).
277. — 42 m. — Schwitz, gris . . . . M. Thilloy, à Servon (Marne).

Animaux femelles de 1 an et au-dessus.

(1ᵉʳ prix, **600ᶠ**; 2ᵉ, **500ᶠ**; 3ᵉ, **400ᶠ**; 4ᵉ, **300ᶠ**; 5ᵉ, **200ᶠ**.)

278. — 24 m. — Schwitz, grise . . . . M. Burgi, précité.
279. — 36 m. — Schwitz, grise . . . . Le même.
280. — 36 m. — Schwitz, grise . . . . M. Henggeler (L.), précité.
281. — 41 m. — Schwitz, grise . . . . M. Hasler, precité.
282. — 42 m. — Schwitz, grise . . . . M. Burgi, precite.
283. — 42 m. — Schwitz, grise . . . . M. Henggeler (L.), précité.
284. — 42 m. — Schwitz, grise . . . . Société agricole de Schwitz, précitée.
285. — 42 m. — Schwitz, grise . . . . La même.
286. — 43 m. — Schwitz, grise . . . . M. Henggeler (J.), à Unteraegen, canton
de Zug.
287. — 48 m. — Schwitz, grise . . . . M. Burgi, précité.
288. — 48 m. — Schwitz, grise . . . . Le même.
289. — 48 m. — Schwitz, grise . . . . Le même.
290. — 48 m. — Schwitz, grise . . . . Le même.
291. — 48 m. — Schwitz, grise . . . . M. Henggeler-Benziger, précité.
292. — 48 m. — Schwitz, grise . . . . Société agricole de Schwitz, précitée.
293. — 48 m. — Schwitz, grise . . . . La meme.
294. — 48 m. — Schwitz, grise . . . . La même.
295. — 4 ans 1 m. — Schwitz, grise. . . . . . M. Henggeler (L.), précité.
296. — 4 ans 2 m. — Schwitz, grise. . . . . . M. Hasler, precité.
297. — 4 ans 2 m. — Schwitz, grise. . . . . . M. Henggeler-Benziger, précité.
298. — 4 ans 3 m. — Schwitz, grise. . . . . . M. Henggeler (J.), precité.
299. — 4 ans 6 m. — Schwitz, grise. . . . . . M. de Laprade, precité.
300. — 5 ans 3 m. 20 j. — Schwitz, grise. . M. Hasler, précité.

4ᵉ CLASSE.

RACES DU SUD-OUEST DE L'EUROPE.

RACES DIVERSES, PIÉMONTAISE, ROMAGNOLE, PORTUGAISE, ETC.

Animaux mâles de 1 à 4 ans.

(1ᵉʳ prix, 700ᶠ; 2ᵉ, 600ᶠ; 3ᵉ, 500ᶠ.)

301.	— 24 m. —	Pugliese, gris..........	M. BERTANI (A.), à Reggio-Emilia (Italie).
302.	— 24 m. —	Val di Chiana, blanc.....	M. BERTANI (G.), à Cello (Italie).
303.	— 24 m. —	Reggiana rouge........	COMICE AGRICOLE DE REGGIO-EMILIA (Italie).
304.	— 24 m. —	Romagnole, gris blanc...	M. le comte FORNI, à Modène (Italie).
305.	— 24 m. —	Mirandeza, rouge.......	M. GAGLIARDINI, directeur de la ferme-école régionale de Cintra (Portugal).
306.	— 24 m. —	Alemtejana, rouge......	Le même.
307.	— 26 m. —	Reggiana, rouge........	COMICE AGRICOLE DE REGGIO-EMILIA, précité.
308.	— 36 m. —	Barroza, rouge.........	M. GAGLIARDINI, précité.
309.	— 36 m. —	Barroza, rouge.........	Le même.
310.	— 36 m. —	Mirandeza, rouge.......	Le même.
311.	— 36 m. —	Gallega-Vermelha, rouge.	Le même.
312.	— 36 m. —	Aronqueza, rouge......	Le même.
313.	— 36 m. —	Alemtejana, rouge......	Le même.
314.	— 48 m. —	Gallega-Vermelha, rouge.	Le même.
315.	— 48 m. —	Aronqueza, rouge.......	Le même.

Animaux femelles de 1 an et au-dessus.

(1ᵉʳ prix, 500ᶠ; 2ᵉ, 400ᶠ; 3ᵉ, 300ᶠ.)

316.	— 24 m. —	Mirandeza, rouge.......	M. GAGLIARDINI, précité.
317.	— 25 m. 10 j. —	Reggiana, rouge...	COMICE AGRICOLE DE REGGIO-EMILIA, précité.
318.	— 30 m. —	Reggiana, rouge........	Le même.
319.	— 36 m. —	Pugliese, grise.........	M. BERTANI (A.), précité.
320.	— 36 m. —	Pugliese, grise........	Le même.
321.	— 36 m. —	Val di Chiana, blanche...	M. BERTANI (G.), précité.
322.	— 36 m. —	Val di Chiana, blanche ..	Le même.
323.	— 36 m. —	Romagnole, gris blanc...	M. le comte FORNI, précité.
324.	— 36 m. —	Romagnole, gris blanc...	Le même.
325.	— 36 m. —	Barroza, rouge.........	M. GAGLIARDINI, précité.
326.	— 36 m. —	Mirandeza, rouge.......	Le même.
327.	— 36 m. —	Gallega-Vermelha, rouge..	Le même.
328.	— 36 m. —	Aronqueza, rouge.......	Le même.
329.	— 48 m. —	Barroza, rouge.........	Le même.
330.	— 48 m. —	Gallega-Vermelha, rouge.	Le même.
331.	— 48 m. —	Aronqueza, rouge.......	Le même.
332.	— 48 m. —	Alemtejana, rouge......	Le même.
333.	— 48 m. —	Alemtejana, rouge......	Le même.
334.	— 5 ans 4 m. —	Reggiana, rouge....	COMICE AGRICOLE DE REGGIO-EMILIA, précité.
335.	— 6 ans 6 m. —	Reggiana, rouge....	Le même.

5ᵉ CLASSE.

RACES DIVERSES NON COMPRISES DANS LES CATÉGORIES PRÉCÉDENTES.

Animaux mâles de 1 à 4 ans.

(1ᵉʳ prix, 600ᶠ; 2ᵉ, 500ᶠ; 3ᵉ, 400ᶠ; 4ᵉ, 300ᶠ.)

336.	— 12 m. —	Durham croisé, blanc et rouge.	M. LAMQUET, précité.

337. — 12 m. — Désarmé de la vallée de la   M. Lefebvre-Lamblin, précité.
Dendre, noir.

338. — 13 m. — Désarmé de la vallée de la   Le même.
Dendre, blanc.

339. — 14 m. — Désarmé de la vallée de la   Le même.
Dendre, noir et blanc.

340. — 14 m. — Durham croisé, rouge et   M. Prévot (A.), à Quévaucamps (Hainaut).
blanc.

341. — 20 m. — Indigène, gris et blanc..   M. Godin (L.), précité.

342. — 20 m. — Durham croisé, rouge et   M. Geersens, à Clemskerke (Flandre occi-
blanc.   dentale).

343. — 21 m. — Durham croisé, blanc....   M. Bouillon (H.), précité.

344. — 22 m. — Durham croisé, blanc et   M. Vermeulen (J.), à Wetteren (Flandre
noir.   orientale).

345. — 23 m. 20 j. — Mucca-Sarda, ½ mar-   Comice agricole d'Oziera (Italie).
ron.

346. — 23 m. 20 j. — Mucca-Sarda, marron.   Le même.

347. — 24 m. — Hollandais croisé, noir et   M. Derboven (J.), précité.
blanc.

348. — 24 m. — Durham croisé.........   M. Fabry (T.), à Lauvegnez (province de
Liége).

349. — 24 m. — Durham croisé, rouan...   M. Lefebvre-Lamblin, précité.

350. — 24 m. — Durham croisé, rouan...   M. Roberti (C.), précité.

351. — 30 m. — Durham croisé, rouge et   M. Lormo, à Thulin (Hainaut).
blanc.

352. — 32 m. — Durham croisé, rouge et   M. Bouillon (H.), précité.
blanc.

353. — 36 m. — Durham croisé, rouge et   M. Eggermont, à Deenlyk (Flandre occiden-
blanc.   tale).

354. — 36 m. — Indigène, gris et blanc...   M. Godin (L.), précité.

355. — 39 m. — Durham croisé, rouge et   M. Dessauvage, à Rumbeke, près Roulers
blanc.   (Flandre occidentale).

356. — 39 m. — Val di Chiana-Romagnole,   M. Landi (E.), à Firenje (Italie).
blanc.

357. — 44 m. 17 j. — Long Horn, noir et   MM. le duc de Buckingham et Chandos,
feu.   à Stowe, près Buckingham.

Animaux femelles de 1 an et au-dessus.

(1er prix, **400**f; 2e, **300**f; 3e, **250**f; 4e, **200**f.)

358. — 12 m. — Désarmée de la vallée de   M. Lefebvre-Lamblin, précité.
la Dendre, noire et blanche.

359. — 12 m. — Durham croisée, blanche   M. Wathelet (N.), à Louveigné (province
et rouge.   de Liége).

360. — 13 m. — Indigène, grise........   M. Godin (L.), précité.

361. — 13 m. — Désarmée de la vallée de   M. Lefebvre-Lamblin, précité.
la Dendre, noire et blanche.

362. — 19 m. — Durham croisée, rouge et   M. de Wonck-Valériane, précité.
blanche.

363. — 22 m. — Durham croisée, blanche   Le même.
et rouge.

364. — 22 m. — Durham croisée, rouanne.   M. Tiberghien (P.), précité.

414. — 22 m. — Tavelée..............   M. Farmer (W.-G.), précité.

365. — 23 m. — Val di Chiana-Sarda,   Comice agricole d'Ozieri, précité.
blanche.

366. — 23 m. — Val di Chiana-Sarda,   Le même.
blanche.

367. — 23 m. — Val di Chiana-Sarda,   COMICE AGRICOLE D'OZIÉRI, précité.
       blanche.
368. — 23 m. — Val di Chiana-Sarda,   Le même.
       blanche.
369. — 24 m. — Durham croisée, grise et M. BOUILLON (H.), précité.
       blanche.
370. — 24 m. — Indigène, grise et blanche. M. GODIN (L.), précité.
371. — 26 m. — Durham croisée, grise et M. ROBERTI (C.), précité.
       blanche.
372. — 26 m. — Durham croisée, rouanne. Le même.
373. — 27 m. — Durham croisee, grise... Le même.
374. — 32 m. 7 j. — Long Horn, rouge et M. le duc DE BUCKINGHAM, précité.
       blanche.
375. — 34 m. — Durham croisée, blanche   M. WATHELET (N.), précité.
       et rouge.
376. — 38 m. — Durham croisée, blanche   M. ROBERTI (C.), précité.
       et rouge.
377. — 48 m. — Durham croisée, rouanne. M. DE WOYCK-VALÉRIANE, précité.
378. — 4 ans 1 m. — Durham croisée, blan- M. ROBERTI (C.), précité.
       che et rouge.
379. — 5 ans. — Indigène, grise........ M. GODIN (L.), précité.
380. — 6 ans. — Durham croisée, grise et M. BOUILLON (H.), précité.
       blanche.
381. — 6 ans. — Durham croisée, rouge et M. DE WONCK-VALÉRIANE, précité.
       blanche.
382. — 6 ans. — Durham croisée, blanche M. WATHELET (N.), précité.
       et rouge.
383. — 6 ans 3 m. — Indigène, grise..... M. GODIN (L.), précité.
384. — 6 ans 4 m. — Hollandaise croisée, M. DERBOVEN (J.), précité
       noire et blanche.
385. — 7 ans. — Durham croisée, rouanne. M. TIBERGHIEN (P.), précité.
386. — 9 ans 4 m. 8 j. — Long Horn, noire M. le duc DE BUCKINGHAM, précité.
       et feu.

2ᵉ DIVISION.

ANIMAUX MÂLES ET FEMELLES DE RACES SOIT ÉTRANGÈRES, SOIT FRANÇAISES, NÉS ET ÉLEVÉS EN FRANCE.

Iʳᵉ CATÉGORIE.

RACES NORMANDES.

Animaux mâles de 1 à 2 ans.

(1ᵉʳ prix, **1000ᶠ**; 2ᵉ, **800ᶠ**; 3ᵉ, **600ᶠ**; 4ᵉ, **500ᶠ**.)

387. — 12 m. — Bringé............. M. COLBOC, à Boisguillaume (Seine-Infé-
                                    rieure).
388. — 12 m. 15 j. — Bringé......... M. MENGIN (P.), à Yvoy-le-Marron (Loir-et-
                                    Cher).
389. — 13 m. — Bringé......... ..... M. ANCELIN (T.), à la Chapelle-sur-Gerbe-
                                    roy (Oise).
390. — 13 m. — Bringé............. M. HERVIEU (L.), à la Mancellière (Manche).
391. — 14 m. — Bringé............. M. BOYENVAL, à Saint-Germain-des-Bois
                                    (Loiret).

392. — 15 m. — Bringé............... M. Robert* (P.-J.-B.)¡ à Paris, rue de la
                                            Chapelle, 46.
393. — 18 m. — Bringé............... M. Cahour, à Montbray (Manche).
394. — 18 m. — Bringé............... M. Maillard (C.), à Sainte-Marie-du-Mont
                                            (Manche).
395. — 18 m. — Bringé............... Mme veuve Vanhove, à Arras (Pas-de-Calais).
396. — 19 m. — Bringé............... M. de la Ville, à Bretteville-sur-Odon (Cal-
                                            vados).
397. — 21 m. — Bringé............... M. Camus, à Chevry-Cossigny (Seine-et-
                                            Marne).
398. — 22 m. — Rouan............... M. Vavasseur, à Ferrières (Seine-et-Marne).
399. — 23 m. — Bringe............... M. Fougeron, à Breilly (Somme).
400. — 23 m. 15 j. — Bringé.......... M. Paynel, à Mesnil-Mauger (Calvados).
401. — 24 m. — Bringé............... M. Bailleau-Moulin, à Mottereau (Eure-et-
                                            Loir).
402. — 24 m. — Bringé............... M. Léger, à Vrigny (Orne).

Animaux mâles de 2 à 3 ans.

(1er prix, 1000f; 2e, 800f; 3e, 600f; 4e, 500f.)

403. — 24 m. 4 j. — Bringé.......... M. Lesenne, à Froberville (Seine-Inférieure.)
404. — 24 m. 15 j. — Bringé......... M. Ancelin (T.), précité.
405. — 25 m. — Bringé............... M. Beuzebog, à Froberville (Seine-Inférieure).
406. — 26 m. — Bringe............... M. Drouet-Fleurizelle, à Maffrécourt
                                            (Marne).
407. — 27 m. — Bringé............... M. Carel, à Sainte-Marie-du-Mont (Manche)
408. — 27 m. — Bringé............... M. Fougeron, précité.
409. — 28 m. — Bringé............... M. Gillain, à Carentan (Manche).
410. — 28 m. — Bringé............... M. Mengin (E.), à Bourges (Cher).
411. — 30 m. — Bringé............... M. Fougeron, précité.
412. — 30 m. — Bringé............... M. Hervieu (A.), à Varaville (Calvados).
413. — 30 m. — Bringé............... M. Morel, à Saulty (Pas-de-Calais).
414. — 32 m. — Bringé............... M. Hervieu (L.), précité.
415. — 32 m. — Bringé............... M. Noblet, à Châteaurenard (Loiret).
416. — 32 m. — Bringé............... M. Raulin, à Villiers-Fossard (Manche).
417. — 33 m. — Bringé............... M. Camus, précité.
418. — 34 m. — Bringé............... M. Fleury, à Bennetot (Seine-Inférieure).
419. — 35 m. — Bringé............... M. Cahour, précité.
420. — 35 m. — Bringé............... M. Frémont, à Saint-Romain (Seine-Infé-
                                            rieure).
421. — 35 m. — Bringe............... M. Laverge, à Mathieu (Calvados).
422. — 35 m. — Bringé............... M. Maillard (C.), précité.
423. — 36 m. — Bringé............... M. Mengin (P.), précité.
424. — 36 m. — Bringé............... M. Robert (P.-J.-B.), précité.
425. — 42 m. — Bringé (hors concours)... M. Boyenval, précité.

Animaux femelles de 1 à 2 ans.

(1er prix, 400f; 2e, 300f; 3e, 200f; 4e, 150f.)

426. — 12 m. — Bringée............. M. Ancelin (T.), précité.
427. — 12 m. — Bringé.............. M. Cahour, précité.
428. — 13 m. — Bringée............. M. Famin, à Saint-Just-les-Marais (Oise).
429. — 13 m. — Bringée............. M. Robert (P. J.-B.), précité.
430. — 14 m. — Bringée............. M. Paynel, précité.
431. — 15 m. — Bringée............. M. Mengin (P.), précité.

432. — 15 m. — Bringée.................   M. Vavasseur, précité.
433. — 16 m. — Bringée.............   M. d'Hiérosme de Toalaville, à Beaubray (Eure).
434. — 17 m. — Bringée.............   M. Mengin (P.), précité.
435. — 19 m. — Bringée..............   M. Hervieu (A.), précité.
436. — 19 m. 15 j. — Bringée..........   M. de la Ville, précité.
437. — 20 m. — Bringée............   M. Hervieu (A.), précité.
438. — 20 m. — Bringée..........   M. Hervieu (L.), précité.
439. — 20 m. — Bringée............   Le même.
440. — 20 m. — Bringée.............   M. Robert (P.-J.-B.), précité.
441. — 21 m. — Bringée............   M. Camus, précité.
442. — 22 m. — Bringée............   M. Ancelin (T.), précité.
443. — 22 m. — Bringée............   M. Auvray, à Rocquencourt (Seine-et-Oise.)
444. — 22 m. — Bringée............   M. Cahour, précité.
445. — 22 m. — Bringée.............   M. Colboc, précité.
446. — 22 m. — Bringée............   M. Hervieu (A.), précité.
447. — 22 m. — Bringée............   M. Maillard (C.), précité.
448. — 22 m. — Bringée............   M. Mengin (É.), précité.
449. — 22 m. — Bringée.............   M. Raulin, précité.
450. — 22 m. — Bringée.............   Le même.
451. — 23 m. — Bringée............   M. Boyenval, précité.
452. — 23 m. — Bringée............   M. Carel, précité.
453. — 24 m. — Bringée.............   M. Famin, précité.

<h3 align="center">Animaux femelles de 2 à 3 ans.</h3>

(1er prix, 500f; 2°, 400f; 3°, 300f; 4°, 200f.)

454. — 24 m. 4 j. — Bringée............   M. Ancelin (T.), précité.
455. — 25 m. — Bringée..............   M. Cahour, précité.
456. — 26 m. — Bringée ....   Le même.
457. — 26 m. — Bringée............   M. Mengin (P.), précité.
458. — 27 m. — Bringée.............   M. Raulin, précité.
459. — 28 m. — Bringée.............   M. Paynel, précité.
460. — 28 m. — Bringée............   M. Raulin, précité.
461. — 29 m. — Bringée............   M. Gillain, précité.
462. — 30 m. — Bringée ....   M. Ancelin (O.), à Grandvilliers (Oise).
463. — 30 m. — Bringée.............   M. Auvray, précité.
464. — 30 m. — Bringée............   M. Robert (P.-J.-B.), précité.
465. — 31 m. — Bringée.............   M. Carel, précité.
466. — 31 m. — Bringée ....   M. Maillard (C.), précité.
467. — 31 m. — Bringée............   M. Vavasseur, précité.
468. — 32 m. 15 j. — Bringée..........   M. Auvray, précité.
469. — 33 m. 15 j. — Bringée..........   Le même.
470. — 33 m. 15 j. — Bringée..........   Le même.
471. — 33 m. 15 j. — Bringée..........   M. Hervieu (L.), précité.
472. — 34 m. — Bringée..............   Mme Vve Ancelin, à Grandvilliers (Oise).
473. — 34 m. — Bringée.............   M. Boyenval, précité.
474. — 34 m. — Bringée............   M. Colboc, précité.
475. — 34 m. — Bringée............   M. Guévin-Gautherot, à Troyes (Aube).
476. — 34 m. — Bringée.............   M. Leconte, à Hubert-Folie (Calvados).
477. — 34 m. — Bringée.............   M. Noblet, précité.
478. — 34 m. — Bringée............   M. de la Ville, précité.
479. — 34 m. — Bringée............   Le même.
480. — 35 m. — Bringée.............   M. Ancelin (T.), précité.
481. — 36 m. — Bringée.............   M. Maillard (C.), précité.
482. — 36 m. — Bringée............   M. Robert (P.-J.-B.), précité.

Animaux femelles de plus de 3 ans.
(1ᵉʳ prix, **600ᶠ**; 2ᵉ, **500ᶠ**; 3ᵉ, **400ᶠ**; 4ᵉ, **300ᶠ**.)

483. — 36 m. 15 j. — Bringée............ M. ANCELIN (T.), précité.
483 bis. — 36 m. 20 j. — Bringée......... M. MAILLARD (C.), précité.
484. — 38 m. — Bringée............... M. MENGIN (P.), précité.
485. — 40 m. — Bringée.............. M. CAHOUR, précité.
486. — 41 m. — Bringée.............. M. PAYNEL, précité.
487. — 41 m. — Bringée.............. Le même.
488. — 41 m. 15 j. — Bringée......... M. MAILLARD (C.), précité.
489. — 42 m. — Bringée.............. Le même.
490. — 44 m. — Bringée .... M. MENGIN (P.), précite.
491. — 45 m. — Bringée.............. M. CAREL, précite.
492. — 46 m. — Bringée.............. M. VAVASSEUR, précité.
493. — 47 m. — Bringée.............. M. HERVIEU (L.), précité.
494. — 48 m. — Bringée.............. M. AUVRAY, précité.
495. — 48 m. — Bringée .... M. CAMUS, précité.
496. — 48 m. — Bringée.............. M. GUÉNIN-GAUTHEROT, précité.
497. — 48 m. — Bringée.............. M. LECONTE, précité.
498. — 48 m. — Bringée.............. M. MENGIN (P.), précité.
499. — 48 m. — Bringée.............. M. PAYNEL, précité.
500. — 48 m. — Bringée.............. Le même.
501. — 4 ans 9 m. — Bringée .... Mᵐᵉ Vᵉ ANCELIN, précitée.
502. — 4 ans 9 m. — Bringée......... M. HERVIEU (L.), précité.
503. — 4 ans 10 m. — Bringée .... M. ROBERT (P.-J.-B.), précité.
504. — 5 ans. — Bringée............. M. ANCELIN (O.), précité.
505. — 5 ans. — Bringée............. M. AUVRAY, précité.
506. — 5 ans. — Bringée .... M. COLBOC, précité.
507. — 5 ans. — Bringée .... M. DUMOUTIER, à Claville (Eure).
508. — 5 ans. — Bringée .... M. FAMIN, précité.
509. — 5 ans. — Bringée............. M. GUÉNIN-GAUTHEROT, précité.
510. — 5 ans. — Bringée............. M. LECONTE, précité.
511. — 5 ans. — Bringée............. M. NICOLAS, à Chaumes (Seine-et-Marne).
512. — 5 ans. — Bringée............. Le même.
513. — 5 ans. — Bringée............. M. RAULIN, précité.
514. — 5 ans 2 m. — Bringée.......... M. ANCELIN (T.), précité.
515. — 5 ans 4 m. — Bringée .... M. DELAGARDE, à Blosville (Manche).
516. — 5 ans 6 m. — Bringée .... M. ROBERT (P.-J.-B.), précité.
517. — 5 ans 10 m. — Bringée .... M. MENGIN (É.), précite.
518. — 5 ans 11 m. — Bringée......... M. ANCELIN (T.), précité.
519. — 6 ans. — Bringée............. M. AUVRAY, précité.
520. — 6 ans. — Bringée .... M. COLBOC, précité.
521. — 6 ans. — Bringée............. M. NICOLAS, précité.
522. — 6 ans. — Bringée............. Le même.
523. — 6 ans. — Bringée............. M. RAULIN, précité.
524. — 6 ans. — Bringée............. M. DE LA VILLE, précité.
525. — 6 ans 3 m. — Bringée......... M. PAYNEL, précité.
526. — 6 ans 5 m. — Bringée.......... M. NOBLET, précité.
527. — 7 ans. — Bringée............. M. NICOLAS, précité.
528. — 7 ans. — Bringée .... Le même.
529. — 7 ans. — Bringée............. Le même.
530. — 7 ans 3 m. 15 j. — Bringée. (Hors   M. TEISSERENC DE BORT fils (E.), à Saint
   concours.)   Priest-Taurion (Haute-Vienne).
531. — 8 ans. — Bringée............. M. HERVIEU (A.), précité.
532. — 8 ans. — Bringée .... M. NICOLAS, précité.
533. — 9 ans. — Bringée............. Le même.
534. — 9 ans. — Bringée............. Le même.
535. — 9 ans. — Bringée............. Le même.
536. — 10 ans. — Bringée .... Le même.

2ᵉ CATÉGORIE.

RACE FLAMANDE.

Animaux mâles de 1' à 2 ans.

(1ᵉʳ prix, **900ᶠ**; 2ᵉ, **800ᶠ**; 3ᵉ, **700ᶠ**.)

537. — 12 m. — Rouge	M. Degorre, à Caestre (Nord)
538. — 12 m. — Rouge...............	M. de Hersecke, à Pitgam (Nord).
539. — 12 m. — Rouge et blanc........	M. Stevenoot (L.), à Pitgam (Nord).
540. — 12 m. — Rouge...............	M. Trottein, à Hazebrouck (Nord),
541. — 12 m. — Rouge...............	M. Vermond, à Péronne (Somme).
542. — 12 m. 15 j. — Rouge...........	M. Facqueur, à Staple (Nord).
543. — 14 m. — Rouge...............	M. Rancy, à Hazebrouck (Nord),
544. — 14 m. — Rouge...............	M. Robert (P.-J.-B.), précité.
545. — 14 m. — Rouge et blanc........	M. Wissocq, à Bourbourg-Campagne (Nord).
546. — 15 m. — Rouge...............	M. Bosse, directeur de l'asile de Bailleul (Nord).
547. — 16 m. — Rouge...............	M. Morel, précité.
548. — 16 m. — Rouge...............	Mᵐᵉ Vᵉ Vanhove, précitée.
549. — 20 m. — Rouge...............	M. Robert (P.-J.-B.), précité.
550. — 20 m. — Rouge...............	M. Sénam, à Armboutscappel (Nord).
551. — 22 m. — Rouge...............	M. Camus, précité.
552. — 22 m. — Rouge...............	M. Fétel-Longueval, à Loon (Nord).
553 — 22 m. — Rouge...............	M. Lebesgue, à Montherlant (Oise).
553 bis. — 23 m. — Rouge.............	M. Defernez, à Capellebrouck (Nord).
554. — 24 m. — Rouge...............	M. Vermond, précité.

Animaux mâles de 2 à 3 ans.

(1ᵉʳ prix, **900ᶠ**; 2ᵉ, **800ᶠ**; 3ᵉ, **700ᶠ**.)

555. — 24 m. 6 j. — Rouge...........	M. Declemy-Boulanger; à Peuplingues (Pas-de-Calais).
556. — 25 m. — Rouge...............	M. Darras, à Coudekerque (Nord).
557. — 25 m. — Rouge...............	M. Demarolle, à Neuville-Saint-Amand (Aisne).
558. — 25 m. — Rouge...............	M. Deram, à Hazebrouck (Nord),
559. — 25 m. — Rouge...............	M. Morel, précité.
560. — 25 m. — Rouge...............	Mᵐᵉ Vᵉ Vanhove, précitée.
561. — 30 m. — Rouge...............	M. Robert (P.-J.-B.), précité.
562. — 35 m. — Rouge...............	M. Penel, à Eps (Pas-de-Calais).
563. — 35 m. — Rouge...............	M. Robert (P.-J.-B.), précité.
564. — 36 m. — Rouge...............	M. Vermond, précité.

Animaux femelles de 1' à 2 ans.

(1ᵉʳ prix, **300ᶠ**; 2ᵉ, **200ᶠ**; 3ᵉ, **150ᶠ**.)

565. — 12 m. — Rouge...............	M. Vermond, précité.
566. — 12 m. 15 j. — Rouge...........	M. Robert (P.-J.-B.), précité.
567. — 13 m. — Rouge...............	M. Declemy-Boulanger, précité.
568. — 13 m. — Rouge...............	M. Lobbedez, à Blaringhem (Nord)
569. — 13 m. — Rouge...............	Mᵐᵉ Vᵉ Vanhove, précitée.
570. — 13 m. 15 j. — Rouge...........	M. Sénam, précité.
571. — 14 m. — Rouge...............	M. Rancy, précité.
572. — 15 m. — Rouge...............	M. Dequidt (H.), à Saint-Sylvestre-Cappel (Nord).

573. — 15 m. — Rouge............... M. Morel, précité.
574. — 17 m. — Rouge............... M. Dequidt (L.), à Hazebrouck (Nord).
575. — 17 m. — Rouge............... M. Robert (P.-J.-B.), précité.
576. — 18 m. 15 j. — Rouge.......... Mme Vo Vanhove, précitée.
577. — 22 m — Rouge............... M. Bruyer, à Albert (Somme.)
578. — 22 m. — Rouge............... M. de Hersecke, précité.
579. — 22 m. — Rouge et blanche....... M. Stevevoot (L.), précité.
580. — 23 m. — Rouge............... M. Fétel-Longueval, précité.
581. — 23 m. — Rouge............... M. Vermond, précité.
582. — 24 m. — Rouge............... Le même.

Animaux femelles de 2 à 3 ans.

(1er prix, 400f; 2e, 300f; 3e, 200f.)

583. — 24 m. 15 j. — Rouge.......... M. Darras, précité.
584. — 25 m. — Rouge............... M. Bruyer, précité.
585. — 25 m. — Rouge............... Le même.
586. — 25 m. — Rouge.............. M. Deram, précité.
587. — 26 m. — Rouge............... M. Morel, précité.
588. — 27 m. — Rouge.............. M. Bosse, précité.
589. — 28 m. — Rouge............... M. Deram, précité.
590. — 28 m. — Rouge............... M. Robert (P.-J.-B.), précité.
591. — 28 m. — Rouge............... M. Sénam, précité.
592. — 28 m. — Rouge.............. M. Sys, à Hazebrouck (Nord).
593.   28 m. — Rouge............... Le même.
594. — 29 m. — Rouge.............*.... M. Declemy-Boulanger, précité.
595. — 30 m. — Rouge............... M. Bouden, à Wallon-Cappel (Nord).
596.   30 m. — Rouge............... M. Fétel-Longueval, précité.
597. — 30 m. — Rouge............... Mme Vo Vanhove, précitée.
598. — 33 m. — Rouge.............. M. Penel, précité.
599. — 34 m. — Rouge............... M. Robert (P.J.-B.), précité.
600. — 34 m. — Rouge............... M. Vermond, précité.

Animaux femelles de plus de 3 ans.

(1er prix, 500f; 2e, 400f; 3e 300f.)

601. — 44 m. — Rouge............... M. Deram, précité.
602. — 48 m. — Rouge............... M. Robert (P.-J.-B.), précité.
603. — 48 m. — Rouge............... M. Vermond, précité.
604. — 4 ans 3 m. — Rouge.......... M. Morel, précité.
605. — 4 ans 3 m. — Rouge.......... M. Penel, précité.
606. — 4 ans 6 m. — Rouge.......... M. Sys, précité.
607. — 4 ans 10 m. — Rouge.......... M. Deram, précité.
608. — 5 ans. — Rouge.............. M. Auvray, précité.
609. — 5 ans. — Rouge.............. M. Declemy-Boulanger, précité.
610. — 5 ans. — Rouge............... M. Morel, précité.
611. — 5 ans. — Rouge............... M. Sévam, précité.
612. — 5 ans 2 m. — Rouge........... M. Bosse, précité.
613. — 5 ans 4 m. — Rouge........... Le même.
614. — 5 ans 6 m. — Rouge........... M. Robert (P.-J.-B.), précité.
615. — 5 ans 6 m. — Rouge........... M. Springer, à Maisons-Alfort (Seine).
616. — 6 ans. — Rouge.............. M. Robert (P.-J.-B.), précité.
617. — 6 ans. — Rouge............... M. Vermond, précité.
618. — 6 ans 1 m. — Rouge........... M. Bosse, précité.
619. — 6 ans 2 m. — Rouge........... Mme Vo Vanhove, précitée.
620. — 7 ans. — Rouge............... M. Bruyer, précité.

3ᵉ CATÉGORIE.
RACE CHAROLAISE.

Animaux mâles de 1 à 2 ans.

(1ᵉʳ prix, **1,000ᶠ**; 2ᵉ, **800ᶠ**; 3ᵉ, **600ᶠ**; 4ᵉ, **300ᶠ**.)

621. — 12 m. — Blanc............... M. Bignon (L.) fils, à Theneuille (Allier).
622. — 12 m. — Blanc............... M. le comte de Bouillé, à Villars (Nièvre).
623. — 12 m. — Blanc............... M. Clair (F.) à Mars (Nièvre).
624. — 12 m. — Blanc............... M. Joyov, à Langeron (Nièvre).
625. — 12 m. — Blanc............... M. le comte de Laferrière, à Bierre-lès-
                                      Semur (Côte-d'Or).
626. — 12 m. — Blanc............... M. de Thoury, à Saint Saulge (Nièvre).
627. — 13 m. — Blanc............... M. Bourdeau, à Mousseau (Nièvre).
628. — 13 m. — Blanc............... M. Clair (F.); précité.
629. — 13 m. — Blanc............... M. le comte de Laferrière, précité.
630. — 13 m. — Blanc............... M. le vicomte de Saint-Vallier, à Limon
                                      (Nièvre).
631. — 13 m. — Blanc............... M. Signoret (H.-F.), à Sermoise (Nièvre).
632. — 14 m. — Blanc............... M. Clair (F.), précité.
633. — 14 m. — Blanc............... M. Joyov, précité.
634. — 14 m. — Blanc............... Le même.
635. — 20 m. — Blanc............... M. Bignon (L.) fils, précité.
636. — 22 m. — Blanc............... M. Tiersonnier (L.), à Gimouille (Nièvre).
637. — 23 m. — Blanc............... M. Clair (F.), précité.
638. — 23 m. — Blanc............... M. le comte de Laferrière, précité.

Animaux mâles de 2 à 3 ans.

(1ᵉʳ prix, **1.000ᶠ**; 2ᵉ, **800ᶠ**; 3ᵉ, **600ᶠ**; 4ᵉ, **500ᶠ**.)

639. — 24 m. 2 j. — Blanc............ M. Bourdeau, précité.
640. — 25 m. — Blanc............... M. Clair (F.), précité.
641. — 26 m. — Blanc............... M. le vicomte de Saint-Vallier, précité.
642. — 30 m. — Blanc............... M. Springer, précité.
643. — 34 m. — Blanc............... M. le comte de Bouillé, précité.
644. — 35 m. — Blanc............... M. Bardin, à Chevenon (Nièvre).
645. — 35 m. — Blanc............... M. Mamy père, à Conflans (Haute-Saône).
646. — 36 m. — Blanc............... M. le comte de Laferrière, précité.

Animaux femelles de 1 à 2 ans.

(1ᵉʳ prix, **400ᶠ**; 2ᵉ, **300ᶠ**; 3ᵉ, **200ᶠ**; 4ᵉ, **150ᶠ**.)

647. — 13 m. — Blanche............. M. Bardoux, à Dôle (Jura).
648. — 13 m. — Blanche............. M. Joyov, précité.
649. — 13 m. — Blanche............. Le même.
650. — 13 m. — Blanche............. M. Poullet, à Rony (Nièvre).
651. — 13 m. — Blanche............. Le même.
652. — 13 m. — Blanche............. M. Signoret (H.-F.), précité.
653. — 17 m. — Blanche............. M. le comte de Laferrière, précité.
654. — 18 m. — Blanche............. Le même.
655. — 19 m. — Blanche............. M. Boigues, à Decize (Nièvre).
656. — 20 m. — Blanche............. M. Bignon (L.) fils, précité.
657. — 20 m. — Blanche............. M. Boigues, précité.
658. — 22 m. — Blanche............. M. Bignon (L.) fils, précité.
659. — 22 m. — Blanche............. M. le comte de Bouillé, précité.
660. — 22 m. — Blanche............. M. Clair (F.), précité.
661. — 23 m. — Blanche............. Le même.

Animaux femelles de 2 à 3 ans.

(1ᵉʳ prix, **500ᶠ**; 2°, **400ᶠ**; 3°, **300ᶠ**; 4°, **200ᶠ**.)

662. — 26 m. — Blanche .... M. Bignon (L.) fils, précité.
663. — 28 m. — Blanche .... M. le comte de Laferrière, précité.
664. — 33 m. — Blanche .... M. le comte de Bouillé, précité.
665. — 33 m. — Blanche .... M. Clair (F.), précité.
666. — 35 m. — Blanche .... M. Bignon (L.) fils, précité.
667. — 35 m. — Blanche .... M. Clair (F.), précité.
668. — 35 m. — Blanche .... M. le comte de Laferrière, précité.

Animaux femelles de plus de 3 ans.

(1ᵉʳ prix, **600ᶠ**; 2°, **500ᶠ**; 3°, **400ᶠ**; 4°, **300ᶠ**.)

669. — 37 m. — Blanche .... M. le vicomte de Saint-Vallier, précité.
670. — 46 m. — Blanche .... M. Bignon (L.) fils, précité.
671. — 48 m. — Blanche .... Le même.
672. — 48 m. — Blanche .... M. Clair (A.), à Mars (Nièvre).
673. — 48 m. — Blanche .... M. Clair (F.), précité.
674. — 4 ans 6 m. — Blanche .... M. Bignon (L.) fils, précité.
675. — 4 ans 8 m. — Blanche .... M. le comte de Bouillé, précité.
676. — 4 ans 8 m. — Blanche .... Le même.
677. — 4 ans 10 m. — Blanche .... M. Bignon (L.) fils, précité.
678. — 4 ans 11 m. — Blanche .... M. le comte de Laferrière, précité.
679. — 5 ans. — Blanche .... M. Bignon (L.) fils, précité.
680. — 5 ans. — Blanche .... M. Clair (F.), précité.
681. — 5 ans. — Blanche .... Le même.
682. — 5 ans 1 m. — Blanche .... M. Bignon (L.) fils, précité.
683. — 5 ans 1 m. — Blanche .... M. le comte de Laferrière, précité.
684. — 5 ans 8 m. — Blanche .... Le même.
685. — 6 ans. — Blanche .... M. Clair (F.), précité.
686. — 6 ans. — Blanche .... Le même.

4ᵉ CATÉGORIE.

RACES GASCONNE ET CAROLAISE.

Animaux mâles de 1 à 2 ans.

(1ᵉʳ prix, **700ᶠ**; 2°, **600ᶠ**; 3°, **500ᶠ**.)

687. — 15 m. — Carolais, gris .... M. Raspaud, à Saint-Pierre-de-Rivière (Ariège).
688. — 17 m. — Gascon, gris .... M. Darolles, à l'Isle-Jourdain (Gers).
689. — 20 m. 15 j. — Gascon, gris ...... M. Solle, à Poulogne (Haute-Garonne).
690. — 22 m. — Gascon, gris .... M. Doumeng, à l'Isle-Jourdain (Gers).
691. — 22 m. — Gascon, gris .... M. Joly, à Fontrailles (Hautes-Pyrénées).
692. — 23 m. — Gascon, gris .... M. Doumeng, précité.

Animaux mâles de 2 à 3 ans.

(1ᵉʳ prix, **700ᶠ**; 2°, **600ᶠ**; 3°, **500ᶠ**.)

693. — 24 m. 15 j. — Gascon, gris ...... M. Solle, précité.
694. — 25 m. — Gascon, gris .... M. Joly, précité.
695. — 25 m. — Gascon, gris .... Mᵐᵉ Lacoste, à Fontrailles (Hautes-Pyrénées).

696. — 3o m. — Carolais, gris.......... M. DE BARDIES (L.), à Saint-Girons (Ariege).
697. — 34 m. — Gris................. M. DOUMENG, précité.

Animaux femelles de 1 à 2 ans.

(1er prix, **300^f**; 2°, **200^f**.)

698. — 15 m. — Gasconne, grise........ M. DAROLLES, précité.
699. — 17 m. — Gasconne, grise........ M. JOLY, précité.
700. — 2o m. — Gasconne, grise........ M. DABRIP, à Preignan (Gers).
701. — 23 m. — Gasconne, grise........ M. DOUMENG, précité.

Animaux femelles de 2 à 3 ans.

(1er prix, **400^f**; 2°, **300^f**.)

702. — 34 m. — Carolaise, grise........ M. DE BARDIES (L.), precite.
703. — 36 m. — Gasconne, grise........ M. JOLY, précité.

Animaux femelles de plus de 3 ans.

(1er prix, **500^f**; 2°, **400^f**.)

704. — 4o m. — Gasconne, grise........ M. DOUMENG, précité.
705. — 48 m. — Gasconne, grise........ M. JOLY, précité.
706. — 4 ans 2 m. — Gasconne, grise.... M. DOUMENG, précité.
707. — 5 ans. — Gasconne, grise........ Le même.
708. — 6 ans 7 m. — Gasconne, grise.... M. DABRIP, précité.
709. — 7 ans. — Carolaise, grise........ M. DE BARDIES (L.), precité.

5° CATÉGORIE.

RACE GARONNAISE.

Animaux mâles de 1 à 2 ans.

(1er prix, **800^f**; 2°, **700^f**; 3°, **600^f**.)

710. — 12 m. — Froment............. M. BERNÈDE, à Meilhan (Lot-et-Garonne).
711. — 12 m. — Froment............. M. TUJAS, à Saint-Sève (Gironde).
712. — 13 m. — Froment............. M. MAILHARD DE LA COUTURE, à Limoges (Haute-Vienne).
713. — 18 m. — Froment............. M. DEYNAUT, à Blaignac (Gironde).
714. — 2o m. — Froment............. M. OLIVIER (A.), à Juzix (Lot-et-Garonne).
715. — 20 m. — Froment............. M. ROUGIER, à la Réole (Gironde).
716. — 21 m. — Froment............. M. CHAIGNEAU, à Mongauzy (Gironde).
717. — 22 m. — Froment............. M. RÉGIMON, à Saint-Andre-du-Garn (Gironde).
718. — 23 m. — Froment............. M. DE LA BARRIÈRE, à Fauguerolles (Lot-et-Garonne).

Animaux mâles de 2 à 3 ans.

(1er prix, **800^f**; 2°, **700^f**; 3°, **600^f**.)

719. — 24 m. 2 j. — Froment........... M. BERNÈDE, précité.
720. — 25 m. — Froment............. M. LAPIERRE, à Monségur (Gironde).
721. — 25 m. — Froment............. M. RÉGIMON, précité.
722. — 27 m. — Froment............. M. le comte DE BRIEY, à Magne (Vienne).
723. — 34 m. — Froment............. M. OLIVIER (A.), précité.
724. — 36 m. — Froment............. M. FRANCEZ, à Limoges (Haute-Vienne).

Animaux femelles de 1 à 2 ans.

(1er prix, **300f**; 2e, **200f**.)

725. — 12 m. — Froment.............. M. Bernède, précité.
726. — 12 m. — Froment.............. M. Rougier, précité.
727. — 13 m. — Froment.............. M. Régimon, précité.
728. — 15 m. — Froment.............. M. Tujas, précité.
729. — 17 m. — Froment.............. M. Jorrit, à Saint-André-du-Garn (Gironde).
730. — 17 m. — Froment.............. M. Talabot, à Condat (Haute-Vienne).
731. — 18 m. — Froment.............. M. Régimon, précité.
732. — 20 m. — Froment.............. M. Olivier (A.), précité.
733. — 22 m. — Froment.............. M. de la Barrière, précité.

Animaux femelles de 2 à 3 ans.

(1er prix, **400f**; 2e, **300f**.)

734. — 29 m. — Froment.............. M. Régimon, précité.
735. — 30 m. — Froment.............. M. Mapataud, à Limoges (Haute-Vienne).
736. — 31 m. — Froment.............. M. Jorrit, précité.
737. — 31 m. — Froment.............. M. Olivier (A.), précité.
738. — 31 m. — Froment.............. M. Régimon, précité.
739. — 32 m. — Froment.............. M. de la Barrière, précité.
740. — 32 m. — Froment.............. M. Bernède, précité.

Animaux femelles de plus de 3 ans.

(1er prix, **500f**; 2e, **400f**; 3e, **300f**.)

741. — 36 m. 15 j. — Froment........ M. Bernède, précité.
742. — 38 m. — Froment.............. M. Rougier, précité.
743. — 44 m. — Froment.............. M. Olivier (A.), précité.
744. — 48 m. — Froment.............. M. Bernède, précité.
745. — 4 ans 11 m. — Froment........ M. de la Barrière, précité.
746. — 4 ans 11 m. — Froment........ M. Olivier (A.), précité.
747. — 5 ans. — Froment............. M. le comte de Buizy, précité.
748. — 5 ans. — Froment............. M. Tujas, précité.
749. — 5 ans 1 m. — Froment........ M. Bernède, précité.
750. — 5 ans 10 m. — Froment........ M. de la Barrière, précité.
751. — 7 ans. — Froment............. M. Mailhard de la Couture, précité.
752. — 7 ans 4 m. — Froment........ M. Régimon, précité.

6e CATÉGORIE.

RACE BAZADAISE.

Animaux mâles de 1 à 2 ans.

(1er prix, **700f**; 2e, **600f**.)

753. — 14 m. — Gris................ M. Courrégelongue, à Bazas (Gironde.)
754. — 16 m. — Gris................ M. Labbé, à Bernos (Gironde.)
755. — 17 m.,.................... M. Darroman, à Lignac (Gironde.)
756. — 20 m. — Gris................ M. Olivier (A.), précité.
757. — 22 m. 15 j. — Gris.......... M. Labbé, précité.

Animaux mâles de 2 à 3 ans.

(1er prix, **700f**; 2°, **600f**.)

758. — 3o m. — Gris .... M. Darroman, précité.
759. — 32 m. — Gris .... M. Courrégelongue, précité.
760. — 34 m. — Gris .... M. Olivier (A.), précité.

Animaux femelles de 1 à 2 ans.

(1er prix, **200f**; 2°, **150f**.)

761. — 12 m. — Grise .... M. Courrégelongue, précité.
762. — 19 m. — Grise .... Le même.
763. — 19 m. — Grise .... M. Darroman (H.), à Bazas (Gironde.)

Animaux femelles de 2 à 3 ans.

(1er prix, **300f**, 2°, **200f**.)

764. — 35 m. — Grise .... M. Courrégelongue, précité.

Animaux femelles de plus de 3 ans.

(1er prix, **400f**; 2°, **300f**; 3°, **200f**.)

765. — 45 m. — Grise .... M. Courrégelongue, précité.
766. — 47 m. — Grise .... M. Darroman (H.), précité.

7e CATÉGORIE.

RACE FEMELINE.

Animaux mâles de 1 à 2 ans.

(1er prix, **800f**; 2°, **700f**; 3°, **600f**.)

767. — 12 m. — Froment .... M. Cordier, à Saint-Rémy (Haute-Saône).
768. — 14 m. — Froment .... M. Billot, à Chancey (Haute-Saône).
769. — 15 m. — Froment .... M. Namur, à Coucy (Ardennes).
770. — 16 m. — Froment .... M. Mamy fils, à Conflans (Haute-Saône).
771. — 18 m. — Froment .... M. Chambaud, à Péronnas (Ain).
772. — 20 m. — Froment .... M. Mamy père, précité.
773. — 21 m. — Froment .... M. Dubourg (Léon), à Beure (Doubs).
774. — 21 m. 15 j. — Froment........ M. Petitjean, à Trugny (Côte-d'Or).
775. — 22 m. — Froment .... M. Chambaud, précité.
776. — 22 m. — Froment .... M. Dubourg (Léon), précité.

Animaux mâles de 2 à 3 ans.

(1er prix, **800f**; 2°, **700f**; 3°, **600f**.)

777. — 25 m. — Froment .... M. Dubourg (Léon), précité.
778. — 27 m. — Blanc .... M. Lallemand, à Puy (Doubs).
779. — 3o m. — Froment .... M. Namur, précité.
780. — 3o m. 15 j. — Froment........ M. Lambert, à Villeguindry (Haute-Saône).
781. — 32 m. — Froment .... M. Bardoux, précité.
782. — 32 m. — Froment .... M. Cordier, précité.

783. — 34 m. — Froment.............. M. Dubourg (Léon), précité.
784. — 34 m. — Froment.............. M. Mamy père, précité.
785. — 35 m. — Froment.............. M. Werlein, à Besançon (Doubs).

Animaux femelles de 1 à 2 ans.

(1er prix, **300**f; 2e, **200**f; 3e, **150**f.)

786. — 15 m. — Froment.............. M. Bardoux, précité.
787. — 16 m. — Froment.............. M. Namur, précité.
788. — 17 m. — Froment.............. M. Cordier, précité.
789. — 19 m. — Froment.............. M. Chambaud, précité.
790. — 20 m. — Froment.............. M. Cordier, précité.
791. — 20 m. — Froment.............. M. Werlein, précité.
792. — 21 m. — Froment.............. M. Cordier, précité.
793. — 21 m. — Froment.............. M. Dubourg (Leon), précité.
794. — 22 m. — Froment.............. Le même.
795. — 22 m. — Froment.............. M. Lambert, précité.
796. — 22 m. — Froment.............. M. Mamy père, précité.
797. — 23 m. — Froment.............. M. Dubourg (Léon), précité.
798. — 23 m. — Froment.............. M. Mamy fils, précité.

Animaux femelles de 2 à 3 ans.

(1er prix, **400**f; 2e, **300**f; 3e, **200**f.)

799. — 26 m. — Froment.............. M. Cordier, précité.
800. — 27 m. — Froment.............. M. Chambaud, précité.
801. — 28 m. — Froment.............. M. Dubourg (Leon), précité.
802. — 30 m. — Froment.............. M. Mamy fils, précité.
803. — 32 m. — Froment.............. M. Mamy père, précité.
804. — 34 m. — Froment.............. M. Dubourg (Louis), à Beure (Doubs).
805. — 35 m. — Froment.............. M. Dubourg (Leon), précité.
806. — 35 m. — Froment.............. M. Lambert, précité.
807. — 35 m. — Froment.............. M. Werlein, précité.
808. — 36 m. — Froment.............. M. Dubourg (Léon), précité.
809. — 36 m. — Froment.............. M. Namur, précité.

Animaux femelles de plus de 3 ans.

(1er prix, **500**f; 2e, **400**; 3e, **300**f.)

840. — 38 m. — Froment.............. M. Ballot, précité.
811. — 40 m. — Froment.............. M. Werlein, précité.
812. — 46 m. — Froment.............. M. Chambaud, précité.
813. — 46 m. — Froment.............. M. Dubourg (Leon), précité.
814. — 48 m. — Froment.............. M. Mamy père, précité.
815. — 4 ans 3 m. — Froment.......... M. Cordier, précité.
816. — 4 ans 6 m. — Froment.......... M. Namur, précité.
847. — 4 ans 11 m. — Froment......... M. Cordier, précité.
848. — 5 ans. — Froment.............. MM. Lagèze et Nouvion, précités.
849. — 5 ans 1 m. — Froment.......... M. Ballot, précité.
820. — 5 ans 2 m. — Froment.......... M. Dubourg (Leon), précité.
821. — 5 ans 6 m. — Froment.......... M. Mamy père, précité.
822. — 6 ans. — Froment.............. M. Mamy fils, précité.
823. — 6 ans 2 m. — Froment.......... M. Bardoux, précité.

8ᵉ CATÉGORIE.

RACES DES PYRÉNÉES.

1° RACES DE LOURDES.

Animaux mâles de 1 à 2 ans.

(1ᵉʳ prix, **700ᶠ**; 2ᵉ, **600ᶠ**.)

824. — 12 m. — Froment............. M. LANGLADE, à Pau (Basses-Pyrénées).
825. — 13 m. — Froment............. M. OMER-MAILHES, à Momeres (Hautes-Pyrénées).
826. — 14 m. — Froment............. M. SAINT-UBÉRY, à Orleix (Hautes-Pyrénées).

Animaux mâles de 2 à 3 ans.

*(1ᵉʳ prix, **700ᶠ**; 2ᵉ, **600ᶠ**.)

827. — 26 m. — Froment............. M. SAINT-UBÉRY, précité.
828. — 28 m. — Froment............. M. OMER-MAILHES, précité.
829. — 30 m. — Froment............. M. PÉNÉ, à Bordères (Hautes-Pyrénées).

Animaux femelles de 1 à 2 ans.

(1ᵉʳ prix, **200ᶠ**; 2ᵉ, **150ᶠ**.)

830. — 15 m. — Froment............. M. DAUBE (J.-M.), à Sarniguet (Hautes-Pyrénées).
831. — 21 m. — Froment............. M. OMER-MAILHES, précité.

Animaux femelles de 2 à 3 ans.

(1ᵉʳ prix, **300ᶠ**; 2ᵉ, **200ᶠ**.)

832. — 25 m. — Froment............. M. OMER-MAILHES, précité.
833. — 34 m. — Froment............. M. LANGLADE, précité.

Animaux femelles de plus de 3 ans.

(1ᵉʳ prix, **400ᶠ**; 2ᵉ, **300ᶠ**; 3ᵉ, **200ᶠ**.)

834. — 38 m. — Froment............. M. OMER-MAILHES, précité.
835. — 5 ans 10 m. — Froment......... Le même.

2° RACES DES VALLÉES D'AURE ET DE SAINT-GIRONS.

Animaux mâles de 1 à 2 ans.

(1ᵉʳ prix, **600ᶠ**; 2ᵉ, **500ᶠ**.)

836. — 13 m. — Saint-Girons, gris....... M. BAJAU, à Toulouse (Haute-Garonne).
837. — 14 m. — Aure................. M. PORIE, à Ozon (Hautes-Pyrénées).
838. — 16 m. — Aure, gris....... M. SOLLE, précité.
839. — 17 m. — Saint-Girons, gris....... M. DE BARDIES (L.), précité.
840. — 20 m. — Saint-Girons, gris....... M. DE LINGUA DE SAINT-BLANQUAT, à Saint-Lizier (Ariége).
841. — 24 m. — Saint-Girons, gris....... Le même.

Animaux mâles de 2 à 3 ans.

(1ᵉʳ prix, **600ᶠ**; 2ᵉ, **500ᶠ**.)

842. — 34 m. — Saint-Girons, gris........ M. DE BARDIES (L.), précité.
843. — 35 m. — Aure, gris............. M. PORTE, précité.

Animaux femelles de 1 à 2 ans.

(1ᵉʳ prix, **200ᶠ**; 2ᵉ, **150.**)

844. — 14 m. — Aure, grise............. M. PORTE, précité.
845. — 18 m. — Saint-Girons, grise....... M. DE BARDIES, précité.

Animaux femelles de 2 à 3 ans.

(1ᵉʳ prix, **300**; 2ᵉ, **250.**)

846. — 26 m. — Saint-Girons, grise....... M. DE LINGUA DE SAINT-BLANQUAT, précité.
847. — 30 m. — Aure, grise............. M. PORTE, précité.
848. — 32 m. — Saint-Girons, grise...... M. DE BARDIES (L.), précité.

Animaux femelles de plus de 3 ans.

(1ᵉʳ prix, **400ᶠ**; 2ᵉ, **300ᶠ**; 3ᵉ, **200ᶠ**.)

849. — 4 ans 8 m. — Aure, grise......... M. PORTE, précité.
850. — 5 ans. — Saint-Girons, grise....... M. BAJAU, précité.
851. — 6 ans. — Saint-Girons, grise....... M. DE BARDIES (L.), précité.

3º RACES BÉARNAISE, BASQUAISE, URT ET ANALOGUES.

Animaux mâles de 1 à 2 ans.

(1ᵉʳ prix **600ᶠ**; 2ᵉ, **500ᶠ**.)

852. — 12 m. — Urt, froment........... M. LANGLADE, précité.
853. — 18 m. — Basquais, rouge......... M. SUHIT, à Artiguelouve (Basses-Pyrénées).

Animaux mâles de 2 à 3 ans.

(1ᵉʳ prix, **600ᶠ**; 2ᵉ, **500ᶠ**.)

854. — 25 m. — Urt, froment........... M. LANGLADE, précité.
855. — 26 m. — Basquais, rouge......... M. SUHIT, précité.
856. — 30 m. — Béarnais, rouge......... M. RICHARD (A.), à Montpellier (Hérault).

Animaux femelles de 1 à 2 ans.

(1ᵉʳ prix, **200ᶠ**; 2ᵉ, **150ᶠ**.)

857. — 18 m. — Béarnaise, froment...... M. DAUBE (J.), à Sarniguet (Hautes-Pyrénées).

Animaux femelles de 2 à 3 ans.

(1ᵉʳ prix, **300ᶠ**; 2ᵉ, **250ᶠ**.)

858. — 33 m. — Bearnaise, froment...... M. DAUBE (J.), précité.
859. — 36 m. — Basquaise, froment...... M. COURRÉGELONGUE, précité.

Animaux femelles de plus de 3 ans.

(1er prix, **400f**; 2e, **300f**; 3e, **200f**.)

860. — 37 m. 15 j. — Béarnaise, froment.. M. SÉGASSIE, à Boeil-Bezing (Basses-Pyrenees).
861. — 45 m. — Basquaise, froment...... M. SUHIT, précité.
862. — 4 ans 6 m. — Bearnaise, froment... M. DAUBE (J.), précité.
863. — 7 ans. — Urt, froment.......... M. LANGLADE, precité.

9e CATÉGORIE.

RACE LIMOUSINE.

Animaux mâles de 1 à 2 ans.

(1er prix, **800f**; 2e, **700f**, 3e, **600f**.)

864. — 12 m. — Froment............. M. CAILLAUD, à Chatenet-en-Dognon (Haute-Vienne).
865. — 12 m. — Froment............. MM. LAMY DE LA CHAPELLE et DELHOMME, à Condat (Haute-Vienne).
866. — 12 m. — Rouge.............. M. DE LÉOBARDY, à la Jonchère (Haute-Vienne).
867. — 12 m. 15 j. — Froment........ M. FRANCEZ, précité.
868. — 13 m. — Rouge.............. Mme DE LEFFE, à Limoges (Haute-Vienne).
869. — 13 m. — Rouge.............. M. MARTIAL, à Limoges (Haute-Vienne).
870. — 14 m. — Rouge.............. M. TALABOT, précité.
871. — 14 m. 15 j. — Froment........ Mme DE LEFFE, précitée.
872. — 15 m. 15 j. — Rouge.......... M. TALABOT, précité.
873. — 17 m. — Rouge............. Le même.
874. — 18 m. — Rouge............. M. DE LÉOBARDY, précité.

Animaux mâles de 2 à 3 ans.

(1er prix, **800f**; 2e, **700f**; 3e, **600f**.)

875. — 24 m. 7. j. — Rouge.......... M. DE LÉOBARDY, précité.
876. — 24 m. 10 j. — Froment........ M. FRANCEZ, précité.
877. — 25 m. — Rouge............. M. MARTIAL, précité.
878. — 25 m. — Froment........... M. ROBERT (J.-B.), à Aixe (Haute-Vienne).
879. — 25 m. — Rouge............. M. TALABOT, précité.
880. — 26 m. — Froment........... M. CAILLAUD, précité.
881. — 29 m. — Froment........... M. DUVERT, à Verneuil-sur-Vienne (Haute-Vienne.)
882. — 31 m. — Rouge............. Le prince GALITZIN, à Arfeuille (Creuse).
883. — 35 m. — Rouge............. M. MAPATAUD, précité.

Animaux femelles de 1 à 2 ans.

(1er prix, **300f**; 2e, **200f**; 3e, **150f**.)

884. — 12 m. — Rouge............. Mme DE LEFFE, précitée.
885. — 12 m. — Froment........... La même.
886. — 12 m. — Rouge............. M. DE LÉOBARDY, précité.
887. — 13 m. — Froment........... M. FRANCEZ, précité.
888. — 13 m. — Rouge............. M. TALABOT, précité.
889. — 14 m. — Rouge............. Mme DE LEFFE, précitée.

890. — 14 m. — Rouge .... M. Mapataud, précité.
891! — 15 m. — Froment.............. M. Caillaud, précité.
892. — 15 m. — Rouge.............. M. Talabot, précite.
893. — 17 m. — Froment.............. M. Caillaud, précité.
894. — 17 m. — Froment.............. M. de Léobardy, précité.

Animaux femelles de 2 à 3 ans.

(1ᵉʳ prix, 400ᶠ; 2°, 300ᶠ; 3°, 200ᶠ.)

895. — 24 m. 15 j. — Rouge........... M. Talabot, précité.
896. — 26 m. — Froment.............. M. Caillaud, précité.
897. — 27 m. — Rouge .... M. Chaigneau, précité.
898. — 27 m. — Rouge .... M. de Léobardy, précité.
899! — 28 m. — Rouge .... M. Talabot, précité.
900. — 32 m. — Rouge .... M. Mapataud, précité.
901. — 33 m. — Froment.............. MM. Lamy de la Chapelle et Delhomme,
                précités.

Animaux femelles de plus de 3 ans.

(1ᵉʳ prix, 500ᶠ; 2°, 400ᶠ; 3°, 300ᶠ.)

902! — 37 m. — Rouge .... M. Talabot, précité.
903. — 37 m. — Rouge .... Le même.
904. — 42 m. — Rouge .... M. Rougier, précité.
905. — 44 m. — Rouge .... M. de Léobardy, précité.
906. — 4 ans 5 m. — Rouge........... Le même.
907. — 5 ans. — Froment.............. M. Mailhard de la Couture, précité.
908. — 5 ans. — Rouge .... M. Mapataud, précite.
909. — 5 ans 1 m. — Froment.......... M. Caillaud, précité.
910. — 5 ans 6 m. — Froment .... Le même.
911. — 6 ans 3 m. — Rouge........... M. Talabot, précité.
912. — 6 ans 4 m. — Froment .... M. Duvert, précité.
913. — 7 ans 4 m. — Rouge........... M. Talabot, précité.
914. — 9 ans 4 m. — Rouge........... M. Mapataud, précité.

M. Teisserenc de Bort fils (E.), à Saint-Priest-Taurion (Haute-Vienne).

HORS CONCOURS,

sur la demande de l'exposant.

Mâles.

915. — 13 m. — Rouge............... M. Teisserenc de Bort fils (E.), précité.
916. — 15 m. — Rouge.............. Le même.
917. — 29 m. — Rouge.............. Le même.
918. — 35 m. — Rouge.............. Le même.

Femelles.

919. — 13 m. — Rouge............... Le même.
920. — 15 m. — Rouge.............. Le même.
921. — 15 m. — Rouge.............. Le même.
922. — 15 m. — Rouge.............. Le même.
923. — 33 m. — Rouge.............. Le même.
924. — 35 m. — Rouge.............. Le même.

925. — 4 ans 6 m. — Rouge............ M. Teisserenc de Bort fils (E.), précité.
926. — 5 ans 2 m. — Rouge............ Le même.
927. — 5 ans 3 m. — Rouge............ Le même.
928. — 5 ans 7 m. — Rouge............ Le même.
929. — 6 ans 4 m. — Rouge............ Le même.
930. — 7 ans 5 m. — Rouge............ Le même.
931. — 8 ans 2 m. — Rouge............ Le même.
932. — 12 ans 1 m. — Rouge............ Le même.

10° CATÉGORIE.

RACE DE SALERS.

Animaux mâles de 1 à 2 ans.

(1ᵉʳ prix, 800ᶠ, 2ᵉ, 700ᶠ; 3ᵉ, 600ᶠ.)

933. — 12 m. — Rouge............ M. Chavaroche (A.), à Trizac (Can'a).
934. — 12 m. — Rouge............ M. Labio, à Arpajon (Cantal).
935. — 12 m. — Rouge............ M. Maynial, aux Moussages (Cantal).
936. — 12 m. — Rouge............ M. Vidal, à Menet (Cantal).
937. — 12 m. — Rouge............ Le même.
938. — 13 m. — Rouge............ M. Pébrel, à Anglards-de-Salers (Cantal).
939. — 14 m. — Rouge vif............ M. Chabanov, à Anglards-de-Salers (Cantal).
940. — 16 m. — Rouge............ M. Damprun, à Charbonnieres (Puy-de-Dôme).
941. — 18 m. — Rouge vif............ M. Amilhon, (P.), à Ronzières (Puy-de-Dôme).
942. — 18 m. — Rouge............ M. Ramond, à Aurillac (Cantal).
943. — 21 m. — Rouge............ M. Bouyssou, à Naucelles (Cantal).
944. — 23 m. — Rouge............ M. Amilhon (J.), à Saint-Floret (Puy-de-Dôme).
945. — 23 m. — Rouge............ M. Bonafé, à Arpajon (Cantal).
946. — 23 m. — Rouge............ M. Chavaroche (H.), à Beaulieu (Canta').
947. — 24 m. — Rouge............ M. Laparra (P.), à Giou (Cantal).
948. — 24 m. — Rouge............ M. Serre (Jean), à Anglards (Cantal).

Animaux mâles de 2 à 3 ans.

(1ᵉʳ prix, 800ᶠ; 2ᵉ, 700ᶠ; 3ᵉ, 600ᶠ.)

949. — 24 m. 2 j. — Rouge............ M. Boyer, à Menet (Cantal).
950. — 24 m. 8 j. — Rouge............ M. Chavaroche (A.), précité.
951. — 25 m. — Rouge............ M. Damprun, précité.
952. — 25 m. — Rouge............ M. Rhodes, à Aurillac (Canta').
953. — 26 m. — Rouge............ M. Bouyssou, précité.
954. — 26 m. — Rouge............ M. Labro, précité.
955. — 28 m. — Rouge............ M. Ramond, précité.
956. — 31 m. — Rouge vif............ M. Amilhov (P.), précité.
957. — 31 m. — Rouge............ M. Damprun, précite.
958. — 34 m. — Rouge............ M. Laparra (J.), à Arpajon (Canta').
959. — 36 m. — Rouge............ M. Magne-Géraud, à Anglards-de-Salers (Cantal).
960. — 36 m. — Rouge............ M. Rhodes, précité.
961. — 36 mois. — Rouge............ M. le comte de Briey, précité.

Animaux femelles de 1 à 2 ans.

(1er prix, **300f**; 2e, **200f**; 3e, **150f**).

962. — 13 m. — Rouge................ M. Bonafé, précité.
963. — 14 m. — Rouge................ M. Damprun, précité.
964. — 16 m. — Rouge................ M. Amilhon (J.), précité.
965. — 16 m. — Rouge................ Le même.
966. — 16 m. — Rouge................ M. Chavaroche (A.), précité.
967. — 16 m. — Rouge................ Le même.
968. — 17 m. — Rouge vif............ M. Amilhon (P.), précité.
969. — 17 m. — Rouge................ M. Ramond, précité.
970. — 23 m. — Rouge................ M. Amilhon (J.), précité.
971. — 24 m. — Rouge................ M. Vidal, précité.
972. — 24 m. — Rouge................ M. Serre (Jean), précité.

Animaux femelles de 2 à 3 ans.

(1er prix, **400f**; 2e, **300f**; 3e, **200f**).

973. — 25 m. — Rouge................ M. Rhodes, précité.
974. — 27 m. — Rouge................ M. Amilhon (P.), précité.
975. — 29 m. — Rouge................ Le même.
976. — 30 m. — Rouge................ M. Chabanon, précité.
977. — 30 m. — Rouge................ Le même.
978. — 30 m. — Rouge................ M. Chavaroche (A.), précité.
979. — 30 m. — Rouge................ M. Labro, précité.
980. — 31 m. — Rouge................ M. Damprun, précité.
981. — 32 m. — Rouge................ M. Serre (Antoine), à Valette (Cantal).
982. — 34 m. — Rouge................ M. Amilhon (J.), précité.
983. — 34 m. — Rouge................ M. Ramond, précité.
984. — 34 m. — Rouge................ M. Vidal, précité.
985. — 35 m. — Rouge................ M. Amilhon (J.), précité.
986. — 36 m. — Rouge................ M. Vidal, précité.
987. — 36 m. — Rouge................ Le même.

Animaux femelles de plus de 3 ans.

(1er prix, **500f**; 2e, **400f**; 3e, **300f**).

988. — 37 m. — Rouge................ M. Rhodes, précité.
989. — 37 m. — Rouge................ M. Vidal, précité.
990. — 38 m. — Rouge................ M. Rhodes, précité.
991. — 40 m. — Rouge................ M. Chabanon, précité.
992. — 40 m. — Rouge................ Le même.
993. — 40 m. — Rouge................ Le même.
994. — 46 m. — Rouge vif............ M. Amilhon (P.), précité.
995. — 48 m. — Rouge................ M. Damprun, précité.
996. — 48 m. — Rouge................ M. Pébrel, précité.
997. — 4 ans 1 m. — Rouge........... M. Rhodes, précité.
998. — 4 ans 1 m. — Rouge........... M. Vidal, précité.
999. — 4 ans 11 m. — Rouge.......... M. Amilhon (J.), précité.
1000. — 5 ans. — Rouge.............. M. Pébrel, précité.
1001. — 5 ans. — Rouge.............. M. Ramond, précité.
1002. — 5 ans 8 m. — Rouge.......... M. Serre (Antoine), précité.
1003. — 6 ans. — Rouge.............. M. Bonafé, précité.
1004. — 6 ans. — Rouge.............. M. Bouyssou, précité.
1005. — 6 ans. — Rouge.............. M. Chavaroche (A.), précité.

1006. — 6 ans 2 m. — Rouge............. M. RHODES, précité.
1007. — 7 ans. — Rouge.............. M. CHAVAROCHE (A.), précité.
1008. — 7 ans 4 m. — Rouge.......... M. AMILHON (P.), précité.
1009. — 8 ans 1 m. — Rouge clair...... Le même.
1010. — Rouge.................... M. SERRE (Jean), précité.
1011. — Rouge.................... Le même.
1012. — Rouge.................... Le même.
1013. — Rouge.................... Le même.

11ᵉ CATÉGORIE.

RACE D'AUBRAC.

Animaux mâles de 1 à 2 ans.

(1ᵉʳ prix, **800ᶠ**; 2ᵉ, **700ᶠ**; 3ᵉ, **600ᶠ**.)

1014. — 12 m. — Gris.............. M. CHANAL (P.), à Chaudeyro'les (Haute-
          Loire).
1015. — 12 m. — Gris.............. M. DE LAPRADE (A.), précité.
1016. — 13 m. 15 j. — Gris............ M. COLRAT DE MONTROZIER, à Montrozier
          (Aveyron).
1017. — 19 m. — Gris............... M. BADUEL D'OUSTRAC, à Laguiole (Aveyron).
1018. — 22 m. — Gris............... Le même.
1019. — 22 m. — Gris............... M. CABRALIER, à Montrozier (Aveyron).
1020. — 22 m. — Gris............... MM. GALTAYRIÈS et SCUDIER, à Montrozier
          (Aveyron).
1021. — 22 m. — Gris............... M. GROUSSET, à Barjac (Lozère).

Animaux mâles de 2 à 3 ans.

(1ᵉʳ prix, **800ᶠ**; 2ᵉ, **700ᶠ**; 3ᵉ, **600ᶠ**.)

1022. — 25 m. — Gris............... M. BADUEL D'OUSTRAC, précité.
1023. — 25 m. — Gris............... M. CABRALIER, précité.
1024. — 25 m. — Gris.............. MM. GALTAYRIÈS et SCUDIER, précités.
1025. — 26 m. — Gris............... M. GUILLAUME, à Montpellier (Hérault).
1026. — 27 m. — Gris............... M. COLRAT DE MONTROZIER, précité.
1027. — 29 m. — Noir............... M. VÉROT, à Vergézac (Haute-Loire).
1028. — 32 m. — Gris............... M. DELSOL, à Montpellier (Herau't).
1029. — 34 m. — Gris............... M. BADUEL D'OUSTRAC, précité.
1030. — 34 m. — Gris............... M. GROUSSET, précité.

Animaux femelles de 1 à 2 ans.

(1ᵉʳ prix, **300ᶠ**; 2ᵉ, **200ᶠ**.)

1031. — 12 m. 15 j. — Grise.......... M. VÉROT, précité.
1032. — 13 m. — Grise.............. M. COLRAT DE MONTROZIER, précité.
1033. — 13 m. — Grise.............. Mᵐᵉ Vᵉ TAILLEFER, à Morières (Vaucluse).
1034. — 15 m. — Grise.............. M. GROUSSET, précité.
1035. — 22 m. — Grise.............. M. BADUEL D'OUSTRAC, précité.
1036. — 23 m. — Grise.............. Le même.
1037. — 23 m. — Grise.............. Le même.
1038. — 23 m. — Grise.............. M. CABRALIER, précité.
1039. — 23 m. — Grise.............. M. DELSOL, précité.
1040. — 23 m. — Froment........... MM. GALTAYRIÈS et SCUDIER, précités.
1041. — 24 m. — Grise.............. M. BADUEL D'OUSTRAC, précité.

Animaux femelles de 2 à 3 ans.

(1ᵉʳ prix, **400ᶠ** ; 2°, **300ᶠ**.)

1042. — 25 m. — Grise.............. M. Colrat de Montrozier, précité.
1043. — 25 m. — Grise.............. M. Delsot, précité.
1044. — 26 m. 15 j. — Grise........... M. Colrat de Montrozier, précité.
1045. — 27 m. 15 j. — Grise........... Le même.
1046. — 28 m. — Grise.............. M. Vérot, précité.
1047. — 29 m. — Grise.............. M. de Laprade (A.), précité.
1048. — 33 m. — Froment............ MM. Galtayriès et Scudier, précités.
1049. — 34 m. — Grise.............. M. Baduel d'Oustrac, précité.
1050. — 34 m. 15 j. — Grise .... M. Grousset, précité.
1051. — 35 m. — Grise.............. M. Baduel d'Oustrac, précité.

Animaux femelles de plus de 3 ans.

(1ᵉʳ prix. **500ᶠ** ; 2°, **400ᶠ** ; 3°, **300ᶠ**.)

1052. — 40 m. — Grise.............. M. Colrat de Montrozier, précité.
1053. — 44 m. — Grise.............. Mᵐᵉ Vᵉ Taillefer, précitée.
1054. — 46 m. — Grise.............. M. Baduel d'Oustrac, précité.
1055. — 4 ans 2 m. — Froment .... MM. Galtayriès et Scudier, précités.
1056. — 3 ans 10 m. — Grise.......... M. Baduel d'Oustrac, précité.
1057. — 5 ans. — Grise.............. M. Chanal (P.), précité.
1058. — 6 ans. — Grise.............. M. Chanal (R.), à Chaudeyrolles (Haute-Loire).
1059. — 6 ans 3 m. — Grise.......... M. Cabralier, précité.
1060. — 7 ans 1 m. — Grise.......... M. Grousset, précité.

12ᵉ CATÉGORIE.
RACE DU MÉZENC.

Animaux mâles de 1 à 2 ans.

(1ᵉʳ prix, **700ᶠ** ; 2°, **600ᶠ**.)

1061. — 13 m. — Froment............ M. Eyraud, aux Estables (Haute-Loire).
1062. — 18 m. — Froment............ M. Couderchet, au Puy (Haute-Loire).
1063. — 20 m. — Froment............ M. Chanal (P.), précité.
1064. — 20 m. — Froment............ M. Chanal (R.), précité.
1065. — 20 m. 15 j. — Froment........ M. Michel, aux Estables (Haute-Loire).

Animaux mâles de 2 à 3 ans.

(1ᵉʳ prix, **700ᶠ** ; 2°, **600ᶠ**.)

1066. — 27 m. — Froment............ M. Michel, précité.
1067. — 28 m. — Froment............ M. Chanal (P.), précité.
1068. — 28 m. — Froment............ M. Eyraud, précité.
1069. — 28 m. — Froment............ M. Vérot, précité.
1070. — 30 m. — Froment............ M. Chanal (R.), précité.
1071. — 35 m. — Froment............ M. Michel, précité.

Animaux femelles de 1 à 2 ans.

(1ᵉʳ prix, **200ᶠ** ; 2°, **150ᶠ**.)

1072. — 12 m. — Froment............ M. Chanal (P.), précité.
1073. — 13 m. — Froment............ M. Eyraud, précité.

1074. — 15 m. — Froment............... M. Vérot, précité.
1075. — 21 m. — Froment............... M. Chanal (R.), précité.
1076. — 21 m. — Froment............... M. Michel, précité.

Animaux femelles de 2 à 3 ans.

(1er prix, 300f; 2e, 200f.)

1077. — 24 m. 5 j. — Froment......... M. Michel, précité.
1078. — 29 m. — Froment............. M. Eyraud, précité.
1079. — 30 m. — Froment............. M. Chanal (R.), précité.
1080. — 32 m. — Froment............. M. Descours, aux Estables (Haute-Loire).
1081. — 33 m. — Froment............. M. Chanal (P.), précité.
1082. — 34 m. — Froment............. M. Michel, précité.

Animaux femelles de plus de 3 ans.

(1er prix, 400f; 2e, 300f; 3e, 200f.)

1083. — 4 ans 10 m. — Froment........ M. Eyraud, précité.
1084. — 5 ans. — Froment............. M. Bernard, à Vals (Haute-Loire).
1085. — 5 ans. — Froment............. M. Chanal (P.), précité.
1086. — 5 ans. — Froment............. M. Chanal (R.), précité.
1087. — 5 ans. — Froment............. M. Descours, précité.
1088. — 5 ans. — Froment............. M. Michel, précité.
1089. — 5 ans 4 m. — Froment........ M. Couderchet, précité.

13e CATÉGORIE.
RACE PARTHENAISE ET SES DÉRIVÉS (NANTAISE, VENDÉENNE).

Animaux mâles de 1 à 2 ans.

(1er prix, 800f; 2e, 700f; 3e, 600f.)

1090. — 12 m. — Nantais, gris .... M. Babin, à Saint-Étienne-de-Mont-Luc (Loire-Inférieure).
1091. — 13 m. — Rouge .... M. Menier, à Champagné (Vendée).
1092. — 13 m. — Vendéen, gris .... M. Séguinot (Ferdinand), à Nalliers (Vendée).
1093. — 13 m. — Parthenais, gris....... M. Thimel (Étienne), à Bouësse (Indre).
1094. — 19 m. — Parthenais, gris....... M. Pillot, à Cours (Deux-Sèvres).
1095. — 21 m. — Parthenais, rouge...... M. Lamé, à Couëron (Loire-Inférieure).
1096. — 21 m. — Nantais, gris .... M. Soliman, à Coueron (Loire-Inférieure).
1097. — 22 m. — Nantais, gris .... M. Crémet (P.), à Couëron (Loire-Inférieure).
1098. — 22 m. — Nantais, blanc........ M. Pillaud, à Simier-la-Vineuse (Vendée).
1099. — 24 m. — Nantais, gris .... M. Guercher, à Saint-Étienne-de-Mont-Luc (Loire-Inférieure).

Animaux mâles de 2 à 3 ans.

(1er prix, 800f; 2e, 700f; 3e, 600f.)

1100. — 25 m. — Parthenais, gris....... M. de la Massardière, à Autran (Vienne).
1101. — 25 m. — Parthenais, gris....... M. Tristant, à Échire (Deux-Sèvres).
1102. — 25 m. — Gris................. M. Piébent, à Magnils-Regner (Vendée).
1103. — 26 m. — Rouge .... M. Jamain (Cyprien), à Cezais (Vendée).
1104. — 26 m. — Vendéen, rouge....... M. Séguinot (Ferdinand), précité.

1105. — 26 m. — Parthenais, gris........ M. Thimel (Étienne), précité.
1106. — 33 m. — Nantais, gris .... M. Crémet (P.), précité.
1107. — 35 m. — Parthenais, rouge...... M. Ambert, à Muron (Charente-Inférieure).

Animaux femelles de 1 à 2 ans.

(1er prix, **300f**; 2e, **200f**; 3e, **150f**.)

1108. — 12 m. — Parthenaise, froment... M. de la Massardière, précité.
1109. — 12 m. — Rouge............. M. Séguinot (Ferdinand), précité.
1110. — 12 m. 15 j. — Parthenaise, grise. M. d'Auzay, au Tallud (Deux-Sèvres).
1111. — 13 m. — Vendéenne, froment.... M. Séguinot (Ferdinand), précité.
1112. — 13 m. — Rouge............. M. Jamain (Auguste), à Cézais (Vendée).
1113. — 13 m. 15 j. — Parthenaise, grise. M. Thimel (Émile), à Mosnay (Indre).
1114. — 13 m. 15 j. — Parthenaise, grise. M. Tristant, précité.
1115. — 23 m. — Nantaise, blanche...... M. Guerchet, précité.
1116. — 23 m. — Nantaise, blanche...... M. Lucas, à Couéron (Loire-Inférieure).
1117. — 23 m. — Nantaise, froment...... M. Soliman, précité.
1118. — 24 m. — Parthenaise, grise...... M. Thimel (Étienne), précité.

Animaux femelles de 2 à 3 ans.

(1er prix, **400f**; 2e, **300f**; 3e, **200f**.)

1119. — 24 m. 10 j. — Parthenaise, fro- M. d'Auzay, précité.
ment.
1120. — 25 m. — Nantaise, froment ..... M. le baron Pervinquières, à Bazoges (Vendée).
1121. — 25 m. — Rouge............. M. Rambaud, à Saint-Sulpice (Vendée).
1122. — 25 m. — Rouge............. M. Jamain (Cyprien), précité.
1123. — 29 m. — Nantaise, froment ..... M. Mabilais (P.), à Saint-Étienne de Mont-Luc (Loire-Inférieure).
1124. — 30 m. — Parthenaise, grise ..... M. le comte de Briey, précité.
1125. — 30 m. — Nantaise, froment ..... M. Guerchet, précité.
1126. — 32 m. — Nantaise, grise........ M. Babin, précité.
1127. — 34 m. — Parthenaise, froment ... M. de la Massardière, précité.
1128. — 34 m. — Vendeenne, froment.... M. Séguinot (Ferdinand), précité.
1129. — 35 m. 15 j. — Parthenaise, grise. M. Thimel (Étienne), précité.

Animaux femelles de plus de 3 ans.

(1er prix, **500f**; 2e, **400f**; 3e, **300f**.)

1130. — 37 m. — Rouge............. M. Jamain (Auguste), précité.
1131. — 48 m. — Parthenaise, froment... M. d'Auzay, précité.
1132. — 48 m. — Nantaise, rouge....... M. Mabilais (J.), à Saint-Étienne-de-Mont-Luc (Loire-Inférieure).
1133. — 48 m. — Parthenaise, froment... M. le baron Pervinquières, précité.
1134. — 4 ans 7 m. — Froment........ M. de la Massardière, précité.
1135. — 5 ans. — Rouge............. M. Séguinot (Ferdinand), précité.
1136. — 5 ans. — Parthenaise, froment... M. le comte de Briey, précité.
1137. — 5 ans. — Froment........... M. Guerchet, précité.
1138. — 5 ans 8 m. — Froment........ M. Séguinot (Ferdinand), précité.
1139. — 5 ans 10 m. — Parthenaise, fro- M. de la Massardière, précité.
ment.
1140. — 6 ans. — Rouge............. M. Pasquier, à Sainte-Hermine (Vendée).
1141. — 6 ans. — Parthenaise, grise ..... M. Babin, précité.

1142. — 6 ans. — Vendéenne, grise...... M. Séguinot (François), à Sainte-Gemme (Vendée).
1143. — 6 ans. — Parthenaise, grise..... M. Thimel (Émile), précité.
1144. — 7 ans. — Parthenaise, grise..... M. de la Massardière, précité.
1145. — 8 ans 2 m. — Parthenaise, grise.. M. Thimel (Étienne), précité.
1146. — 8 ans 10 m. — Parthenaise, grise. M. Renaud, à Vouillé-les-Marais (Vendée).
1147. — 9 ans. — Vendéenne, grise........ M. Séguinot (Ferdinand), précité.

14ᵉ CATÉGORIE.

RACE TARENTAISE.

Animaux mâles de 1 à 2 ans.

(1ᵉʳ prix, **700ᶠ**; 2ᵉ, **600ᶠ**.)

1148. — 12 m. 15 j. — Gris............ M. Couderchet, précité.
1149. — 13 m. — Froment............ M. Miédan, à Bourg-Saint-Maurice (Savoie).
1150. — 13 m. — Froment............ M. Richard (A.), précité.
1151. — 15 m. — Froment............ M. Minoret, à Bourg-Saint-Maurice (Savoie).
1152. — 16 m. — Gris............... M. Delsol, précité.
1153. — 16 m. — Froment........... Mᵐᵉ Vᵉ Taillefer, précitée.
1154. — 18 m. — Froment........... M. Couderchet, précité.
1155. — 18 m. — Gris.............. M. Grousset, précité.
1156. — 19 m. — Gris.............. M. Alleman (F.), à Montpellier (Hérault).
1157. — 19 m. — Gris.............. M. Giot, à Chevry-Cossigny (Seine-et-Marne).

Animaux mâles de 2 à 3 ans.

(1ᵉʳ prix, **700ᶠ**; 2ᵉ, **600ᶠ**.)

1158. — 25 m. — Froment............ M. Alleman (F.), précité.
1159. — 27 m. — Froment........... M. Miédan, précité.
1160. — 27 m. — Froment........... M. Minoret, précité.
1161. — 28 m. — Froment........... M. Couderchet, précité.
1162. — 30 m. — Gris.............. M. Grousset, précité.
1163. — 31 m. — Gris.............. M. Millon, à Bissy (Savoie).
1164. — 33 m. — Gris.............. M. Giot, précité.
1165. — 34 m. 15 j. — Gris........... Le même.

Animaux femelles de 1 à 2 ans.

(1ᵉʳ prix, **200ᶠ**; 2ᵉ, **150ᶠ**.)

1166. — 13 m. — Froment........... M. Grousset, précité.
1167. — 14 m. — Grise.............. M. Couderchet, précité.
1168. — 15 m. — Froment........... M. Minoret, précité.
1169. — 17 m. 15 j. — Grise........... M. Giot, précité.
1170. — 17 m. 15 j. — Grise........... Le même.
1171. — 22 m. — Grise.............. M. Couderchet, précité.
1172. — 23 m. — Grise.............. M. Millon, précité.

Animaux femelles de 2 à 3 ans.

(1ᵉʳ prix, **300ᶠ**; 2ᵉ, **200ᶠ**.)

1173. — 25 m. — Grise.............. M. Millon, précité.
1174. — 25 m. — Froment........... M. Richard (A.), précité.
1175. — 30 m. — Froment........... M. Miédan, précité.
1176. — 31 m. — Froment........... M. Couderchet, précité.

1177. — 3₁ m. — Grise . . . .   M.´ Giot, précite.
1178. — 3₁ m. — Froment. . . . .   M. Grousset, précite.
1179. — 3₁ m. 15 j. — Grise . . . .   M. Giot, precité.
1180. — 34 m. — Froment. . . . .   M. Minoret, précité.

Animaux femelles de plus de 3 ans.

1181. — 48 m. —   M. Bernard, précité.
1182. — 4 ans 1 m. — Froment. . . . .   M. Richard (A.), précite.
1183. — 4 ans 2 m. — Froment. . . . .   Mᵐᵉ Vᵉ Taillefer, précitée.
1184. — 4 ans 5 m. — Froment. . . . .'. . . .   M. Couderchet, precité.
1185. — 4 ans 6 m. — Grise . . . .   M. Giot, précité.
1186. — 5 ans. — Grise . . . .   M. Millon, précité.
1187. — 5 ans. — Froment. . . . .   M. Richard (A.), précité.
1188. — 5 ans 4 m. — Froment. . . . .   M. Minoret, précité.
1189. — 5 ans 8 m. — Froment. . . . . . : . .   M. Couderchet, précité.
1190. — 5 ans 8 m. — Froment. . . . .   M. Flotte (J.), à Montpellier (Hérault).
1191. — 6 ans. — Grise . . . .   M. Millon, précité.
1192. — 6 ans 1 m. — Froment. . . . .   M. Richard (A.), précité.
1193. — 6 ans 2 m. — Froment. . . . .   M. Miédan, précite.
1194. — 6 ans 6 m. — Grise. . . . .   M. Giot, précité.
1195. — 7 ans. — Froment. . . . .   M. Couderchet, précité.
1196. — 7 ans. — Froment. . . . .   M. Grousset, precité.
1197. — 7 ans 2 m. — Froment. . . . .   M. Richard (A.), précite.
1198. — 7 ans 4 m. — Froment. . . . .   M. Couderchet, précité.
1199. — 7 ans 5 m. — Froment. . . . .   Le même.

15ᵉ CATÉGORIE.

RACES BRETONNES.

Animaux mâles de 1 à 2 ans.

(1ᵉʳ prix, **500ᶠ**; 2ᵉ, **400ᶠ**; 3ᵉ, **300ᶠ**; 4ᵉ, **200ᶠ**.)

1200. — 12 m. — Noir et blanc. . . . .   M. Le Gac, à Briec (Finistère).
1201. — 12 m. 15 j. — Blanc et noir . . . . .   M. Le Floch (L.), à Vannes (Morbihan).
1202. — 13 m. — Blanc et noir. . . . .   M. Le Floch (H.), à Penhars (Finistère).
1203. — 13 m. — Noir et blanc. . . . .   M. Ollivier (F.), à Kerfeuneun (Finistère).
1204. — 16 m. — Noir et blanc . . . .   M. Feunteun (H.), à Ergué-Armel (Finis-
                                                                           tère).
1205. — 18 m. — Noir et blanc. . . . .   M. Feunteun (Y.), à Ergué-Armel (Finis-
                                                                           tère).
1206. — 20 m. — Blanc et noir. . . . .   M. Robert (P.-J.-B.), précité.
1207. — 23 m. — Noir et blanc. . . . .   M. Giot, précité.
1208. — 23 m. — Noir et blanc. . . . .   M. Marhin, à Pontivy (Morbihan).
1209. — 24 m. — Noir et blanc. . . . .   Le même.

Animaux mâles de 2 à 3 ans.

(1ᵉʳ prix, **500ᶠ**; 2ᵉ, **400ᶠ**; 3ᵉ, **300ᶠ**; 4ᵉ, **200ᶠ**.)

1210. — 26 m. — Gris . . . .   M. Feunteun (H.), précité.
1211. — 27 m. — Gris. . . . .   M. Le Gac, précité.
1212. — 30 m. — Noir et blanc. . . . .   M. Ollivier (F.), précité.
1213. — 30 m. — Blanc et noir. . . . .   M. Robert (P.-J.-B.), précité.
1214. — 34 m. — Blanc et noir. . . . .   M. Le Floch (L.), précité.
1215. — 35 m. — Noir et blanc. . . . .   M. Feunteun (Y.), précité.
1216. — 36 m. — Noir et blanc. . . . .   M. Giot, précité.

Animaux femelles de 1 à 2 ans.

(1ᵉʳ.prix, **200ᶠ**; 2ᵉ, **150ᶠ**; 3ᵉ, **125ᶠ**; 4ᵉ, **100ᶠ**.)

1217. — 12 m. — Noire et blanche....... M. Le Floch (L.), précité.
1218. — 14 m. — Noire et blanche....... Le même.
1219. — 15 m. — Noire et blanche....... M. Ollivier (F.), précité.
1220. — 16 m. — Blanche et noire....... M. Le Floch (H.), précité.
1221. — 16 m. — Grise................. M. Le Gac, précité.
1222. — 17 m. — Noire et blanche....... Le même.
1223. — 17 m. — Noire et blanche....... M. Marhin, précité.
1224. — 18 m. — Noire et blanche....... M. Feunteun (Y.), précité.
1225. — 18 m. — Grise................. M. Le Floch (H.), précité.
1226. — 20 m. — Blanche et noire....... M. Robert (P.-J.-B.), précité.
1227. — 23 m. — Grise................. M. Feunteun (H.), précité.
1228. — 23 m. — Noire et blanche....... M. Giot, précité.
1229. — 24 m. — Noire et blanche....... M. Feunteun (Y.), précité.

Animaux femelles de 2 à 3 ans.

(1ᵉʳ prix, **250ᶠ**; 2ᵉ, **200ᶠ**; 3ᵉ, **175ᶠ**; 4ᵉ **150ᶠ**.).

1230. — 24 m. 3 j. — Noire et blanche.... M. Le Floch (L.), précité.
1231. — 24 m. 15 j. — Noire et blanche.. Le même.
1232. — 24 m. 15 j. — Noire et blanche... M. Le Gac, précité.
1233. — 26 m. — Noire et blanche....... Le même.
1234. — 28 m. — Noire et blanche....... M. Robert (P.-J.-B.), précité.
1235. — 29 m. — Noire et blanche....... M. Le Floch (H.), précité.
1236. — 29 m. — Noire et blanche....... M. Ollivier (F.), précité.
1237. — 30 m. — Noire et blanche....... M. Feunteun (H.), précité.
1238. — 30 m. — Noire et blanche....... M. Feunteun (Y.), précité.
1239. — 30 m. — Noire et blanche....... M. Marhin, précité.
1240. — 34 m. — Noire et blanche....... M. Giot, précité.
1241. — 34 m. — Blanche et noire....... M. Robert (P.-J.-B.), précité.
1242. — 34 m. 15 j. — Noire et blanche... M. Giot, précité.
1243. — 35 m. — Noire et blanche....... Le même.

Animaux femelles de plus de 3 ans.

(1ᵉʳ prix, **300ᶠ**; 2ᵉ, **250ᶠ**; 3ᵉ, **200ᶠ**; 4ᵉ, **175ᶠ**; 5ᵉ, **150ᶠ**; 6ᵉ, **100ᶠ**.)

1244. — 36 m. 15 j. — Noire et blanche.. M. Le Floch (L.), précité.
1245. — 37 m. — Noire et blanche....... M. Giot, précité.
1246. — 42 m. — Noire et blanche....... Le même.
1247. — 42 m. — Blanche et noire....... M. Robert (P.-J.-B.), précité.
1248. — 48 m. — Noire et blanche....... M. Giot, précité.
1249. — 4 ans 4 m. — Noire et blanche... M. Ollivier (F.), précité.
1250. — 5 ans. — Noire et blanche....... M. Feunteun (H.), précité.
1251. — 5 ans. — Noire et blanche....... M. Marhin, précité.
1252. — 5 ans. — Blanche et noire....... M. Robert (P.-J.-B.), précité.
1253. — 5 ans 2 m. — Noire et blanche... M. Le Gac, précité.
1254. — 5 ans 3 m. — Noire et blanche... M. Feunteun (Y.), précité.
1255. — 5 ans 4 m. — Noire et blanche... M. Le Floch (L.), précité.
1256. — 6 ans. — Noire et blanche....... M. de Laprade (A.), précité.
1257. — 8 ans 3 m. — Grise.......... M. Le Floch (H.), précité.

16ᵉ CATÉGORIE.

RACES FRANÇAISES NON-COMPRISES DANS LES CATÉGORIES CI-DESSUS.

Animaux mâles de 1 à 2 ans.

(1ᵉʳ prix, **500ᶠ**; 2ᵉ, **400ᶠ**.)

1258. — 12 m. — Bourbonnais, blanc . . . .   M. Bignon (L.) fils, précité.
1259. — 12 m. — Comtois, rouge et blanc.   MM. Lagèze et Nouvion, précités.
1260. — 13 m. — Manceau, rouge et blanc.   M. Cherbonneau, à Contigné (Maine-et-Loire).
1261. — 18 m. — Maraichin, rouge . . . . . .   M. Amiot, à Rochefort (Charente-Inférieure).
1262. — 20 m. — Bourguignon, noir . . . . .   M. Merle, à Châtel-Gérard (Yonne).
1263. — 22 m. 15 j. — Montbéliard, rouge   M. Werlein, précité.
et blanc.

Animaux mâles de 2 à 3 ans.

(1ᵉʳ prix, **500ᶠ**; 2ᵉ, **400ᶠ**.)

1264. — 25 m. 15 j. — Bourguignon, rouge.   M. Merle, précité.
1265. — 33 m. — Montbéliard, blanc et   M. Werlein, précité.
rouge.
1266. — 34 m. — Morvandeau, rouge et   M. Lacharme, à Sermages (Nièvre).
blanc.

Animaux femelles de 1 à 2 ans.

(1ᵉʳ prix, **200ᶠ**; 2ᵉ, **150ᶠ**; 3ᵉ, **100ᶠ**.)

1267. — 12 m. — Morvandelle, rouge et   M. Lacharme, précité.
blanche.
1268. — 12 m. 15 j. — Bourguignonne,   M. Merle, précité.
rouge.
1269. — 14 m. — Meusienne, rouge et blan-   M. Broquet (V.), précité.
che.
1270. — 15 m. — Comtoise, rouge et   MM. Lagèze et Nouvion, précités.
blanche.
1271. — 16 m. — Comtoise, rouge et   Les mêmes.
blanche.
1272. — 17 m. — Montbéliard, blanche et   M. Werlein, précité.
rouge.
1273. — 19 m. — Comtoise, rouge et   MM. Lagèze et Nouvion, précités.
blanche.
1274. — 22 m. — Comtoise, rouge et   Les mêmes.
blanche.

Animaux femelles de 2 à 3 ans.

(1ᵉʳ prix, **250ᶠ**; 2ᵉ, **200ᶠ**; 3ᵉ, **150ᶠ**.)

1275. — 24 m. 15 j. — Lorraine, rouge . .   M. André, à Pont-à-Mousson (Meurthe-et-Moselle).
1276. — 30 m. — Maraichine, rouge . . . . .   M. Amiot, précité.
1277. — 34 m. — Bourbonnaise, blanche . .   M. Bignon (L.) fils, précité.

1278. — 34 m. — Morvandelle, rouge et   M. LACHARME, précité.
        blanche.
1279. — 34 m. — Boulonnaise, rouge ....   M. LEBESGUE, précité.
1280. — 35 m. — Montbéliard, blanche et   M. WERLEIN, précité.
        rouge.

Animaux femelles de plus de 3 ans.

(1ᵉʳ prix, **300ᶠ**; 2ᵉ, **200ᶠ**; 3ᵉ, **150ᶠ**; 4ᵉ, **100ᶠ**.)

1281. — 38 m. 15 j. — Montbéliard, blan-   M. WERLEIN, précité.
        che et rouge.
1282. — 46 m. — Bourguignonne, rouge..   M. MERLE, précité.
1283. — 48 m. — Meusienne, rouge et   M. BROQUET (V.), précité.
        blanche.
1284. — 48 m. — Comtoise, blanche et   MM. LAGÈZE et NOUVION, précités.
        rouge.
1285. — 4 ans 3 m. — Meusienne, noire...   M. NAMUR, précité.
1286. — 5 ans. — Morvandelle, rouge et   M. LACHARME, précité.
        blanche.
1287. — 5 ans. — Comtoise, rouge......   MM. LAGÈZE et NOUVION, précités.
1288. — 5 ans. — Comtoise, rouge, et   Les mêmes.
        blanche.
1289. — 5 ans. — Comtoise, rouge.......   Les mêmes.
1290. — 5 ans 1 m. — Montbéliard, blanche   M. WERLEIN, précité.
        et rouge.
1291. — 5 ans 2 m. — Boulonnaise, rouge.   M. LEBESGUE, précité.
1292. — 10 ans. — Morvandelle, rouge et   M. LACHARME, précité.
        blanche.
1293. — 17 ans. — Morvandelle, rouge et   Le même.
        blanche.

17ᵉ CATÉGORIE.

RACE DURHAM.

Animaux mâles de 1 à 2 ans.

(1ᵉʳ prix, **1,000ᶠ**; 2ᵉ, **900ᶠ**; 3ᵉ, **800ᶠ**; 4ᵉ, **700ᶠ**; 5ᵉ, **600ᶠ**.)

1294. — 12 m. — Bilet, B. n° 33, blanc;   M. MASSOL (le comte DE), à Souhey (Côte-
        son père, Mornay (9865); sa mère,   d'Or).
        Fraisière (8ᵉ vol. p. 610).
1295. — 12. 1 j. — Sans-Peur (B. n° 31),   M. AUCLERC (C.), à Allichamps (Cher).
        rouge et blanc; son père, Sancho,
        6328; sa mère, Euridice (7ᵉ vol.
        p. 441).
1296. — 12 m. 2 j. — Sultan (B. n° 33), rouge M. GARDYE DE LACHAPELLE, à Farges-Alli-
        et blanc; son père, Sancho, 6328;   champs (Cher).
        sa mère, Épione (8ᵉ vol. p. 392).
1297. — 12 m. 2 j. — Mikado (B. n° 34),   M. HUOT (G.), à Saint-Julien (Aube).
        rouan; son père, Blood, 8685;
        sa mère, Bigarrée (8ᵉ vol. p. 310).
1298. — 12 m. 2 j. — Niagara (B. n° 31),   M. TIERSONNIER (A.), à Gimouille (Nièvr·).
        rouge et blanc; son père, Noble-
        Oasis, 7629; sa mère, Pudibonde,
        6870.
1299. — 12 m. 3 j. — Sans-gêne (B. n° 31),   M. AUCLERC (C.), précité.
        rouge et blanc; son père, Sancho,
        6328; sa mère, Élisabeth, 6674.

1300. — 12 m. 3 j. — Léotard (B. n° 32), rouge et blanc; son père, Colombo, 7302; sa mère, Leonie, 8224.

M. Lacour (A.), à Saint-Fargeau (Yonne).

1301. — 12 m. 3 j. — Martinet (B. n° 33), blanc; son père, Mornay, 9865: sa mère, Éclipse (8° vol. p. 609).

M. le comte de Massol, précité.

1302. — 12 m. 5 j. — Satrape (B. n° 33), rouge et blanc; son père, Sancho, 6328; sa mère, Émeraude (8° vol. p. 550).

M. Gardye de Lachapelle, précité.

1303. — 12. m. 10 j. — Sapeur (B. n° 33), rouge et blanc; son père, Sancho 6328; sa mère, Épine, 8135.

Le même.

1304. — 12 m. 17 j. — Sigismond (B. n° 33), rouge et blanc; son père, Sancho, 6328; sa mère, Victoria, 9773.

Le même.

1305. — 13 m. — Lord Derby (B. n° 34), rouan; son père, Sir-Olive-Barrington (35584); sa mère, Miss-Émily 7° H. B. A. (20° vol. p. 657).

M. Cazenave, précité.

1306. — 13 m. 10 j. — Cyrus (B. n° 33), rouge et blanc; son père, Noble-Oasis, 7629; sa mère, Catherine (6° vol. p. 517).

M. Signoret (C.), à Sermoise (Nièvre).

1307. — 14 m. 5 j. — Clotaire III° (B. n° 33), rouge; son père, Canova, 8720; sa mère, Victoria, 5355.

M. Lépine, à Rouez-en-Champagne (Sarthe).

1308. — 14 m. 10 j. — Nota-Bene (B. n° 30), blanc; son père, Nathaniel, 9061; sa mère, Sophronie (8° vol. p. 392).

M. le marquis de Montlaur, à Cognat-Lyonne (Allier).

1309. — 15 m. 27 j. — Janvier (B. n° 32), rouan; son père, Blood, 8685; sa mère, Blanche-Belle, 9393.

M. Huot (G.), précité.

1310. — 16 m. 2 j. — Magnolia (B. n° 31), rouge et blanc; son père, Bouton-d'Or (8° vol. p. 311); sa mère, Manetia, 6768.

M. Abafour (L.), à Miré (Maine-et-Loire).

1311. — 17 m. 4 j. — Trajan (B. n° 29), rouan; son père, Tourangeau, 7823; sa mère, Titania (8° vol. p. 501).

M. le comte de Falloux, au bourg d'Iré (Maine-et-Loire).

1312. — 18 m. 2 j. — Sans-Souci (B. n° 29), rouge et blanc; son père, Sancho, 6328; sa mère, Flore, 7060.

M. Auclerc (C.), précité.

1313. — 18 m. 3 j. — Roméo (B. n° 31), rouge et blanc; son père, Turenne, 8557; sa mère, Angélique, 5520.

M. le comte de Massol, précité.

1314. — 19 m. 20 j. — Indigo (B. n° 29), rouge et blanc; son père, Iman, 7488; sa mère Vignette (7° vol. p. 592).

M. Proux (J.), à Saint-Germain-de-Marennes (Charente-Inférieure).

1315. — 20 m. 6 j. — Charmant (B. n° 29), blanc; son père, Charles, 7299-5°; sa mère, Pack, 6836.

M. le marquis de Grosourdy de Saint-Pierre, à Silly (Orne).

1316. — 20 m. 10 j. — Raton, 9188, rouan; son père, Roan-Bull, 9205; sa mère, Flore, 6688. — M. le marquis DE TULLAYE, à Ménil (Mayenne).

1317. — 20 m. 12 j. — Dagobert (B. n° 29), rouan; son père, Astrowley (8622); sa mère, Flora, 9535. — M. MORISSE (É.), à Bretteville (Seine-Inférieure).

1318. — 20 m. 23 j. — Daumier (B. n° 29), rouge et blanc; son père, Cyrus, 7341; sa mère, Litière, 9602. — M. DAUDIER (D.), à Niafles (Mayenne).

1319. — 21 m. 8 j. — Élégant (B. n° 31), rouan; son père, Apis, 5595; sa mère, Ellen, 8162. — Mlle Paule DE ROUGÉ, à Précigné (Sarthe).

1320. — 22 m. — Deucalion (B. n° 29), rouge et blanc; son père, Caprice, 7256; sa mère, Lubie, 6758. — M. DAUDIER (D.), précité.

1321. — 23 m. 26 j. — Intelligent (B. n° 27), rouan; son père, Iman, 7488; sa mère, Vaporeuse (7° vol. p. 607). — M. PROUX (J.), précité.

Animaux mâles de 2 à 4 ans.

(1er prix, **1,000**^f; 2e, **900**^f; 3e, **800**^f; 4e, **700**^f; 5e, **600**^f).

1322. — 25 m. 2 j. — Gallant (B. n° 33), rouge et blanc; son père, Sachem, 7766; sa mère, Gentiane (7° vol. p. 628). — M. DOUCHEMENT, à Blois (Loir-et-Cher).

1323. — 25 m. 5 j. — Diamond (B. n° 27), rouge et blanc; son père, Darlaston, 7358; sa mère, Chansonnette, 9430. — M. DAUDIER (D.), précité.

1324. — 26 m. 28 j. — Tacite (B. n° 29), rouan; son père, Tourangeau, 7823; sa mère, Adorée, 7888. — M. le prince GALITZIN, précité.

1325. — 28 m. 2 j. — Tiflis, 9286, rouan; son père, Tric-Trac, 6343; sa mère, Préciosa, 8340. — M. le comte DE FALLOUX, précité.

1326. — 30 m. 13 j. — Tabarin, 9267, blanc; son père, Tric-Trac, 7826; sa mère, Désirée, 4946. — M. DUQUÉNEL, à Saint-Sorlin (Charente-Inférieure).

1327. — 32 m. 2 j. — Sybarite, 9264, rouge et blanc; son père, Sancho, 6328; sa mère, Banane, 9370. — M. TIERSONNIER (A.), précité.

1328. — 32 m. 5 j. — Tabarin, 9266, rouan; son père, Trim, 7829; sa mère, Pack, 6836. — M. le marquis DE GROSOURDY DE SAINT-PIERRE, précité.

1329. — 32 m. 19 j. — Drapeau-Vert, 8884, blanc; son père, Trim, 7829; sa mère, Ranty, 9704. — M. DAUDIER (D.), précité.

1330. — 34 m. 6 j. — Cabriolet, 8706, blanc; son père, Ritto, 7747; sa mère, Cabriole, 8004. — MM. GRÉGOIRE et fils, à Almenèches (Orne).

1331. — 35 m. 10 j. — Rosbif, 9217, rouan; son père, Roan-Bull, 9205; sa mère, Rancune, 9703. — M. le marquis DE LA TULLAYE, précité.

1332. — 35 m. 20 j. — Karnak, 8971, blanc; son père, Colombo, 7302; sa mère, Éva, 9522.

M. Lacour (A.), précité.

1333. — 35 m. 25 j. — Don Carlos, 8878, rouge et blanc; son père, Prince of Warwickshire, 7715, 92191; sa mère, Lancette, 9577.

M. Richard (J.), à Ardillères (Charente Inférieure).

1334. — 35 m. 28 j. — Juliano, 9861, rouge ; son père, Noble - Oasis, 7629; sa mère, Julienne, 7062.

M. Huot (G.), précité.

1335. — 37 m. — Raymond, 9189, rouan; son père, Ritto, 7747; sa mère, Baladine, 6488.

M. Lépine, précité.

1336. — 37 m. 12 j. — Polite, 9157, rouan foncé; son père, Bathi, 5653; sa mère, Frangipane, 5030.

M. Bertel (A.), à Ancretteville-s-Mer (Seine Inférieure).

1337. — 37 m. 21 j. — Mornay, 9865, rouan; son père, Plutus, 8540; sa mère, Sabine, 8589.

M. le comte de Massol, précité.

1338. — 41 m. 10 j. — Tircis, 9287, rouan; son père, Tampon, 4347; sa mère, Alabama, 9349.

M. Pouliquen, à Landivisiau (Finistère).

1339. — 43 m. 17 j. — Nathaniel, 9061, blanc; son père, Numa, 7638; sa mère, Olympia, 9673.

M. le marquis de Montlaur, précité.

1340. — 44 m. 4 j. — Bilboquet, 9839, blanc et rouan; son père, Singleton 8545; sa mère, Mousseline, 8581.

M. Lamy (C.), à Nomeny (Meurthe-et-Moselle).

1341. — 46 m. — Titley, 9291, rouan; son père, 3° Duke of Rowley, 6388; sa mère, Tita, 9744.

M. Dubosc (N.), à Épreville (Seine-Inférieure).

1342. — 46 m. 2 j. — Marco, 9000, rouge et blanc; son père, Néro, 6171; sa mère, Manettia, 6768.

M. de Villepin, à la ferme-école de la Pilletière (Sarthe).

1343. — 46 m. 5 j. — Balzac, 8638, rouan; son père, Bathi, 5653; sa mère, Flora, 9535.

M. Morisse (E.), précité.

Animaux femelles de 1 à 2 ans.

(1er prix, **400f**; 2e, **300f**; 3e, **250f**; 4e, **200f**; 5e, **150f**.)

1344. — 12 m. 2 j. — Tolède (B. n° 33), rouge et blanche; son père, Tourangeau, 7823; sa mère, Thymbris (8° vol. p. 396).

M. Falloux (le comte de), précité.

1345. — 12 m. 5 j. — Sarah (B. n° 31), rouge et blanche; son père, Sancho, 6328; sa mère, Élodie, 9512.

M. Auclerc (C.), précité.

1346. — 12 m. 8 j. — Cora (B. n° 33), rouge et blanche; son père, Charles, 7299-5°; sa mère, Pearl, 6845.

M. le marquis de Grosourdy de Saint-Pierre, précité.

1347. — 12 m. 20 j. — Surprise (B. n° 31), rouge et blanche; son père, Beaufort, 9836; sa mère, Angèle (8° vol. p. 602).

M. le comte de Massol, précité.

1348. — 12 m. 25 j. — Carlotta (B. n° 33), rouge et blanche; son père, Charles, 7299-5°; sa mère, Baladine, 6488.

M. le marquis DE GROSOURDY DE SAINT-PIERRE, précité.

1349. — 12 m. 26 j. — Dora (B. n° 33), rouge et blanche; son père, Noble-Oasis, 7629; sa mère Cécile (6° vol. p. 517).

M. SIGNORET (C.), précité.

1350. — 13 m. 11 j. — Albertine (B. n° 31), rouanne; son père, Turenne, 8557; sa mère, Gazette, 9824.

M. le comte DE MASSOL, précité.

1351. — 13 m. 24 j. — Czarine (B. n° 33), rouanne; son père, Charles, 7299-5°; sa mère, Biche-au-Bois, 6517.

M. le marquis DE GROSOURDY DE SAINT-PIERRE, précité.

1352. — 14 m. 15 j. — Charmeuse (B. n° 33), rouanne; son pere, Charles, 7299-5°; sa mère, Béatrix, 4832.

Le même.

1353. — 15 m. 14 j. — Boulotte (B. n° 30), blanche; son père, Moniteur, 7586; sa mère Blanchette, 5193.

M. THORAL (C.-M.), à Briennon (Loire).

1354. — 17 m. 16 j. — Brioche (B. n° 33), rouge et blanche; son père, Sachem, 7766; sa mère, Brisque, 6978.

M. SALVAT (A.), à Saint-Claude (Loir-et-Cher).

1355. — 17 m. 20 j. — Béatrix (B. n° 30), blanche; son père, Tapirson, 9274; sa mère, Rova (7° vol. p. 549.)

M. DEBAILLY (A.), à Mézières (Somme).

1356. — 18 m. 2 j. — Beauté (B. n° 31), rouanne; son père, Apis, 5595; sa mère, Boulotte (6° vol. p. 426).

Mlle PAULE DE ROUGÉ, précitée.

1357. — 18 m. 2 j. — Diollecie (B. n° 29), rouge et blanche; son père, Plébiscite, 6250; sa mère, Dionée, 6635.

M. RICHARD (J.), précité.

1358. — 18 m. 12 j. — Élégante (B. n° 29), rouge et blanche; son père, Noble-Oasis, 7629; sa mère, Sacoche (8° vol. p. 501).

M. GARDY DE LACHAPELLE, précité.

1359. — 19 m. 19 j. — Nébuleuse (B. n° 28), rouanne; son père, Noble-Oasis, 7629; sa mère, Fleur-de-Thé, 9533.

M. TIERSONNIER (A.), précité.

1360. — 19 m. 27 j. — Épinette (B. n° 29), rouge et blanche; son père, Sancho, 6328; sa mère Épine, 8135.

M. GARDYE DE LACHAPELLE, précité.

1361. — 20 m. 1 j. — Lactation (B. n° 29). rouanne; son père, Cyrus, 7341, sa mère, Langueur (7° vol. p. 481).

M. DAUDIER (D.), précité.

1362. — 20 m. 20 j. — Colette (B. n° 32), blanche et rouge; son père, Pépino, 7681; sa mère, Julienne (7062).

M. HUOT (G.), précité.

1363. — 20 m. 28 j. — Roméa (B. n° 28), blanche; son père, Roméo, 7751; sa mère, Myrrha, 8284.

M. le marquis de TALHOUËT-ROY, au Lude (Sarthe.)

1364. — 21 m. 29 j. — Beauty (B. n° 33), rouanne; son père, Sachem, 7766; sa mère, Ballerine (7° vol. p. 627).

M. SALVAT (A.), précité.

1365. — 21 m. 29 j. — Bounty (B. n° 33), rouanne; son père, Sachem, 7766; sa mère, Ballerine (7° vol. p. 627).

M. SALVAT (A.), précité.

1366. — 22 m. 9 j. — Séduisante (B. n° 27), rouge et blanche; son père, Sancho, 6328; sa mère, Étoile-Ire (8° vol. p. 389).

M. AUCLERC (C.), précité.

1367. — 23 m. 10 j. — Albinia (B. n° 27), rouge et blanche; son père, Colombo, 7302; sa mère, Belida, 9365.

M. LACOUR (A), précité.

1368. — 23 m. 10 j. — Aïda (B. n° 28), rouanne; son père, Roan-Bull, 9205; sa mère, Rancune, 9703.

M. le marquis DE LA TULLAYE, précité.

1369. — 23 m. 16 j. — Coralie (B. n° 29), rouanne; son père, Ornement, 9090; sa mère, Corinne (8° vol. p. 461).

M. MORISSE (A.), à Bretteville (Seine-Inférieure).

1370. — 23 m. 20 j. — Tartarie (B. n° 27), rouanne; son père, Plébiscite, 6250; sa mère, Tyrolienne, 8404.

MM. DESPRÉS (fils) et SINOIR, à Ballots (Mayenne).

Animaux femelles de 2 à 3 ans.

(1er prix, **500**^f; 2°, **400**^f; 3°, **300**^f; 4°, **250**^f; 5°, **200**^f.)

1371. — 24 m. 7 j. — Amélie (B. n° 28), rouanne; son père, Agnowley, 8597; sa mère, Cerise (7° vol. p. 363).

M. PROUX (J.), précité.

1372. — 24 m. 20 j. — Abeille (B. n° 27), rouge et blanche; son père, Schah-de-Perse, 7780; sa mère, Aveline, 9365.

M. LACOUR (A.), précité.

1373. — 24 m. 22 j. — La Du Barry (B. n° 27), rouanne; son père, Darlaston, 7358; sa mère, Laitière, 9575.

M. DAUDIER (D.), précité.

1374. — 25 m. 1 j. — La Diva (B. n° 27), rouanne; son père, Darlaston, 7358; sa mère, Reggia d'Alençon (7° vol. p. 547).

Le même.

1375. — 25 m. 18 j. — Latona (B. n° 27), rouge et blanche; son père, Dalzell, 7350; sa mère, Lamproie (7° vol. p. 476).

Le même.

1376. — Coquette (B. n° 29); rouanne; son père, Charles, 7299-5°; sa mère, Testy (7° vol. p. 327).

M. le marquis DE GROSOURDY DU SAINT-PIERRE, précité.

1377. — 29 m. 2 j. — Leyton-Rose (8° vol. p. 436), rouanne; son père, Crève-cœur, 5868; sa mère, Lavinie, 5113

M. DAUDIER (D.), précité.

1378. — 30 m. 1 j. — Georgine (B. n° 26), rouge; son père, Pepino, 7681; sa mère, Miss-Julienne (7° vol. p. 666).

M. HUOT (G.), précité.

1379. — 3o m. 15 j. — Trent (B. n° 31), rouge et blanche: son père, comte Ory, 7311; sa mère, Tamise (7ᵉ vol. p. 584).

M. Salvat (A.), précité.

1380. — 31 m. 23 j. — Semouille (8ᵉ vol. p. 402), rouge et blanche; son père, Sancho, 6328; sa mère, Fleur-de-thé, 9533.

M. Tiersonnier (A.), précité.

1381. — 34 m. 3 j. — Élise (B. n° 27), rouge; son père, Turenne, 8557; sa mère, Nicette (7ᵉ vol. p. 513).

M. le comte de Massol, précité.

1382. — 34 m. 15 j. — Heroïne (B. n° 31), rouanne; son père, Comte-Ory 7311; sa mère, Hermione (7ᵉ vol. p. 628).

M. Salvat (A.), précité.

1383. — 34 m. 23 j. — Tolla (8ᵉ vol. p. 357), rouanne; son père, Tapir, 6350; sa mère, Cythérée, 3196.

M. le marquis de Grosourdy de Saint-Pierre, précité.

1384. — 35 m. 4 j. — Étoile IIᵉ (8ᵉ vol. p. 396), rouge et blanche; son père Sphinx, 6341; sa mère, Eugénie, 8147.

M. Auclerc (C.), précité.

1385. — 35 m. 5 j. — Cantine (8ᵉ vol. p. 469), rouanne; son père, Roan-Bull, 9205; sa mère, Moissonneuse, 9642.

M. le marquis de la Tullaye, précité.

1386. — 35 m. 10 j. — ...., rouanne; son père, Tricoche, 7825; sa mère, Rubarbe, 9714.

M. de Villepin, précité.

1387. — 35 m. 11 j. — Tulipe (8ᵉ vol. vol. p. 344), rouanne; son père, Tout-Blanc, 7824; sa mère, Comtesse, 8043.

M. Proux (J.), précité.

1388. — 35 m. 20 j. — Athor (B. n° 27), rouge et blanche; son père, Apis, 5595; sa mère, Boulotte (6ᵉ vol. p. 426).

Mˡˡᵉ Paule de Rougé, précitée.

1389. — 35 m. 22 j. — Nella (8ᵉ vol. p. 481), rouanne; son père, Maudron, 6107; sa mère, Nouka-Hiva, 3422.

M. Aiméric de Châteauvieux, à Étrelles (Ille-et-Vilaine).

1390. — 35 m. 27 j. — Fatality (B. n° 31), rouanne; son père, Comte-Ory, 7311; sa mère, Fantaisie (7ᵉ vol. p. 444).

M. Salvat (A.), précité.

1391. — 35 m. 28 j. — Thébé (8ᵉ vol. p. 285); rouanne; son père, Tampon, 6349; sa mère, Aspasie, 9362.

M. le comte de Falloux, précité.

Animaux femelles de plus de 3 ans.

(1ᵉʳ prix, **600ᶠ**; 2ᵉ, **500ᶠ**; 3ᵉ, **400ᶠ**; 4ᵉ, **300ᶠ**; 5ᵉ, **200ᶠ**; 6ᵉ, **150ᶠ**.)

1392. — 37 m. — Angèle (8ᵉ vol. p. 602), rouanne; son père, Turenne, 8557; sa mère, Angélique, 5590.

M. le comte de Massol, précité.

1393. — 39 m. — Namouna (8ᵉ vol. p. 488), rouge; son père, Numa, 7638; sa mère, Orélia, 9675.

M. le marquis DE MONTLAUR, précité.

1394. — 40 m. 6 j. — Lisbeth (7ᵉ vol. p. 436), rouanne; son père, Crève-cœur, 5868; sa mère, Lavinie, 5113.

M. DAUDIER (D.), précité.

1395. — 43 m. 11 j. — Sauvagine (8ᵉ vol. p. 291), rouge et blanche; son père, Sancho, 6328; sa mère, Banane, 9370.

M. TIERSONNIER (A.), précité.

1396. — 43 m. 16 j. — Nadine (8ᵉ vol. p. 486), rouge et blanche; son père, Numa, 7638; sa mère, Olga, 9672.

M. le marquis DE MONTLAUR, précité.

1397. — 46 m. 3 j. — Rainette (8ᵉ vol. p. 307), rouanne; son père, Rit, 6299; sa mère, Biche-aux-Bois, 6517.

M. le marquis DE GROSOURDY DE SAINT PIERRE, précité.

1398. — 46 m. 10 j. — Téthys (8ᵉ vol. p. 275), rouanne; son père, Tampon, 6349; sa mère, Admirable, 6455.

M. le comte DE FALLOUX, précité.

1399. — 46 m. 26 j. — Sonate (8ᵉ vol. p. 403), rouanne; son père, Marmot, 6099; sa mère, Flore, 6688.

M. le marquis DE LA TULLAYE, précité.

1400. — 47 m. 24 j. — Étoile-Iʳᵉ (8ᵉ vol. p. 389), rouge et blanche; son père, Hercule, 7484; sa mère, Élisabeth (6674).

M. AUCLERC (C.), précité.

1401. — 47 m. 26 j. — Cattes (8ᵉ vol. p. 519), blanche; son père, Clotaire, 5833; sa mère, Soubrette, 8374.

M. LÉPINE, précité.

1402. — 47 m. 27 j. — Lampas (8ᵉ vol. p. 451), rouge et blanche; son père, Prince, 7715; sa mère, Luzerne, 6760.

M. DAUDIER (D.), précité.

1403. — 4 ans 1 m. 22 j. — Tartine (8ᵉ vol. p. 281), rouge et blanche; son père, Tampon, 6349; sa mère, Anita, 6469.

M. le comte DE FALLOUX, précité.

1404. — 4 ans 7 m. 28 j. — Clélie (7ᵉ vol. p. 343), rouanne; son père, Clotaire, 5833; sa mère, Bitche, 7976.

M. LÉPINE, précité.

1405. — 4 ans 8 m. 7 j. — Sensitive (9722), rouge et blanche; son père, Sancho, 6328; sa mère, Blanche-Flor, 1997.

M. TIERSONNIER (A.), précité.

1406. — 4 ans 8 m. 9 j. — Palmyre (7ᵉ vol. p. 591), rouge et blanche; son père, Pan, 6222; sa mère, Valla, 8408.

M. RICHARD (J.), précité.

1407. — 4 ans 9 m. 13 j. — Ready (7ᵉ vol. p. 347), rouanne; son père, Rit, 6299; sa mère, Bloom, 4862.

M. le marquis DE GROSOURDY DE SAINT-PIERRE, précité.

1408. — 4 ans 9 m. 20 j. — Syracuse (8°
vol. p. 570), rouge et blanche;
son père, Sancho, 6328; sa mère,
Sémiramis, 6899.

M. Tiersonnier (A.), précité.

1409. — 4 ans 10 m. 2 j. — Lucina (7° vol.
p. 385), rouanne; son père, Da-
than, 5888; sa mère, Cornelie,
6592.

M. Daudier (D.), précité.

1410. — 4 ans 11 m. 23 j. — Nilsson (7°
vol. p. 522), rouanne; son père,
Mortemer 2°, 4427; sa mère,
Nérita, 6804.

M. Després (F.), à la Guerche (Ille-et-Vilaine).

1411. — 4 ans 11 m. 28 j. — Convenable
(7° vol. p. 369), rouanne; son
père, Minotaure, 7568; sa mère,
Charmante, 8024.

MM. Grégoire et fils, précités.

1412. — 5 ans 23 j. — Fantaisie (7° vol.
p. 444), rouge; son père, Uhlan,
6394; sa mère, Fancy, 8152.

M. Salvat (A.), précité.

1413. — 5 ans 2 m. 12 j. — Lecture (7°
vol. p. 483), rouanne; son père,
Crève-cœur, 5868; sa mère, La-
vine, 5113.

M. Daudier (D.), précite.

1414. — 5 ans 3 m. 8 j. — Liberale, 9593,
rouanne; son père, Dardanelles,
5885; sa mère, Luzerne, 6760.

Le même.

1415 — 5 ans 4 m. — Blanchette, 9394,
blanche; son père, Morton, 7594;
sa mère, Basine, 7942.

M. Thoral (L.), à Saint-Nizier (Loire).

1416. — 5 ans 7 m. — Gentiane (7° vol.
p. 628), rouanne; son père, Ma-
landrin, 6974; sa mère, Clema-
tite, 6981.

M. Salvat (A.), précite.

1417. — 5 ans 9 m. 27 j. — Comtesse-de-
Champagny, 9900, rouanne; son
père, Criquet, 5869; sa mère,
Julienne, 7062.

M. Huot (G.), précite.

1418. — 5 ans 10 m. 20 j. — Alabama,
9349, rouge et blanche; son
père, Abdul-Aziz, 5576; sa mère,
Anita, 6469.

M. le comte de Falloux, précite.

1419. — 6 ans 1 m. 4 j. — Blanche-Belle,
9393, blanche; son père, Criquet,
5869; sa mère, Cascadette, 8017.

M. Huot (G.), précité.

1420. — 6 ans 1 m. 27 j. — Comtesse-de-
Cirencester (7° vol. p. 374), rouge;
son père, Fanfaron, 5992; sa
mère, Cirencester-Duchess, 6570.

M. Salvat (A.), précite

1421. — 6 ans 6 m. 10 j. — Liberté (7°
vol. p. 485), rouge et blanche;
son père, O'Connell 2°, 4515; sa
mère, Lentille, 6750.

M. Daudier (D.), précite.

1422. — 6 ans 7 m. 15 j. — Rancune
(9703), rouanne; son père, Muscadin, 4435; sa mère, Aurore,
4806.

M. le marquis de la Tullaye, precité.

1423. — 7 ans 20 j. — Lanterne, 8211, rouge et blanche ; son père, O Connell 2°, 4515 ; sa mère, Lavinie, 5113.   M. Daudier (D.), précité.

1424. — 7 ans 5 m. 16 j. — Pilule, 8328, blanche ; son père, Muscadin, 4435 ; sa mère, Aubepine, 3184.   M. le marquis DE LA TULLAYE, précité.

1425. — 7 ans 8 mois 25 j. — Pistache, 8330, rouanne ; son père, Performer, 4565 ; sa mère, Baladine, 6488.   M. le marquis DE GROSOURDY DE SAINT-PIERRE, précité.

1426. — 7 ans 11 m, 19 j. — Martha, 8260, rouge et blanche ; son père, Duc-d'Anjou, 4247 ; sa mère, Rigolette, 6881.   M. le marquis de TALHOUET-ROY, précité,

1427. — 8 ans 8 m. 27 j. — Lausanne 8220, rouanne ; son père, O'Connel, 2880 ; sa mère, Luzerne, 6760.   M. Daudier (D.), précité.

1428. — 9 ans 2 m. — Pearl, 6845, rouanne ; son père, Pollux, 2919-4° ; sa mère, Bloom, 4862.   M. le marquis DE GROSOURDY DE SAINT-PIERRE, précité.

1429. — 9 ans 6 m. 26 j. — Eugénie, 8147, rouanne ; son père, Lord, 4356 ; sa mère, Élizabeth, 6674.   M. Auclerc (C.), précité.

1430. — 9 ans 7 m. 14 j. — Thérésa, 6912, rouanne ; son père, Voltigeur, 3050 ; sa mère, Tempête, 2591.   MM. Després (fils) et Sinoir, précités

1431. — 10 ans 1 m. 27 j. — Florida (5° vol. p. 423), blanche ; son père, Lotto, 2743 ; sa mère, Flore, 2083.   M. Langladé (L.), précité.

18ᵉ CATÉGORIE

RACE D'AYR.

Animaux mâles de 1 à 2 ans.

(1ᵉʳ prix, **600ᶠ** ; 2°, **500.**)

1432. — 14 m. 15 j. — Rouge et blanc....   M. Bajau, précité.
1433. — 23 m. — Rouge et blanc........   M. le marquis DE DAMPIERRE, à Piassa (Charente-Inférieure).

Animaux mâles de 2 à 3 ans.

(1ᵉʳ prix, **600ᶠ** ; 2°, **500ᶠ.**)

1434. — 25 m. — Noir...............   M. le marquis DE DAMPIERRE, précité.
1435. — 30 m. — Blanc et rouge........   M. Caill, à Plouzévédé (Finistère)

Animaux femelles de 1 à 2 ans.

(1ᵉʳ prix, **200ᶠ** ; 2°, **150.**)

1436. — 12 m. — Blanche et rouge.......   M. Anouilh, à Toulouse (Haute-Garonne),
1437. — 12 m. — Rouge et blanche......   M. Marhin, précité.
1438. — 20 m. — Rouge..............   M. Ollivier (F.), précité.

Animaux femelles de 2 à 3 ans.

(1er prix, **250**f; 2e, **200**f.)

1439. — 28 m. — Rouge et blanche...... M. Marhin, précité.
1440. — 30 m. — Rouge et blanche...... M. Bajau, precité.

Animaux femelles de plus de 3 ans.

(1er prix, **300**f; 2e, **200**; 3e, **150**f.)

1441. — 48 m. — Blanche et rouge...... M. Anouilh, précité.
1442. — 48 m. — Rouge............ —.. M. Bajau, precité.
1443. — 6 ans 11 m. — Rouge et blanche. M. Noblet, précité.
1444. — 7 ans. — Rouge et b'anche...... M. Marhin, précité.

19e CATÉGORIE.

RACES HOLLANDAISES.

Animaux mâles de 1 à 2 ans.

(1er prix, **800**f; 2e prix, **700**f; 3e prix, **600**f.)

1445. — 12 m. 15 j. — Noir et b'anc..... M. Textoris, à Cheney (Yonne).
1446. — 13 m. — Blanc et noir........ M. Coussolle, à Villenave-d'Ornon (Gironde).
1447. — 13 m. — Noir et blanc........ M. Morel, précité.
1448. — 13 m. — Noir et b'anc........ Mme Ve Vanhove, précitée.
1449. — 13 m. — Noir et blanc........ M. Werlein, précité.
1450. — 16 m. — Noir et b'anc........ M. Broquet, précité.
1451. — 20 m. — Blanc et noir........ M. Christofle, à Brunoy (Seine-et-Oise).
1452. — 20 m. — Noir et blanc........ M. Morel, précité.
1453. — 20 m. — Noir et blanc........ M. Plaisant, à Beauzains-les-Arras (Pas-de Calais).
1454. — 20 m. — Noir et blanc........ Mme Ve Vanhove, précitée.
1455. — 24 m. — Noir et blanc........ M. Namur, precité.

Animaux mâles de 2 à 3 ans.

(1er prix, **800**f; 2e prix, **700**f; 3e prix, **600**f.)

1456. — 24 m. 5 j. — Blanc et noir...... M. Christofle, précité.
1457. — 24 m. 5 j. — Noir et b anc..... M. Plaisant, précité.
1458. — 25 m. — Blanc et noir........ M. Morel, précité.
1459. — 26 m. — Blanc et noir........ Mme Ve Vanhove, précitee.
1460. — 27 m. — Noir et blanc........ M. Camus, precité.
1461. — 29 m. — Noir et blanc........ M. Namur, précité.
1462. — 43 m. — Noir et blanc. (Hors concours.) M. Camus, précité.
1463. — 44 m. — Noir et blanc. (Hors concours.) M. Textoris, précité.

Animaux femelles de 1 à 2 ans.

(1er prix, **300**f; 2e prix, **200**f; 3e prix, **150**f.)

1464. — 12 m. — Blanche et noire....... M. Christofle, précité.
1465. — 12 m. — Blanche et noire....... M. Coussolle, précité.
1466. — 13 m. 15 j. — Noire et blanche.. M. Textoris, précité.

1467. — 14 m. — Noire et blanche....... Mme Ve Vanhove, précitée.
1468. — 18 m. — Noire et blanche....... M. Morel, précité.
1469. — 20 m. — Blanche et noire....... M. Christofle, précité.
1470. — 20 m. — Blanche et noire...... M. Morel, précité.
1471. — 20 m. — Blanche et noire...... Mme Ve Vanhove, précitée.
1472. — 21 m. — Noire et blanche...... M. Textoris, précité.
1473. — 22 m. — Noire et blanche...... M. Plaisant, précité.
1474. — 22 m. — Noire et blanche....... Le même.
1475. — 22 m. 15 j. — Noire et blanche.. M. Textoris, précité.
1476. — 23 m. — Noire et blanche....... M. Hurliy, à Stainville (Meuse).
1477. — 23 m. — Noire et blanche....... Le même.
1478. — 24 m. — Noire et blanche....... M. Namur, précité.

Animaux femelles de 2 à 3 ans.

(1er prix, **400**^f; 2e prix, **300**^f; 3e prix, **200**^f.)

1479. — 28 m. — Noire et blanche....... M. Morel, précité.
1480. — 30 m. — Noire et blanche....... M. Camus, précité.
1481. — 31 m. — Blanche et noire....... Mme Ve Vanhove, précitée.
1482. — 32 m. — Noire et blanche....... M. Plaisant, précité.
1483. — 32 m. — Noire et blanche....... Le même.
1484. — 32 m. — Noire et blanche....... Le même.
1485. — 32 m. — Noire et blanche....... Le même.
1486. — 32 m. — Noire et blanche....... Le même.
1487. — 32 m. — Noire et blanche....... M. Textoris, précité.
1488. — 33 m. — Noire et blanche....... Le même.
1489. — 34 m. — Blanche et noire....... M. Christofle, précité.
1490. — 34 m. — Blanche et noire....... M. Textoris, précité.
1491. — 35 m. — Blanche et noire...... M. Coussolle, précité.
1492. — 35 m. — Noire et blanche....... M. Namur, précité.
1493. — 36 m. — Blanche et noire....... M. Christofle, précité.

Animaux femelles de plus de 3 ans.

(1er prix, **500**^f; 2e prix, **400**^f; 3e prix, **300**^f.)

1494. — 40 m. — Noire et blanche....... M. Plaisant, précité.
1495. — 42 m. — Noire et blanche....... Le même.
1496. — 48 m. — Noire et blanche....... Le même.
1497. — 4 ans 6 m. — Noire et blanche... Le même.
1498. — 4 ans 8 m. — Noire et blanche... M. Namur, précité.
1499. — 5 ans. — Noire et blanche....... M. Auvray, précité.
1500. — 5 ans. — Noire et blanche....... M. Morel, précité.
1501. — 5 ans 2 m. — Noire et blanche... M. Plaisant, précité.
1502. — 6 ans. — Noire et blanche....... M. Broquet, précité.
1503. — 6 ans 2 m. — Blanche et noire... M. Coussolle, précité.
1504. — 7 ans. — Blanche et noire....... Mme Ve Vanhove, précitée.

20e CATÉGORIE.

RACES SUISSES.

Animaux mâles de 1 à 2 ans.

(1er prix, **800**^f; 2e, **700**^f; 3e, **600**^f.)

1505. — 12 m. — Schwitz, gris......... M. de Laprade (A.), précité.
1506. — 13 m. — Schwitz, noir......... M. Alleman (F.), précité.
1507. — 13 m. — Schwitz, noir......... M. Martenot, à Cruzy-le-Chatel (Yonne).

1508. — 13 m. — Schwitz, noir............ Mme Ve Taillefer, précitée.
1509. — 15 m. — Schwitz, noir............ M. Delsol, précité.
1510. — 17 m. — Schwitz, noir.......... M. Flotte (J.), précité.
1511. — 18 m. — Fribourgeois, noir et M. Broquet, précité.
blanc.
1512. — 21 m. — Froment............ M. Bajau, précité.

Animaux mâles de 2 à 3 ans.

(1er prix, **800**^f; 2°, **700**^f; 3°, **600**^f.)

1513. — 26 m. — Schwitz, gris........ M. Beau, à Sambourg (Yonne).
1514. — 31 m. — Schwitz, gris........ M. Muret, à Noyen-sur-Seine (Seine-et-
Marne).
1515. — 32 m. — Schwitz, gris........ M. Chemery, à Moiremont (Marne).
1516. — 32 m. — Schwitz, gris........ M. Terrillon-Lemoine, à Châtillon-sur-
1517. — 34 m. — Fribourgeois, noir et Seine (Côte-d'Or).
blanc. M. Broquet, précité.
1518. — 34 m. — Schwitz, gris........ M. Hugard, à Châtillon-sur-Seine (Côte-
d'Or).

Animaux femelles de 1 à 2 ans.

(1er prix, **300**^f; 2°, **200**^f; 3°, **150**^f.)

1519. — 12 m. — Schwitz, grise........ M. Delsol, précité.
1520. — 12 m. 15 j. — Schwitz, grise.... Mme Ve Taillefer, précitée.
1521. — 13 m. — Schwitz, grise........ M. Alleman (F.), précité.
1522. — 14 m. — Suisse, rouge et blanche. M. Fouriané, à Toulouse (Haute-Garonne).
1523. — 17 m. — Schwitz, grise........ M. Hugard, précité.
1524. — 19 m. — Schwitz, noire........ M. Martenot, précité.
1525. — 21 m. — Schwitz, grise........ M. Hurlin, précité.
1526. — 21 m. — Schwitz, grise........ M. Terrillon-Lemoine, précité.

Animaux femelles de 2 à 3 ans.

(1er prix, **400**^f; 2°, **300**^f; 3°, **200**^f.)

1527. — 24 m. 15 j. — Schwitz, noire.... Mme Ve Taillefer, précitée.
1528. — 25 m. — Schwitz, noire........ M. Richard (A.), précité.
1529. — 25 m. — Schwitz, noire........ Mme Ve Taillefer, précitée.
1530. — 26 m. — Schwitz, grise........ M. Alleman (F.), précité.
1531. — 26 m. — Schwitz, grise........ Le même.
1532. — 30 m. — Schwitz, grise........ M. de Lapaade (A.), précité.
1533. — 34 m. — Schwitz, grise........ M. Thilloy, à Servon (Marne).

Animaux femelles de plus de 3 ans.

(1er prix, **500**^f; 2°, **400**^f; 3°, **300**^f.)

1534. — 40 m. — Schwitz, noire........ M. Terrillon Lemoine, précité.
1535. — 4 ans 3 m. — Schwitz, noire.... M. Marienot, précité.
1536. — 4 ans 3 m. — Schwitz, noire.... Mme Ve Taillefer, précitée.
1537. — 5 ans. — Schwitz, grise........ M. Alleman (F.), précite.
1538. — 5 ans. — Bernoise, rouge et blanche. M. Broquet, précité.
1539. — 5 ans. — Fribourgeoise, noire et Le même.
blanche.

1540. — 5 ans. — Schwitz, grise........ Mme Ve TAILLEFER, précitée.
1541. — 6 ans. — Schwitz, grise........ M. DE LAPRADE (A.), précité.
1542. — 6 ans. — Schwitz, grise........ M. MURET, précité.
1543. — 7 ans. — Schwitz, grise........ M. FLOTTE (J.), précité.

21e CATÉGORIE.

RACES ÉTRANGÈRES DIVERSES.

Animaux mâles de 1 à 2 ans.

(1er prix, 500^f; 2e. 400^f.)

1544. — 12 m. — G'ane froment........ M. CHEMERY, précité.

Animaux mâles de 2 à 3 ans.

(1er prix, 500^f; 2e, 400^f.)

1545. — 24 m. 4 j. — Glane froment..... M. CHEMERY, précité.

Animaux femelles.

Pas d'animaux présentés.

22e CATÉGORIE.

CROISEMENTS DURHAM.

Animaux mâles de 1 à 2 ans.

(1er prix, 800^f; 2e, 600^f; 3e, 500^f; 4e, 400^f; 5e, 300^f.)

1546. — 12 m. — Durham-manceau, rouan   Mme CAIL, à Rillé (Indre-et-Loire).
leger.
1547. — 12 m. — Durham charolais, rouge   M. LACOUR, précité.
et blanc.
1548. — 12 m. — Durham-limousin, rouge.   M. le comte DE LESPINATS, à Séreilhac
(Haute-Vienne.)
1549. — 12 m. — Durham-charo'ais, blanc.   M. le comte DE MASSOL, précité.
1550. — 12 m. 15 j. — Durham-flamand,   M. DERAM, précité.
rouge.
1551. — 13 m. — Durham-flamand-hollan-   M. SIEVENOOT (A.), à Armsbouts-Cappe
dais, blanc gris.   (Nord).
1552. — 13 m. — Durham-flamand, rouge   M. STEVENOOT (L.), précité.
et blanc.
1553. — 14 m. — Durham-manceau, rouan.   M. DAUDIER, précité.
1554. — 17 m. — Durham normand, rouge.   M. PAILLART, à Quesnoy-le-Montant (Somme).
1555. — 18 m. — Durham-hollandais, rouge   M. LAMY, précité.
et blanc.
1556. — 21 m. — Durham-manceau, blanc.   M. CHERBONNEAU, précité.
1557. — 21 m. — Durham croisé, rouge et   M. THORAL (C.), à Briennon (Loire).
blanc.
1558. — 22 m. — Durham-manceau, rouan.   M. ABAFOUR (L.), précité.
1559. — 23 m. — Durham-normand, gris..   M. ANCELIN (T.), précité.
1560. — 24 m. — Durham-béarnais, rouge.   M. CAZENAVE, précité.
1561. — 24 m. — Durham-normand, blanc.   M. FAMIN, précité.

Animaux mâles de 2 à 3 ans.

(1ᵉʳ prix, **800ᶠ**; 2ᵉ, **600ᶠ**; 3ᵉ, **500ᶠ**; 4ᵉ, **400ᶠ**; 5ᵉ, **300ᶠ**.)

1562. — 24 m. 3 j. — Durham croisé, rouge   M. Grille, à Morannes (Maine-et-Loire).
et blanc.

1563. — 24 m. 15 j. — Durham croisé,   M. Proux, précité.
blanc et rouge.

1564. — 30 m. — Durham croisé, rouan.   M. Springer, précité.

1565. — 30 m. 15 j. — Durham-normand,   MM. Grégoire et fils, précités.
rouge et blanc.

1566. — 33 m. — Durham croisé, blanc...   M. Cavey, à la Cochère (Orne).

1567. — 33 m. — Durham-charolais, blanc.   M. Mativov, à Bannegon (Cher).

1568. — 35 m. — Durham-manceau, blanc.   M. Cherbonneau, précité.

1569. — 35 m. — Durham-charolais, blanc.   M. Lacour, précité.

Animaux femelles de 1 à 2 ans.

(1ᵉʳ prix, **300ᶠ**; 2ᵉ, **250ᶠ**; 3ᵉ, **200ᶠ**; 4ᵉ, **150ᶠ**; 5ᵉ, **100ᶠ**.)

1570. — 12 m. — Durham croisée, blanche   M. Amiot, précité.
et rouge.

1571. — 12 m. — Durham-femeline, rouge   M. Cordier, précité.
et blanche.

1572. — 12 m. — Durham - charolaise,   M. le comte de Massol, précité.
rouanne.

1573. — 13 m. — Durham-charolaise, blan-   M. Lacour, précité.
che et rouge.

1574. — 16 m. 15 j. — Durham-limousine,   M. Robert (J.-B.), précité.
rouge.

1575. — 17 m. — Durham-mancelle, rouge   M. Lépine, précité.
et blanche.

1576. — 19 m. — Durham-flamande, rouge.   M. Paillart, précité.

1577. — 20 m. — Durham-mancelle, rouan-   M. Cherbonneau, précité.
ne.

1578. — 20 m. — Durham-flamande, rouge.   M. Fétel-Longueval, précité.

1579. — 20 m. — Durham-hollandaise, blan-   M. Lamy, précité.
che et rouge.

1580. — 20 m. — Durham-normande, blan-   Le même.
che et rouge.

1581. — 21 m. — Durham-hollandaise, rou-   Le même.
ge.

1582. — 21 m. — Durham-hollandaise, rou-   Le même.
ge.

1583. — 21 m. — Durham-flamande, rouge   M. Stévenoot (A.), précité.
et blanche.

1584. — 23 m. — Durham-mancelle, rouge.   M. Daudier, précité.

1585. — 23 m. — Durham-bourguignonne,   M. Merle, précité.
blanche et noire.

1586. — 24 m. — Durham croisée, rouge et   M. Cavey, précité.
blanche.

1587. — 24 m. — Durham croisée......   M. Drouet-Fleurizelle, précité.

Animaux femelles de 2 à 3 ans.

(1ᵉʳ prix, **400ᶠ**; 2ᵉ, **300ᶠ**; 3ᵉ, **250**; 4ᵉ, **150ᶠ**; 5ᵉ, **100ᶠ**.)

1588. — 24 m. 3 j. — Durham croisée, rou-   M. Proux, précité.
ge.

1589. — 24 m. 4 j. — Durham - charolaise, M. le comte DE MASSOL, précité.
blanche.

1590. — 24 m. 10 j. — Durham croisée, M. DUBOSC, à Tourville (Seine-Inférieure).
blanche.

1591. — 24 m. 15 j. — Durham-charolaise, M. LACOUR, précité.
rouge et blanche.

1592. — 24 m. 15 j. — Durham croisée, 'M. PROUX, précité.
rouanne.

1593. — 25 m. — Durham croisée, rouge et M. DUBOSC, précité.
blanche.

1594. — 25 m. — Durham-hollandaise, blan- M. LAMY, précité.
che et rouge.

1595. — 25 m. — Durham-hollandaise, rou- 'Le même.
ge.

1596. — 26 m. — Durham croisée, rouge et M. PROUX, précité.
blanche.

1597. — 27 m. — Durham-charolaise, rouge M. BOIGUES, précité.
et blanche.

1598. — 27 m. — Durham-femeline, rouge M. CORDIER, précité.
et blanche.

1599. — 27 m. 15 j. — Durham-mancelle, M. CHERBONNEAU, précité.
rouge et blanche.

1600. — 28 m. — Durham croisée . . . . . . M. BOIGUES, précité.

1601. — 28 m. — Durham-mancelle, rouan- 'M. DAUDIER, précité.
ne.

1602. — 28 m. — Durham-normande, rouan- MM. GRÉGOIRE et fils, précités.
ne.

1603. — 29 m. — Durham-mancelle, rouge M. DAUDIER, précité.
et blanche.

1604. — 29 m. — Durham croisée, blanche M. DECLEMY-BOULANGER, précité.
et rouge.

1605. — 30 m. — Durham-flamande, rouge. M. PAILLART, précité.

1606. — 30 m. — Durham-hollandaise, grise M. PLAISANT, précité.
et blanche.

1607. — 30 m. — Durham-flamande, rouge M. SÉNAM, précité.
et blanche.

1608. — 30 m. 15 j. — Durham mancelle, M. CHERBONNEAU, précité.
rouanne.

1609. — 30 m. 15 j. — Durham-normande, MM. GRÉGOIRE et fils, précités..
rouanne.

1610. — 31 m. — Durham croisée, rouge et 'M. CAVEY, précité.
blanche.

1611. — 32 m. — Durham croisée, rouge et Le même.
blanche.

1612. — 34 m. — Durham-flamande, rouan- M. DEBAILLY, précité.
ne.

1613. — 36 m. — Durham-hollandaise, blan- MM. LAGÈZE et NOUVION, précités.
che et noire.

Animaux femelles de plus de 3 ans.

(1er prix, **500**f; 2e, **400**f; 3e, **300**f; 4e, **200**f; 5e, **150**f.)

1614. — 36 m. 10 j. — Durham croisée, M. PROUX, précité.
blanche et rouge.

1615. — 38 m. — Durham-bretonne, rouan- M. ABAFOUR (L.), précité.
ne.

1616. — 42 m. — Durham-mancelle, rouge. Mme CAIL, précitée.

1617. — 42 m. — Durham croisée, rouge. .   M. CAREL, précité.
1618. — 42 m. — Durham-mancelle, rouge.'   M. CHERBONNEAU, précité.
1619. — 42 m. — Durham-mancelle, rouge.   Le même.
1620. — 42 m. — Durham-lorraine, rouge.   M. LAMY, précité.
1621. — 43 m. — Durham-charolaise rouge.   M. MATIVON, précité.
1622. — 44 m. — Durham-schwitz, noire   M. BROQUET, précité.
et blanche.
1623. — 45 m. — Durham-flamande, rouan-   M. DEBAILLY, précité.
ne.
1624. — 4 ans 1 m. — Durham-charolaise,   M. le comte DE MASSOL, précité.
rouanne.
1625. — 4 ans 2 m. — Durham croisée, rou-   M. le comte DE LESPINATS, précité.
ge.
1626. — 4 ans 2 m. — Durham croisée, rou-   M. THORAL (C.), précité.
ge et blanche.
1627. — 4 ans 9 m. — Durham - mancelle,   M. PARAGE, à Chazé (Maine-et-Loire).
rouge et blanche.
1628. — 4 ans 11 m. — Durham croisée,   M. CAVEY, précité.
rouge et blanche.
1629. — 5 ans. — Durham - hollandaise,   MM. LAGÈZE et NOUVION, précités.
noire.
1630. — 5 ans 1 m. — Durham - flamande,   M. PAILLART, précité.
rouge.
1631. — 5 ans 6 m. — Durham-normande,   MM. GRÉGOIRE et fils, précités.
rouge et blanche.
1632. — 5 ans 6 m. — Durham-hollandaise,   M. LAMY, précité.
rouanne.
1633. — 5 ans 10 m. — Durham-mancelle,   M. PARAGE, précité.
rouanne.
1634. — 5 ans 11 m. — Durham-mancelle,   M. DAUDIER, précité.
rouge et blanche.
1635. — 6 ans. — Durham-normande, blan-   M. ANGELIN (T.), précité.
che et rouge.
1636. — 6 ans 4 m. — Durham-normande,   M. DELAGARDE, précité.
rouge.
1637. — 6 ans 4 m. — Durham-normande,   MM. GRÉGOIRE et fils, précités.
blanche.
1638. — 8 ans 5 m. — Durham-normande,   M. DE LA VILLE, précité.
bringée.

23ᵉ CATÉGORIE.

CROISEMENTS DIVERS.

Animaux mâles de 1 à 2 ans.

(1ᵉʳ prix, **500ᶠ**; 2ᵉ, **400ᶠ**; 3ᵉ, **300ᶠ**.)

1639. — 12 m. — Limousin-garonnais, fro-   M. MARTIAL, précité.
ment.
1640. — 13 m. — Flamand croisé, rouge et   M. STEVENOOT, (Louis), précité.
blanc.
1641. — 13 m. — Hollandais-breton, noir   Mᵐᵉ Vᵉ VANHOVE, précitée.
et blanc.
1642. — 14 m. — Ayr-durham, rouge et   M. CAILL, précité.
blanc.
1643. — 14 m. — Manceau-cotentin, rouge   M. CHERBONNEAU, précité.
et blanc.

1644. — 18 m. — Nivernais-bourguignon,   M. Lacour, précité.
rouge et blanc.
1645. — 24 m. — Flamand-picard, rouge..   Mme V° Vanhove, précitée.

Animaux mâles de 2 à 3 ans.

(1er prix, **500**^f; 2°, **400**^f; 3°, **300**°.)

1646. — 24 m. 8 j. — Limousin-parthenais,   M. Martial, précité.
froment.
1647. — 24 m. 15 j. — Garonnais-limousin,   M. Francez, précité.
rouge.
1648.   25 m. — Hollandais-meusien, noir   M. Broquet, précité.
et blanc.
1649. — 25 m. — Croisé, froment.......   Mme de Leffe, précitée.
1650. — 28 m. 15 j. — Tarentais-aubrac,   M. Couderchet, précité.
froment.
1651. — 29 m. — Croisé, rouge.........   M. Declemy-Boulanger, précité.
1652. — 35 m. — Hollandais-croisé, blanc   M. Coussolle, précité.
et noir.

Animaux femelles de 1 à 2 ans.

(1er prix, **200**^f; 2°, **150**^f; 3°, **100**^f.)

1653. — 12 m. — Garonnaise-limousine.   M. Francez, précité.
froment.
1654. — 12 m. — Nivernaise-bourguignonne,   M. Lacour, précité.
rouge et blanche.
1655. — 14 m. — Hollandaise croisée, blan-   M. Coussolle, précité.
che et noire.
1656. — 17 m. — Garonnaise-limousine,   M. Mailhard de la Couture, précité.
froment.
1657. — 18 m. — Suisse-durham, blanche.   M. Langlade, précité.
1658. — 18 m. — Flamande-hollandaise,   Mme V° Vanhove, précitée.
rouge et blanche.
1659. — 21 m. — Normande-durham, blan-   M. de la Ville, précité.
che.   .
1660. — 22 m. — Belge-hollandaise, noire   M. Plaisant, précité.
et blanche.
1661. — 22 m.   Flamande croisée, rouge   M. Stevenoot (L.), précité.
et blanche.
1662. — 24 m. — Ayr-bretonne, rouge et   M. Hurlin, précité.
blanche.

Animaux femelles de 2 à 3 ans.

(1er prix, **300**^f; 2°, **250**^f; 3°, **200**^f.),

1663. — 24 m. 5 j. — Mancelle-durham-   M. Cherbonneau, précité.
bretonne, blanche.
1664. — 25 m. — Croisée, rouge et blanche.   M. Laparra (P.), précité.
1665. — 25 m. — Croisée, rouge et blanche.   M. Sénam, précité.
1666. — 26 m. — Croisée, grise........   M. Hurlin, précité.
1667. — 27 m. — Normande-durham, rouge   M. Ancelin (O.), précité.
et blanche.
1668. — 30 m. — Hollandaise-meusienne,   M. Broquet, précité.
noire et blanche.

1669. — 3o m. — Hollandaise - normande, M. Famin, précité.
blanche et noire.
1670. — 3ı m. — Hollandaise croisée, blan- M. Coussolle, précité.
che et noire.
1671. — 35 m. — Hollandaise - normande, M. Ancelin (T.), précité.
blanche et noire.

Animaux femelles de plus de 3 ans.

(1er prix, **400f**; 2e, **300f**; 3e, **250f**.)

1672. — 4ı m. — Mont-d'Or-salers, rouge M. Damprun, précité.
et blanche.
1673. — 4a m. — Normande croisée, rouanne. M. Lamy, précité.
1674. — 45 m., — Limousine - normande, M. Camus, précité.
rouge.
1675. — 46 m. — Nivernaise-bourguignonne, M. Lacour, précité.
rouge et blanche.
1676. — 48 m. — Tarentaise-schwitz, grise. M. Alleman (F.), précité.
1677. — 48 m. — Salers-limousine, froment. M. Francez, précité.
1678. — 4 ans 1 m. — Cotentine - durham, M. de la Ville, précité.
bringée.
1679. — 4 ans a m. — Limousine-durham, M. le comte de Lespinats, précité.
rouge.
1680. — 4 ans 6 m. — Normande-nantaise, M. Auvray, précité.
bringée.
1681. — 4 ans 11 m. — Hollandaise croisée, M. Coussolle, précité.
noire.
1682. — 4 ans 11 m. — Cotentine-durham, M. de la Ville, précité.
noire.
1683. — 5 ans. — Croisée.............. M. Hurlin, précité.
1684. — 5 ans 6 m. — Tarentaise - aoste, M. Miédan, précité.
rouge.
1685. — 6 ans 4 m. — Normande-durham, M. Ancelin (O.), précité.
rouge et blanche.

24e CATÉGORIE.
RACES ALGÉRIENNES.

1686. — 15 m. — Taureau arabe........ M. Samson, à Constantine.
1687. — 3 ans. — Taureau arabe........ Le même.
1688. — 15 m. — Génisse arabe......... Le même.
1689. — 15 m. — Génisse arabe......... Le même.
1690. — 7 ans. — Vache arabe.......... Le même.
1691. — 9 ans. — Vache arabe........... Le même.
1692. — Taureau croisé............... Le même.
1693. — Taureau croisé............... Le même.
1694. — Taureau croisé............... Le même.
1695. — Génisse croisée .... Le même.
1696. — Génisse croisée .... Le même.
1697. — Génisse croisée .... Le même.
1698. — Vache croisée................ Le même.
1699. — Vache croisée................ Le même.
1700. — Vache croisée................ Le même.

ESPÈCE OVINE[1].

1re DIVISION.

ANIMAUX MÂLES ET FEMELLES DE RACES ÉTRANGÈRES,
NÉS ET ÉLEVÉS À L'ÉTRANGER, AMENÉS OU IMPORTÉS EN FRANCE
ET APPARTENANT SOIT À DES ÉTRANGERS, SOIT À DES FRANÇAIS.

1re CATÉGORIE.

RACE MÉRINOS.

Animaux mâles de 18 mois au plus.

(1er prix, **500**ᶠ; 2ᵉ, **400**ᶠ; 3ᵉ, **300**ᶠ; 4ᵉ, **200**ᶠ).

1. — Mérinos...................... M. Cappelli (J.-B.), à San Demetrio (Italie).
2. — Mérinos...................... Le même.

Animaux femelles de 18 mois au plus (lots de 3 brebis).

(1er prix, **400**ᶠ; 2ᵉ, **350**ᶠ; 3ᵉ, **300**ᶠ; 4ᵉ, **250**ᶠ).

3. — Mérinos...................... M. Cappelli (J.-B.), précité.

Animaux mâles de plus de 18 mois.

(1er prix, **500**ᶠ; 2ᵉ, **350**ᶠ; 3ᵉ, **300**ᶠ; 4ᵉ, **200**ᶠ).

4. — 30 m. — Mérinos............... M. Angeloni (S.), à Roccaraso (Italie).
5. — 41 m. 12 j. — Mérinos........... MM. Cappelli (C. et A.), à Naples (Italie).
6. — 41 m. 12 j. — Mérinos........... Les mêmes.
7. — 4 ans 6 m. — Mérinos .... M. Angeloni (S.), précité.
8. — ..... — Mérinos................ M. Cappelli (J.-B.), précité.
9. — ..... — Mérinos................ Le même.
10. — ..... — Mérinos............... M. Piscini, à Cornato-Tarquinia (Italie).
11. — ..... — Mérinos............... Le même.

Animaux femelles de plus de 18 mois (lots de 3 brebis).

(1er prix, **400**ᶠ; 2ᵉ, **350**ᶠ; 3ᵉ, **300**ᶠ; 5ᵉ, **250**ᶠ).

12. — 41 m. 12 j .... MM. Cappelli (C. et A.), précités.
13. — ..... — Mérinos............... M. Cappelli (J.-B.), précité.

2ᵉ CATÉGORIE.

RACE SOUTHDOWN.

Animaux mâles de 18 mois au plus.

(1er prix, **500**ᶠ; 2ᵉ, **400**ᶠ; 3ᵉ, **300**ᶠ; 4ᵉ, **200**ᶠ).

14. — 14 m........................ MM. Crosweller et Coleman, à Storring-
                                    ton, Sussex (Angleterre).

<hr>

[1] L'âge des animaux est calculé au 1er mai 1878.

15. — 14 m........................ MM. Crosweller et Coleman, précités.
16. — 14 m........................ MM. Crosweller et Coleman, précités.
17. — 14 m. 14 j................... M. Colman (J.-J.), à Norwich, Norfolk (Angleterre).
18. — 14 m........................ Lord Walshingham, à Merton Hall, Thetford, Norfolk (Angleterre).
19. — 14 m........................ Lord Walsingham, précité.
20. — 14 m........................ Lord Walsingham, précité.
21. — 14 m........................ Lord Walsingham, précité.
22. — 14 m. 14 j................... M. Colman (J.-J.), précité.
23. — 14 m. 14 j................... M. Gorringe (H.), à Shoreham Sussex (Angleterre).
24. — 14 m. 14 j................... M. Gorringe (H.), précité.
25. — 14 m. 14 j................... MM. Heasman, à Angmering, par Arundel, Sussex (Angleterre).
26. — 15 m........................ S. A. R. Mgr le Prince de Galles.
27. — 15 m........................ S. A. R. Mgr le Prince de Galles.

Animaux femelles de 18 mois au plus (lots de 3 brebis).

(1er prix, 400f; 2e, 350f; 3e, 300f; 4e, 250f).

28. — 14 m........................ MM. Crosweller et Coleman, précités.
29. — 14 m........................ Lord Walsingham, précité.
30. — 14 m. 14 j................... M. Colman (J.-J.), précité.
31. — 14 m. 14 j................... MM. Heasman, précités.
32. — 15 m........................ S. A. R. Mgr le Prince de Galles.
33. — .... M. Gorringe (H.), précité.

Animaux mâles de plus de 18 mois.

(1er prix, 500f; 2e, 400f; 3e, 300f; 4e, 200f.)

34. — 26 m........................ MM. Crosweller et Coleman, précités.
35. — 26 m........................ Les mêmes.
36. — 26 m........................ Les mêmes.
37. — 26 m........................ M. Nouette-Delorme, à Ouzouer-le-Champs (Loiret).
38. — 26 m........................ Lord Walsingham, précité.
39. — 26 m........................ Le même.
40. — 26 m. 14 j................... M. Colman (J.-J.), précité.
41. — 26 m. 14 j................... M. Gorringe (H.), précité.
42. — 26 m. 14 j................... Le même.
43. — 26 m. 14 j................... MM. Heasman, précités.
44. — 27 m........................ S. A. R. Mgr le Prince de Galles.
45. — 38 m........................ Lord Walsingham, précité.
46. — 4 a. 3 m.................... S. A. R. Mgr le Prince de Galles.

Animaux femelles de plus de 18 mois (lots de 3 brebis).

(1er prix, 400f; 2e, 350f; 3e, 300f; 4e, 250f.)

47. — 26 m........................ MM. Crosweller et Coleman, précités.
48. — 38 m........................ Lord Walsingham, précité.
49. — 39 m........................ S. A. R. Mgr le Prince de Galles.
50. — 39 m........................ S. A. R. Mgr le Prince de Galles.
51. — 4 à 6 ans.................. M. Colman (J.-J.), précité.
52. — .... M. Gorringe (H.), précité.

3ᵉ CATEGORIE.

RACES SHROPSHIRE, OXFORDSHIRE-DOWN,

HAMPSHIRE-DOWN ET ANALOGUES.

Animaux mâles de 18 mois au plus.

(1ᵉʳ prix, 500ᶠ; 2ᵉ, 400ᶠ.)

53. — 14 m. — Oxfordshire-down....... M. TIBERGHIEN (P.), à Manage, province de Hainaut (Belgique).

54. — 14 m. 4 j. — Oxfordshire-down.... M. ADAMS (G.), à Faringdon Berkshire (Angleterre).

55. — 14 m. 14 j. — Oxfordshire-down ... M. TREADWELL (J.), à Upper Winchtendon, Aylesbury (Angleterre).

56. — 15 m. — Dorset-down........... M. HOMER (G.-W.), à Atehlhampton, par Dorchester, Dorsetshire (Angleterre).

57. — 15 m. — Oxfordshire-down....... M. HOWARD (C.), à Biddenham, par Bedford (Angleterre).

58. — 15 m. — Oxfordshire-down....... Le même.

59. — 15 m. — Hampshire............ M. RUSSELL (R.), à Horton Court Lodge, Dartford, Kent (Angleterre).

60. — 15 m. — Hampshire............ Le même.

61. — 15 m. — Oxfordshire-down....... M. STREET (F.), à St. Ives Huntingdonshire (Angleterre).

62. — 15 m. — Oxfordshire-down....... Le même.

63. — 15 m. — Oxfordshire down....... Le même.

64. — 15 m. — Oxfordshire down....... M. STREET (G.), à Maulden Ampthill, Bedfordshire (Angleterre).

65. — 15 m. — Oxfordshire-down....... Le même.

66. — 15 m. — Oxfordshire-down....... Le même.

67. — 15 m. — Oxfordshire-down....... M. TREADWELL (J.), précité.

Animaux femelles de 18 mois au plus (lots de 3 brebis).

(1ᵉʳ prix, 400ᶠ; 2ᵉ, 350ᶠ.)

68. — 14 m. — Oxfordshire-down....... M. TIBERGHIEN (P.), précité.

69. — 14 m. 5 j. — Oxfordshire-down.... M. ADAMS (G.), précité.

70. — 14 m. 14 j. — Oxfordshire-down.... M. TREADWELL (J.), précité.

71. — 15 m. — Dorset-down........... M. HORNER (G.-W.), précité.

72. — 15 m. — Oxfordshire-down....... M. HOWARD (C.), précité.

73. — 15 m. — Hampshire............ M. RUSSELL (R.), précité.

74. — 15 m. — Hampshire............ Le même.

75. — 15 m. — Oxfordshire-down....... M. STREET (F.), précité.

76. — 15 m. — Oxfordshire-down....... M. STREET (G.), précité.

77. — 15 m. — Oxfordshire-down....... Le même.

Animaux mâles de plus de 18 mois.

(1ᵉʳ prix, 500ᶠ; 2ᵉ, 400ᶠ.)

78. — 26 m. 6 j. — Oxfordshire-down.... M. ADAMS (G.), précité.

79. — 26 m. 14 j. — Oxfordshire-down.... M. TREADWELL, précité.

80. — 27 m. — Dorset-down........... M. HORNER (G.-W.), précité.

81. — 27 m. — Oxfordshire-down....... M. HOWARD (C.), précité.

82. — 27 m. — Oxfordshire-down....... M. STREET (F.), précité.

83. — 27 m. — Oxfordshire-down....... M. STREET (G.), précité.

84. — 31 m. — Oxfordshire-down........ M. TIBERGHIEN (P.), précité.
85. — 39 m. — Oxfordshire-down........ M. STREET (F.), précité.

Animaux femelles de plus de 18 mois (lots de 3 brebis).

(1er prix, **400f**; 2e, **350f**.)

86. — 26 m. 14 j. — Oxfordshire-down ... M. ADAMS (G.), précité.
87. — 27 m. — Dorset-down .... M. HORNER (G.-W.), précité.
88. — 28 m. — Oxfordshire-down .... M. TIBERGHIEN (P.), précité.
89. — ..... — Oxfordshire-down........ M. HOWARD (C.), précité.
90. — ..... — Oxfordshire-down........ M. STREET (F.), precité.
91. — ..... — Oxfordshire-down........ M. STREET (G.), précité.
92. — ..... — Oxfordshire-down........ Le même.
93. — ..... — Oxfordshire-down........ M. TREADWELL (J.); précité.

4e CATÉGORIE.

RACES LEICESTER, ROMNEY, LINCOLN ET ANALOGUES.

Animaux mâles de 18 mois au plus.

(1er prix, **500f**; 2e, **400f**; 3e, **300f**; 4e, **200f**.)

94. — 12 m. — Leicester............. M. VAN LOO (C.), à Gand, Flandre orientale (Belgique).
95. — 13 m. 7 j. — Leicester .... MM. GREEN et Son, à Silsden, Leeds (Angleterre).
96. — 13 m. 12 j. — Leicester .... M. TURNER junior (G.). à Thorpelands, Northamptonshire (Angleterre).
97. — 13 m. 12 j. — Leicester .... Le même.
98. — 13 m. 12 j. — Leicester .... Le même.
99. — 13 m. 14 j. — Lincoln.......... MM. DUDDING, à Wragby, Lincolnshire (Angleterre).
100. — 13 m. 14 j. — Lincoln.......... Les mêmes.
101. — 13 m. 14 j. — Lincoln.......... Les mêmes.
102. — 13 m. 14 j. — Leicester .... M. TURNER (G.), à Great Barle, par Tiverton, Devonshire (Angleterre).
103. — 13 m. 14 j. — Leicester .... Le même.
104. — 13 m. 14 j. — Leicester .... Le même.
105. — 13 m. 21 j .... M. HANNAN (B.). à Riverstown, Killucan (Irlande).
106. — 14 m. — Leicester............. M. CRESWELL (R.-W.), à Ravenstone Ashby de la Zouch (Angleterre).
107. — 14 m. Lincoln .... M. GUNNELL (T.), à Milton, Cambridgeshire (Angleterre).
108. — 14 m. — Improved kents......... M. RUSSELL (R.), précité.
109. — 14 m. — Improved kents......... Le même.
110. — 14 m. — Improved kents......... Le même.
111. — 14 m. — Improved kents......... Le même.
112. — 14 m. — Improved kents......... Le même.
113. — 14 m. — Lincoln.............. M. SELL (C.), à Bassingbourne Royeton Cambridgeshire (Angleterre).
114. — 15 m. — Lincoln.............. M. PEARS (J.)) à Mere, Lincoln (Angleterre).
115. — 15 m. — Lincoln....:......... Le même.
116. — 17 m. — Dishley.............. M. NOBLET, à Château-Renard (Loiret)
117. — ..... Lincoln................. M. CATLING (R.), à Wisbeach, Cambridgeshire (Angleterre).

Animaux femelles de 18 mois au plus (lots de 3 brebis).

(1ᵉʳ prix, **400ᶠ**; 2ᵉ, **350ᶠ**; 3ᵉ, **300ᶠ**; 4ᵉ, **250ᶠ**.)

118. — 12 m. — Leicester...............	M. Van Loo (C.), précité.
119. — 13 m. — Leicester...............	MM. Green et Son, précités.
120. — 13 m. 12 j. — Leicester..........	M. Turner junior (G.), précité.
121. — 13 m. 14 j. — Lincoln..........	MM. Dudding, précités.
122. — 13 m. 14 j. — Lincoln...........	Les mêmes.
123. — 13 m. 20 j. —	M. Hannan (B.), précité.
124. — 14 m. — Leicester...............	M. Creswell (R.-W.), précité.
125. — 14 m. — Lincoln...............	M. Gunnell (T.), précité.
126. — 14 m. — Lincoln...............	M. Sell (C.), précité.
127. — 15 m. — Lincoln...............	M. Pears (J.), précité.
128. — 17 m. — Dishley...............	M. Noblet, précité.
129. — ..... — Lincoln...............	M. Catling (R.), précité.
130. — ..... — Lincoln...............	Le même.

Animaux mâles de plus de 18 mois.

(1ᵉʳ prix, **500ᶠ**; 2ᵉ, **400ᶠ**; 3ᵉ, **300ᶠ**; 4ᵉ, **200ᶠ**.)

131. — 24 m. — Leicester...............	M. Van Loo (C.), précité.
132. — 25 m. 12 j. — Leicester..........	M. Turner junior (G.), précité.
133. — 25 m. 14 j. — Lincoln..........	MM. Dudding, précités.
134. — 25 m. 14 j. — Lincoln..........	Les mêmes.
135. — 25 m. 14 j. — Lincoln..........	Les mêmes.
136. — 25 m. 20 j. —	M. Hannan (B.), précité.
137. — 26 m. — Leicester...............	M. Creswell (R.-W.), précité.
138. — 26 m. — Lincoln...............	M. Gunnell (T.), précité.
139. — 26 m. — Lincoln...............	M. Sell (C.), précité.
140. — 29 m. — Dishley...............	M. Noblet, précité.
141. — 37 m. — Leicester...............	MM. Green et Son, précités.
142. — 37 m. 12 j. — Leicester..........	M. Turner junior (G.), précité.
143. — 37 m. 14 j. — Leicester..........	M. Turner (G.), précité.
144. — ..... — Lincoln...............	M. Catling (R.), précité.
145. — ..... — Lincoln...............	M. Pears (J.), précité.

Animaux femelles de plus de 18 mois (lots de 3 brebis).

(1ᵉʳ prix, **400ᶠ**; 2ᵉ, **350ᶠ**; 3ᵉ, **300ᶠ**; 4ᵉ, **250ᶠ**.)

146. — 24 m. — Leicester...............	M. Van Loo (C.), précité.
147. — 25 m. 12 j. — Leicester..........	M. Turner junior (G.), précité.
148. — 25 m. 14 j. — Lincoln..........	MM. Dudding, précités.
149. — 26 m. — Leicester...............	M. Creswell (R.-W), précité.
150. — 29 m. — Dishley...............	M. Noblet, précité.
151. — 37 m. — Leicester...............	MM. Green et Son, précités.
152. — 37 m. 16 j. — Leicester..........	M. Turner (G.), précité.
153. — 38 m. — Lincoln...............	M. Sell (C.), précité.
154. — ..... — Lincoln...............	M. Catling (R.), précité.
155. — ..... — Lincoln...............	M. Gunnell (T.), précité.
156. — ..... — Lincoln...............	M. Pears (J.), précité.
157. — ..... — Leicester...............	M. Turner junior (G.), précité.

5° CATÉGORIE.

RACES COTSWOLD ET ANALOGUES.

Animaux mâles de 18 mois au plus.

(1er prix, **500^f**; 2°, **400^f**; 3°, **300^f**.)

158. — 13 m. 19 j. — .... M. Hannan (B.), précité.
159. — 15 m. — Cotswold............. M. Russell Swanwick, à Cirencester, Gloucestershire (Angleterre).
160. — 15 m. — Cotswold............. Le même.
161. — 15 m. — Cotswold............. Le même.
162. — 15 m. 14 j. — Cotswold......... M. Gillett (J.), à Charlbury, Oxfordshire (Angleterre).
163. — 15 m. 14 j. — Cotswold......... Le même.
164. — 15 m. 14 j. — Cotswold......... Le même.

Animaux femelles de 18 mois au plus (lots de 3 brebis).

(1er prix, **400^f**; 2°, **350^f**; 3°, **300^f**.)

165. — 13 m. 20 j. — .... M. Hannan (B.), précité.
166. — 15 m. — Cotswold............. M. Russell Swanwick, précité.
167. — 15 m. — Cotswold............. Le même.
168. — 15 m. 14 j. — Cotswold......... M. Gillett (J.), précité.
169. — 15 m. 14 j. — Cotswold......... Le même.

Animaux mâles de plus de 18 mois.

(1er prix, **500^f**; 2°, **400^f**; 3°, **300^f**.)

170. — 25 m. 21 j. — .... M. Hannan (B.), précité.
171. — 27 m. — Cotswold............. M. Gillett (J.), précité.
172. — 27 m. — Cotswold............. M. Russell Swanwick, précité.
173. — 39 m. — Cotswold............. Le même.
174. — 39 m. — Cotswold............. Le même.

Animaux femelles de plus de 18 mois (lots de 3 brebis).

(1er prix, **400^f**; 2°, **350^f**; 3°, **300^f**.)

175. — 25 m. 19 j................... M. Hannan (B.), précité.
176. — 27 m. — Cotswold............. M. Gillett (J.), précité.
177. — 27 m. — Cotswold............. M. Russel Swanwick, précité.
178. — ..... — Cotswold............. M. Gillett (J.), précité.

6° CATÉGORIE.

RACE CHÉVIOT.

Animaux mâles de 18 mois au plus.

(1er prix, **400^f**; 2°, **300^f**.)

179. — 12 m. 20 j................... M. Hunter (W.), à Craighead, Abington Lanarkshire (Écosse).
180. — 13 m....................... M. Robson (J.), à Birness-Otterburn, Northumberland (Angleterre).
181. — 13 m....................... M. Robson (J.), précité.

Animaux femelles de 18 mois au plus (lots de 3 brebis).

(1ᵉʳ prix, **300ᶠ**; 2ᵉ, **200ᶠ**.)

182. — 12 m. 6 j...................... M. Hunter (W.), précité.
183. — 13 m......................... M. Robson (J.), précité.

Animaux mâles de plus de 18 mois.

(1ᵉʳ prix, **400ᶠ**; 2ᵉ, **300ᶠ**.)

184. — 23 m. 10 j.................... M. Hunter (W.), précité.
185. — 37 m......................... M. Robson (J.), précité,
186. — 4 ans 1 m.................... Le même.

Animaux femelles de plus de 18 mois (lots de 3 brebis).

(1ᵉʳ prix, **300ᶠ**; 2ᵉ, **200ᶠ**.)

187. — 24 m. 10 j.................... M. Hunter (W.), précité.
188. — 4 ans 1 m.................... M. Robson (J.), précité.

7ᵉ CATÉGORIE.
RACE BLACKFACED.

Mâles.

(1ᵉʳ prix, **400ᶠ**; 2ᵉ, **300ᶠ**.)

189. — 12 m........................... M. Duncan (J.), à Benmore Kilmun, Argyle-
shire (Angleterre).
190. — 12 m. 18 j.................... M. Beattie (W.), à Crocknacunnie Pettige
(Irlande).
191. — 36 m. 15 j.................... Le même.
192. — 37 m......................... M. Duncan (J.), précité.
193. — 37 m......................... Le même.
194. — 37 m......................... Le même.
195. — 4 ans 15 j.................... M. Beattie (W.), précité.

Femelles (lots de 3 brebis).

(1ᵉʳ prix, **300ᶠ**; 2ᵉ, **200ᶠ**.)

196. — 12 m. 20 j.................... M. Beattie (W.), précité.
197. — 13 m......................... M. Duncan (J.), précité.
198. — 36 m......................... Le même.
199. — 36 m. 14 j.................... M. Beattie (W.), précité.
200. — 36 m. 16 j.................... Le même.

8ᵉ CATÉGORIE.

RACES DES PLAINES BASSES ET DES POLDERS (TEXEL, FRISE, MARSH, HOLSTEIN, SCHLESWIG, ETC.)

Mâles.

(1ᵉʳ prix, **400ᶠ**; 2ᵉ, **350ᶠ**; 3ᵉ, **300ᶠ**; 4ᵉ, **250ᶠ**.)

201. — 12 m. — Texel.............. M. de Goède (A.), à Purmerende (Hollande).

202. — 12 m. — Texel................ M. de Goëde (A.), précité.
203. — 24 m. — Texel................ M. Hulleman, à Furisk (Hollande).
204. — 26 m. — Des Polders à laine longue. M. Lefebvre-Lamblin (A.), à Taintignies, province de Hainaut (Belgique).
205. — 37 m. 7 j. — Texel............ M. Rezelman, à Winkel (Hollande).

Femelles (lots de 3 brebis).

(1er prix, 300f; 2e, 250f; 3e, 200f; 4e, 150f.)

206. — 12 m. — Texel................ M. de Goëde (A.), précité.
207. — 24 m. — Texel................ Le même.
208. — 24 m. — Texel................ M. Hulleman, précité.
209. — 27 m. — Texel................ M. Waldeck, à Loosduinen (Hollande).
210. — 30 m. — Des Polders, à laine longue. M. Lefebvre-Lamblin (A.), précité.
211. — 5 ans 1 m. — Texel............ M. Akkermann, à Alkmaar (Hollande).
212. — 5 ans 1 m. — Texel............ M. Rezelman, précité.
213. — 5 ans 1 m. — Texel............ M. Visser (G.-Vas.), à Doorn (Hollande).

9e CATÉGORIE.
RACES DES PAYS DE LANDES OU DE BRUYÈRES.

Mâles.

(1er prix, 300f; 2e, 250f; 3e, 200f.)

214. — 13 m. — Roscommon.......... M. Taaffe, à Foxborough Tulsk, Roscommon (Irlande).
215. — 13 m. — Roscommon.......... Le même.
216. — 25 m. — Ardennaise des Bruyères.. *M. Jeanjean-Lorin, à Carignan (Ardennes).
217. — 26 m. — Roscommon.......... M. Taaffe, précité.
218. — 36 m. — Zakkel.............. M. le baron Romasznan, à Romasznan, Galicie (Autriche).
219. — 37 m. — Roscommon.......... M. Taaffe, précité.

Femelles (lots de 3 brebis).

(1er prix, 250f; 2e, 200f; 3e, 150f.)

220. — 24 m. — Zakkel.............. M. le baron Romasznan, précité.
221. — 24 m. 15 j. — Ardennaises des bruyères. M. Jeanjean-Lorin, précité.
222. — 12 m. — Roscommon.......... M. Taaffe, précité.
222 *bis.* — 25 m. — Roscommon........ Le même.
222 *ter.* — 36 m. — Roscommon........ Le même.

10e CATÉGORIE.
RACES DES PAYS DE MONTAGNES ET DE CÔTEAUX NON COMPRISES DANS LES CATÉGORIES CI-DESSUS.

Mâles.

(1er prix, 300f; 2e, 250f; 3e, 200f.)

223. — 14 m. — Exmoor............. Mme Langdon (M.), à Flitton Barton, North-Molton, Devonshire (Angleterre).
224. — 14 m................ M. Tiberghien (P.), précité.
224 *bis.* — 15 m. 15 j............... M. Isaac Walis, à Wistley Farm, Devizes (Angleterre).
224 *ter.* — 16 m.................... Le même.

225. — 18 m. — Tarantais . . . . M. MINORET, à Bourg-Saint-Maurice (Savoie).
226. — 24 m. — Bergamasca . . . . COMICE AGRICOLE DE REGGIO D'EMILIA (Italie).
227. — 25 m. — Catalan . . . . M. le baron DE BARDIES, à Oust (Ariége).
228. — 25 m. — Mountain . . . . MM. GREEN et Son, précités.
229. — 26 m. — Exmoor . . . . Mme LANGDON (M.), précitée.
230. — 26 m. — Exmoor . . . . La même.
231. — 27 m . . . . M. TIBERGHIEN (P.), précité.
232. — 38 m. — Vallée de la Noguera . . . . M. DE BARDIES (Louis), à Saint-Girons (Ariége).
233. — 3 à 4 ans. — Exmoor . . . . Mme LANGDON (M.), précitée.

Femelles (lots de 3 brebis).

(1er prix, **250f**; 2e, **200f**; 3e, **150f**.)

234. — 14 m . . . . M. TIBERGHIEN (P.), précité.
235. — 27 m . . . . Le même.
236. — 36 m. — Ardennaises . . . . M. FONTAINE (A.), à Baisy-Thy, province de Brabant (Belgique).
237. — 24 m. — Bergamasca . . . . COMICE AGRICOLE DE REGGIO D'EMILIA, précité.
238. — 24 à 27 m. — Tarantaises . . . . M. MINORET, précité.
239. — 37 m. — Mountain . . . . MM. GREEN et Son, précités.
240. — 38 m. — Catalanes . . . . M. le baron DE BARDIES, précité.
241. — 40 m. — Vallée de la Noguera. . . . . M. DE BARDIES (Louis), précité.
242. — 3 à 4 ans. — Exmoor . . . . Mme LANGDON (M.), précitée.

2e DIVISION.

ANIMAUX MÂLES ET FEMELLES DE RACES SOIT ÉTRANGÈRES,
SOIT FRANÇAISES, NÉS ET ÉLEVÉS EN FRANCE.

1re CATÉGORIE.

RACES MÉRINOS ET MÉTIS-MÉRINOS.

Animaux mâles de 18 mois au plus.

(1er prix, **500f**; 2e, **400f**; 3e, **350f**; 4e, **300f**; 5e, **250f**; 6e, **200f**; 7e, **150f**; 8e, **100f**.)

243. — 12 m. — Métis-mérinos . . . . M. BAJOL, à Carcassonne (Aude).
244. — 12 m. 8 j. — Métis-mérinos . . . . M. BATAILLE, à Passy-en-Valois (Aisne).
245. — 12 m. 8 j. — Métis-mérinos . . . . Le même.
246. — 13 m. — Métis-mérinos . . . . M. HUGARD, à Châtillon-sur-Seine (Côte-d'Or).
247. — 13 m. — Métis-mérinos . . . . M. JOLY, à Fontrailles (Hautes-Pyrénées).
248. — 13 m. — Mérinos . . . . M. VARIN D'ÉPENSIVAL, à Épense (Marne).
249. — 13 m. — Mérinos . . . . Le même.
250. — 13 m. — Merinos . . . . Le même.
251. — 13 m. — Mérinos . . . . Le même.
252. — 14 m. — Métis-mérinos . . . . M. BAILLEAU aîné, à Illiers (Eure-et-Loir).
253. — 14 m. — Métis-mérinos . . . . Le même.
254. — 14 m. — Métis-mérinos . . . . Le même.
255. — 14 m. — Métis-mérinos . . . . M. BAILLEAU-MOULIN, à Mottereau (Eure-et-Loir).

256. — 15 m. — Mérinos............... M. Camus, à Pontru (Aisne).
257. — 15 m. — Mérinos............'... M. Japiot-Cotton, à Châtillon-sur-Seine (Côte-d'Or).
258. — 15 m. — Mérinos............... Le même.
259. — 15 m. — Mérinos .... Le même.
260. — 15 m. — Mérinos .... Le même.
261. — 15 m. — Mérinos............... M. Lemoine-Bréard, à Maisey-le-Duc (Côte-d'Or).
262. — 15 m. — Métis-mérinos.......... M. Martenot (Charles), à Cruzy-le-Châtel (Yonne).
263. — 15 m. — Métis-mérinos.......... Le même.
264. — 15 m. — Mérinos .... M. Terrillon-Lemoine, à Châtillon-sur-Seine (Côte-d'Or).
265. — 15 m. — Mérinos .... M. Textoris, à Cheney (Yonne).
266. — 15 m. 2 j. — Mérinos........... M. Camus, précité.
267. — 15 m. 5 j. — Mérinos........... Le même.
268. — 15 m. 20 j. — Métis-mérinos..... M. Héau, à Férolles (Loiret).
269. — 16 m. — Mérinos .... M. Cordier, directeur de l'École pratique d'agriculture de Saint-Remy (Haute-Saône).
270. — 16 m. — Mérinos............... M. Guilleminot père, à Buncey (Côte-d'Or).
271. — 16 m. — Mérinos-mauchamp...... M. Graux, à Juvincourt (Aisne).
272. — 16 m. — Métis-mérinos.......... M. Millon, à Bissy (Savoie).
273. — 16 m. — Mérinos............... M. Noblet, à Château-Renard (Loiret).
274. — 16 m. — Mérinos .... Le même.
275. — 16 m. — Mérinos .... Le même.
276. — 16 m. — Métis-mérinos.......... M. Terrillon-Lemoine, précité.
277. — 16 m. 10 j. — Mérinos.......... M. Genin, à Avignon (Vaucluse).
278. — 16 m. 12 j. — Mérinos.......... M. Terrillon-Roy, à Châtillon-sur-Seine (Côte-d'Or).
279. — 17 m. 12 j. — Métis-mérinos ..... Le même.
280. — 16 m. 15 j. — Mérinos.......... M. Duclert, à Oulchy-le-Château (Aisne).
281. — 16 m. 20 j. — Métis-mérinos..... M. Héau, précité.
282. — 16 m. 24 j. — Métis-mérinos ..... Le même.
283. — 17 m. — Mérinos............... M. Chevalier (Edmond), à Braux-Sainte-Cohière (Marne).
284. — 17 m. — Mérinos............... Le même.
285. — 17 m. — Mérinos............... Le même.
286. — 17 m. — Mérinos .... M. Gilbert, à Crespières (Seine-et-Oise).
287. — 17 m. — Mérinos .... Le même.
288. — 17 m. — Métis-mérinos.......... M. Hellard, à Gouville (Eure).
289. — 17 m. — Mérinos .... M. Robois, à Bussy-Saint-Georges (Seine-et-Marne).
290. — 18 m. — Métis-mérinos.......... M. Conseil-Lamy, à Oulchy-le-Château (Aisne).
291. — 18 m. — Métis-mérinos.......... Le même.
292. — 18 m. — Métis-mérinos......... M. Gouache-Baret, à Ollé (Eure-et-Loir).
293. — 18 m. — Mérinos............... Mᵐᵉ Vᵉ Guérin-Manceau, à Challet (Eure-et-Loir).
294. — 18 m. — Métis-mérinos.......... M. Hellard, précité.
295. — 18 m. — Métis-mérinos.......... M. d'Hiérosme de Tourlaville, à Beaubray (Eure).
296. — 18 m. — Métis-mérinos......... Le même.
297. — 18 m. — Mérinos .... M. Huin, à Montron (Aisne).
298. — 18 m. — Métis-mérinos.......... M. Lefebvre-Poisson, à Artenay (Loiret).
299. — 18 m. — Métis-mérinos.......... Le même.
300. — 18 m. — Métis mérinos.......... Le même.
301. — 18 m. — Métis-mérinos.......... Le même.
302. — 18 m. — Métis-mérinos.......... M. Leroy, à l'Aigle (Orne).

303. — 18 m. — Métis-mérinos.......... M. Leroy, précité.
304. — 18 m. — Métis-mérinos.......... M. Michenon, à Andrezel (Seine-et-Marne).
305. — 18 m. — Mérinos............... M. Roger, à Charray (Eure-et-Loir).
306. — 18 m. — Mérinos............... Le même.
307. — 18 m. — Métis-mérinos.......... M. Sedillot, à Dammarie (Eure-et-Loir).
308. — 18 m. — Mérinos............... M. Thirouin, à Béville-le-Comte (Eure-et-Loir).
309. — 18 m. — Mérinos............... Le même.
310. — 18 m. — Mérinos............... M. Toulot, à Épieds (Aisne).

Animaux femelles de 18 mois au plus (lots de 3 brebis).

(1er prix, **500^f**; 2e, **400^f**; 3e, **350^f**; 4e, **300^f**; 5e, **250^f**; 6e, **200^f**;

7e, **150^f**; 8e, **100^f**.)

311. — 12 m. 8 j. — Métis-mérinos...... M. Bataille, précité.
312. — 13 m. — Métis-mérinos.......... M. Hugard, précité.
313. — 13 m. — Mérinos............... M. Varin d'Épensival, précité.
314. — 13 m. — Mérinos............... Le même.
315. — 14 m. — Métis-mérinos.......... M. Bailleau aîné, précité.
316. — 14 m. — Métis mérinos.......... M. Bailleau-Moulin, précité.
317. — 15 m. — Mérinos............... M. Japiot-Cotton, précité.
318. — 15 m. — Mérinos............... M. Lemoine-Bréard, précité.
319. — 15 m. — Métis-mérinos.......... M. Martenot (Charles), précité.
320. — 15 m. — Mérinos............... M. Textoris, précité.
321. — 16 m. — Métis-mérinos......... M. Bataille, précité.
322. — 16 m. — Mérinos............... M. Cordier, précité.
323. — 16 m. — Mérinos............... M. Génin, précité.
324. — 16 m. — Mérinos-mauchamp..... M. Graux, précité.
325. — 16 m. — Mérinos............... M. Guilleminot père, précité.
326. — 16 m. — Métis-mérinos.......... M. Terrillon-Roy, précité.
327. — 17 m. — Mérinos............... M. Gilbert, précité.
328. — 17 m. — Mérinos............... M. Robert, précité.
329. — 18 m. — Métis-mérinos.......... M. Conseil-Lamy, précité.
330. — 18 m. — Métis-mérinos.......... M. Gouache-Baret, précité.
331. — 18 m. — Mérinos............... Mme Ve Guérin-Manceau, précitée.
332. — 18 m. — Métis mérinos.......... M. Hellard, précité.
333. — 18 m. — Métis-mérinos.......... M. d'Hiérosme de Tourlaville, précité.
334. — 18 m. — Mérinos............... M. Hutin, précité.
335. — 18 m. — Métis-mérinos......... M. Lefebvre-Poisson, précité.
336. — 18 m. — Métis-mérinos......... M. Leroy, précité.
337. — 18 m. — Métis-mérinos.......... M. Michenon, précité.
338. — 18 m. — Métis-mérinos.......... M. Millon, précité.
339. — 18 m. — Mérinos............... M. Roger, précité.
340. — 18 m. — Métis-mérinos.......... M. Sedillot, précité.
341. — 18 m. — Métis-mérinos.......... Le même.
342. — 18 m. — Mérinos............... M. Thirouin, précité.

Animaux mâles de plus de 18 mois.

(1er prix, **500^f**; 2e, **400^f**; 3e, **350^f**; 4e, **300^f**; 5e, **250^f**; 6e, **200^f**; 7e, **150^f**; 8e, **100^f**.)

343. — 18 m. 10 j. — Mérinos.......... M. Duet, à Digne (Basses-Alpes).
344. — 18 m. 10 j. — Mérinos.......... Le même.
345. — 19 m. 15 j. — Métis-mérinos..... M. Bataille, précité.
346. — 19 m. 15 j. — Mérinos.......... M. Delizy, à Montemafroy (Aisne).
347. — 19 m. 15 j. — Mérinos.......... M. Duclert, précité.

348. — 19 m. 15 j. — Mérinos.......... M. Duclert, précité.
349. — 19 m. 20 j. — Metis-mérinos..... M. Hiacelin, à Loupeigne (Aisne).
350. — 20 m. — Metis-merinos.......... M. Hugard, précité.
351. — 20 m. — Metis-mérinos.......... M. Duet, précité.
352. — 20 m. — Metis-mérinos.......... Le même.
353. — 20 m. — Merinos............. M. Lemoine-Bréard, précité.
354. — 21 m. — Metis-merinos.......... M. Martenot (Charles), précité.
355. — 22 m. — Merinos............. M. Varin d'Épensival, précité.
356. — 23 m. — Metis-mérinos.......... M. Hellard, précité.
357. — 23 m. — Métis-mérinos.......... Le même.
358. — 23 m. — Merinos............. M. Hutin, précité.
359. — 24 m. — Metis-mérinos.......... M. Bailleau aîné, précité.
360. — 24 m. — Metis-merinos.......... Le même.
361. — 24 m. — Metis-mérinos.......... Le même.
362. — 24 m. — Métis-mérinos.......... Le même.
363. — 24 m. — Metis-mérinos.......... M. Bailleau-Moulin, précité.
364. — 24 m. — Metis-mérinos.......... Le même.
365. — 24 m. — Merinos............. M. Joly, précité.
366. — 24 m. — Metis-mérinos.......... M. Lefebvre-Poisson, précité.
367. — 24 m. — Metis-merinos.......... M. Millon, précité.
368. — 24 m. — Merinos............. M. Thirouin, précité.
369. — 24 m. — Merinos............. Le même.
370. — 27 m. — Merinos............. M. Japiot-Cotton, précité.
371. — 27 m. — Merinos............. Le même.
372. — 27 m. — Merinos............. M. Montenot-Beau, à Nesles (Côte-d'Or).
373. — 27 m. — Merinos............. Le même.
374. — 27 m. 10 j. — Merinos........ M. Camus, précité.
375. — 27 m. 12 j. — Merinos........ Le même.
376. — 27 m. 15 j. — Metis-mérinos..... M. Delcasse, à Lauraguel (Aude).
377. — 27 m. 15 j. — Metis-mérinos..... Le même.
378. — 28 m. — Métis-mérinos.......... M. Guilleminot père, précité.
379. — 28 m. — Merinos............. M. Montenot-Beau, précité.
380. — 28 m. — Merinos............. M. Noblet, précité.
381. — 28 m. — Metis-mérinos.......... M. Tempier, à Aimargues (Gard).
382. — 28 m. 6 j. — Merinos........... M. Noblet, précité.
383. — 28 m. 15 j. — Metis-mérinos..... M. Jeanjean-Lorin, à Carignan (Ardennes).
384. — 29 m. — Mérinos............. M. Gilbert, précité.
385. — 29 m. — Merinos............. Le même.
386. — 29 m. — Merinos............. Le même.
387. — 29 m. — Merinos............. Le même.
388. — 29 m. — Mérinos............. M. Robcis, précité.
389. — 29 m. — Merinos............. Le même.
390. — 29 m. — Merinos............. M. Varin d'Épensival, précité.
391. — 30 m. — Métis-mérinos.......... M. Conseil-Lamy, précité.
392. — 30 m. — Metis-mérinos.......... Le même.
393. — 30 m. — Merinos............. M. Génin, précité.
394. — 30 m. — Mérinos............. Mme Vᵉ Guérin-Manceau, précitée.
395. — 30 m. — Metis-mérinos.......... M. d'Hiérosme de Tourlaville, précité.
396. — 30 m. — Metis-mérinos.......... Le même.
397. — 30 m. — Mérinos............. M. Hutin, précité.
398. — 30 m. — Metis-mérinos.......... M. Lefebvre-Poisson, précité.
399. — 30 m. — Métis-mérinos.......... Le même.
400. — 30 m. — Métis-mérinos.......... Le même.
401. — 30 m. — Metis-mérinos.......... M. Leroy, précité.
402. — 30 m. — Métis-merinos.......... Le même.
403. — 30 m. — Mérinos............. M. Montenot-Beau, précité.
404. — 30 m. — Merinos............. M. Roger, précité.
405. — 30 m. — Mérinos............. Le même.

406. — 3o m. — Métis-mérinos............   M. Sedillot, précité.
407. — 3o m. — Mérinos...............   M. Thirouin, précité.
408. — 3o m. — Mérinos...............   Le même.
409. — 3o m. 15 j. — Métis-mérinos.....   M. Michenon, précité.
410. — 3o m. 15 j. — Metis-mérinos.....   M. Toulot, précité.
411. — 3o m. 25 j. — Métis-mérinos.....   M. Hincelin, précité.
412. — 31 m. — Mérinos.............   M. Duclert, précité.
413. — 31 m. — Mérinos.............   Le même.
414. — 31 m. — Metis-mérinos.........   M. Génin, précité.
415. — 31 m. 15 j. — Metis-mérinos.....   M. Bataille, précité.
416. — 31 m. 15 j. — Métis-mérinos.....   Le même.
417. — 31 m. 15 j. — Métis-mérinos.....   Le même.
418. — 31 m. 15 j. — Mérinos.........   M. Delizy, précité.
419. — 31 m. 15 j. — Mérinos.........   Le même.
420. — 32 m. — Mérinos.............   M. Chevalier (Edmond), précité.
421. — 32 m. — Mérinos.............   Le même.
422. — 33 m. — Métis-mérinos.........   M. Martenot (Charles), précité.
423. — 36 m. — Métis-mérinos.........   M. Bailleau aîné, précité.
424. — 36 m. — Métis-mérinos.........   Le même.
425. — 36 m. — Métis-mérinos.........   Le même.
426. — 36 m. — Metis-mérinos.........   Le même.
427. — 36 m. — Métis-mérinos.........   M. Bailleau-Moulin, précité.
428. — 36 m. — Métis-mérinos.........   Le même.
429. — 36 m. — Metis-mérinos.........   Le même.
430. — 36 m. — Métis-mérinos.........   Le même.
431. — 36 m. — Mérinos.............   M. Roger, précité.
432. — 36 m. — Mérinos.............   M. Textoris, précité.
433. — 39 m. — Merinos.............   M. Cordier, précité.
434. — 39 m. — Mérinos.............   M. Japiot-Cotton, précité.
435. — 39 m. — Mérinos.............   Le même.
436. — 39 m. 21 j. — Mérinos.........   M. Camus, précité.
437. — 4o m. — Mérinos.............   M. Génin, précité.
438. — 4o m. — Métis-mérinos.........   M. Terrillon-Lemoine, précité.
439. — 41 m. — Mérinos.............   M. Gilbert, précité.
440. — 42 m. — Métis-mérinos.........   M. Gouache-Baret, précité.
441. — 42 m. — Metis-mérinos.........   Le même.
442. — 43 m. 15 j. — Metis-mérinos.....   M. Bataille, précité.
443. — 4 ans. — Mérinos.............   Mme Vᵉ Guérin-Manceau, précitée.
444. — 4 ans 2 m. — Metis-mérinos......   M. Bajol, précité.
445. — 4 ans 2 m. — Mérinos.........   M. Duclert, précité.
446. — 4 ans 3 m. — Merinos.........   M. Japiot-Cotton, précité.
447. — 4 ans 5 m. — Mérinos.........   M. Gilbert, précité.

Animaux femelles de plus de 18 mois (lots de 3 brebis).

(1ᵉʳ prix, **500ᶠ**; 2ᵉ, **400ᶠ**; 3ᵉ, **350ᶠ**; 4ᵉ, **300ᶠ**; 5ᵉ, **250ᶠ**; 6ᵉ, **200ᶠ**; 7ᵉ, **150ᶠ**; 8ᵉ, **100ᶠ**.)

448. — 18 m. 10 j. — Merinos.........   M. Duet, précité.
449. — 18 m. 10 j. — Mérinos.........   Le même.
450. — 19 m. 15 j. — Métis-mérinos.....   M. Bataille, précité.
451. — 19 m. 15 j. — Merinos.........   M. Delizy, précité.
452. — 19 m. 15 j. — Merinos.........   M. Duclert, précité.
453. — 19 à 20 m. — Metis-mérinos.....   M. Hincelin, précité.
454. — 20 m. — Mérinos.............   M. Lemoine-Bréard, précité.
455. — 20 m. — Métis-mérinos.........   M. Michenon, précité.
456. — 20 m. 5 j. — Métis-mérinos.....   M. Duet, précité.
457. — 20 m. 5 j. — Métis-mérinos.....   Le même.
458. — 21 m. — Metis-mérinos.........   M. Martenot (Charles), précité.

459. — 23 m. — Mérinos .... M. Hutin, précité.
460. — 24 m. — Métis-merinos.......... M. Bailleau aîné, précité.
461. — 24 m. — Métis-mérinos.......... M. Bailleau-Moulin, précité.
462. — 24 m. — Mérinos ..:.......... M. Gouache-Baret, précité.
463. — 24 m. — Metis-mérinos.......... M. Millot, precité.
464. — 27 m. — Merinos .... M. Japiot-Cotton, précité.
465. — 27 m. — Mérinos .... Le même.
466. — 27 m. — Mérinos .... M. Textoris, précité.
467. — 27 m. 8 j. — Métis-mérinos ...... M. Delcasse, précité.
468. — 27 m. 8 j. — Métis-mérinos ...... Le même.
469. — 28 m. — Mérinos .... M. Cordier, précité.
470. — 28 m. — Métis-mérinos.......... M. Terrillon-Lemoine, précité.
471. — 29 m. — Merinos .... M. Gilbert, précité.
472. — 29 m. — Merinos .... Le même.
473. — 29 m. — Mérinos .... M. Robcis, précité.
474. — 29 m. — Mérinos.............. Le même.
475. — 30 m. — Metis-mérinos.......... M. Conseil-Lamy, précité.
476. — 30 m. — Métis-mérinos.......... M. Dubosc (Nicolas) à Épreville -(Seine-Inferieure).
477. — 30 m. — Métis-mérinos.......... M. Gillet-Chémery, à Courtisols (Marne).
478. — 30 m. — Merinos.............. Mᵐᵉ Vᵉ Guérin-Manceau, precitée.
479. — 30 m. — Métis-mérinos.......... M. Hellard, précité.
480. — 30 m. — Metis mérinos.......... M. d'Hérosme de Tourlaville, précité.
481. — 30 m. — Mérinos.............. M. Hutin, précité.
482. — 30 m. — Merinos .... Le même.
483. — 30 m. — Métis-mérinos.......... M. Lefebvre-Poisson, précité.
484. — 30 m. — Métis-mérinos.......... M. Leroy, précité.
485. — 30 m. — Mérinos .... M. Roger, precité.
486. — 30 m. — Metis-mérinos. .... M. Sedillot, précité.
487. — 30 m. — Merinos.............. M. Thirouin, précité.
488. — 30 m. 15 j. — Merinos. .... M. Génin, précité.
489. — 30 m. 15 j. — Métis-mérinos...... M. Toulot, précité.
490. — 31 m. — Merinos .... M. Duclert, précité.
491. — 31 m. 15 j. — Métis mérinos...... M. Bataille, précité.
492. — 31 m. 15 j. — Mérinos.......... M. Delizy, precité.
493. — 32 m. — Mérinos .... M. Chevalier (Edmond), précité.
494. — 33 m. 15 j. — Métis-mérinos ..... M. Hincelin, précité.
495. — 34 m. — Mérinos.............. M. Varin d'Épensival, précité.
496. — 36 m. — Métis-mérinos.......... M. Bailleau aîné, précité.
497. — 36 m. — Metis-merinos.......... M. Bailleau-Moulin, précité.
498. — 36 m. — Métis-merinos.......... M. Tempier, précité.
499. — 38 m. — Mérinos.............. M. Noblet, précité.
500. — 39 m. — Mérinos.............. M. Japiot-Cottoy, precité.
501. — 42 m. — Métis mérinos .... M. Lefebvre-Poisson, précité.
502. — 43 m. 15 j. — Metis-mérinos ..... M. Bataille, précité.
503. — 46 m. — Mérinos .... M. Varin d'Épensival, précité.
504. — 3 à 4 ans. — Mérinos.......... M. Génin, précité.
505. — 3 à 4 ans. — Métis-mérinos....... Le même.
506. — 4 ans. — Mérinos.............. M. Roger, précité.
507. — 4 ans 6 m. — Metis-mérinos...... M. Lefebvre-Poisson, précité.
508. — 3 à 5 ans. — Mérinos.......... Mᵐᵉ Vᵉ Guérin-Manceau, précitée.
509. — 5 ans. — Mérinos.............. M. Thirouin, précité.
510. — 5 à 6 ans. — Mérinos.......... M. Gilbert, précité.
511. — 5 à 6 ans. — Mérinos.......... Le même.

2ᵉ CATÉGORIE.

RACES FRANÇAISES À LAINE LONGUE (ARTÉSIENNE, NORMANDE, PICARDE, ETC.)

Mâles.

(1ᵉʳ prix, **400ᶠ**; 2ᵉ, **300ᶠ**; 3ᵉ, **200ᶠ**; 4ᵉ, **100ᶠ**.)

512. — 12 m. — Poitevin . . . . M. GRIMARD, à la Garde (Charente).
513. — 12 m. 2 j. — Breton . . . . M. LE FLOCH (L.), à Vannes (Morbihan).
514. — 13 m. — Normand . . . . M. MENGIN (Émile), à Bourges (Cher).
515. — 13 m. 10 j. — Cauchois . . . . M. AVISSE, à Sierville (Seine-Inférieure).
516. — 13 m. 15 j. — Normand . . . . M. LEFEBVRE-LAFORGE, à Saint-Florent (Loiret).
517. — 14 m. — Normand . . . . M. LANE, à la Neuville-Champ-d'Oisel (Seine-Inférieure).
518. — 14 m. — Normand . . . . M. LESERGEANT, à Eslettes (Seine-Inférieure).
519. — 14 m. — Breton . . . . M. MARHIN, à Pontivy (Morbihan).
520. — 15 m. — Normand . . . . M. LASNON, à Monville (Seine-Inférieure).
521. — 24 m. — Boulonnais . . . . M. ANCELIN (T.), à la Chapelle-sous-Gerberoy (Oise).
522. — 24 m. — Normand . . . . M. LASNON, précité.
523. — 25 m. — Cauchois . . . . M. AVISSE, précité.
524. — 25 m. 15 j. — Normand . . . . M. LEFEBVRE-LAFORGE, précité.
525. — 26 m. — Normand . . . . M. LANE, précité.
526. — 26 m. — Normand . . . . M. LESERGEANT, précité.
527. — 30 m. 8 j. — Normand . . . . M. CAREL, à Sainte-Marie-du-Mont (Manche).
528. — 34 m. — Comtois . . . . M. BOULAY, à Jonvelle (Haute-Saône).
529. — 36 m. 9 jours. — Poitevin . . . . M. GRIMARD, précité.
530. — 37 m. 15 j. — Normand . . . . M. LEFEBVRE-LAFORGE, précité.
531. — 38 m. — Normand . . . . M. LANE, précité.

Femelles (lots de 3 brebis).

(1ᵉʳ prix, **400ᶠ**; 2ᵉ, **300ᶠ**; 3ᵉ, **200ᶠ**; 4ᵉ, **100ᶠ**.)

532. — 12 m. — Poitevines . . . . M. GRIMARD, précité.
533. — 12 m. 9 j. — Poitevines . . . . Le même.
534. — 13 m. — Normandes . . . . M. MENGIN (Émile), précité.
535. — 13 m. 15 j. — Normandes . . . . M. LEFEBVRE-LAFORGE, précité.
536. — 14 m. — Normandes . . . . M. LANE, précité.
537. — 14 m. — Normandes . . . . M. LESERGEANT, précité.
538. — 14 m. — Bretonnes . . . . M. MARHIN, précité.
539. — 15 m. — Normandes . . . . M. LASNON, précité.
540. — 25 m. — Boulonnaises . . . . M. ANCELIN (T.), précité.
541. — 25 m. 15 j. — Normandes . . . . M. LEFEBVRE-LAFORGE, précité.
542. — 30 m. — Poitevines . . . . M. DE LAPRADE, à Mazerolles (Vienne).
543. — 37 m. 15 j. — Normandes . . . . M. LEFEBVRE LAFORGE, précité.
544. — 38 m. — Artésiennes . . . . M. DELGÉRY, à Willeman (Pas-de-Calais).
545. — 4 ans 2 m. — Cauchoises . . . . M. LANE, précité.

3ᵉ CATEGORIE.

RACES FRANÇAISES DES PAYS DE PLAINES, A LAINE COMMUNE
(BERRICHONE, SOLOGNOTE, ETC.).

Mâles.

(1ᵉʳ prix, **300ᶠ**; 2ᵉ, **250ᶠ**; 3ᵉ, **200ᶠ**; 4ᵉ, **150ᶠ**; 5ᵉ, **100ᶠ**.)

546. — 12 m. 8 j. — Languedocien . . . . . . M. CHANAL (Pierre), à Chaudeyrolles (Haute-Loire).
547. — 13 m. . . . . M. JOLY, précité.
548. — 13 m. 15 j. — Solognot . . . . M. LEFEBVRE-LAFORGE, précité.
549. — 16 m. — Crevant . . . . M. BIGNON fils, à Theneuille (Allier).
550. — 16 m. — Crevant . . . . Le même.
551. — 17 m. — Berrichon . . . . M. DE GOY, à Osmery (Cher).
552. — 17 m. — Berrichon . . . . Le même.
553. — 19 m. — Berrichon . . . . M. JUGAND, à Civray (Cher).
554. — 19 m. — Berrichon . . . . Le même.
555. — 25 m. 15 j. — Solognot . . . . M. LEFEBVRE-LAFORGE, précité.
556. — 33 m. 15 j. — De la Hague . . . . . . M. CAREL, précité.
557. — 4 ans 1 m. — Champenois . . . . M. JEANNAUD, à Créteuil (Charente), précité.

Femelles (lot de 3 brebis).

(1ᵉʳ prix, **300ᶠ**; 2ᵉ, **250ᶠ**; 3ᵉ, **200ᶠ**; 4ᵉ, **150ᶠ**; 5ᵉ, **100ᶠ**.)

558. — 13 m. 15 j. — Solognotes . . . . M. LEFEBVRE-LAFORGE, précité.
559. — 16 m. — Crevant . . . . M. BIGNON fils, précité.
560. — 17 m. — Berrichonnes . . . . M. DE GOY, précité.
561. — 19 m. — Berrichonnes . . . . M. JUGAND, précité.
562. — 25 m. 15 j. — Solognotes . . . . M. LEFEBVRE-LAFORGE, précité.
563. — 24 à 27 m. — Champenoises . . . . . M. JEANNAUD, précité.
564. — 32 m. 5 j. — Gâtinaises . . . . M. MÉDARD, à Saint-Julien-du-Sault (Yonne).
565. — 36 m. 3 j. — De la Hague . . . . M. CAREL, précité.

4ᵉ CATÉGORIE.

RACES FRANÇAISES DES PAYS DE MONTAGNES (LARZAC, LAURAGUAISE,
CAUSSE, ETC.).

Mâles.

(1ᵉʳ prix, **300ᶠ**; 2ᵉ, **250ᶠ**; 3ᵉ, **200ᶠ**; 4ᵉ, **150ᶠ**; 5ᵉ, **100ᶠ**.)

566. — 12 m. — Larzac . . . . M. MONPELIE, à Villardonnel (Aude).
567. — 12 m. — Lauraguais . . . . M. DE MONT-REDON, à Villemur (Haute-Garonne).
568. — 12 m. — Lauraguais . . . . Le même.
569. — 12 m. 10 j. — Mézenc . . . . M. CHANAL (Pierre), précité.
570. — 12 m. 15 j. — Barbarin . . . . M. BAJOL, précité.
571. — 13 m. — Lauraguais . . . . Le même.
572. — 13 m. — Lauraguais . . . . Le même.
573. — 13 m. — Morvandeau . . . . M. LACHARME, à Sermages (Nièvre).
574. — 13 m. — Morvandeau . . . . Le même.
575. — 13 m. — Des Côtes-du-Nord . . . . . . M. MARHIN, précité.
576. — 13 m. 5 j. — Ariégeois . . . . M. RASPAUD, à Saint-Pierre-de-Rivière (Ariége).

577. — 13 m. 4 j. — Vallée de Castillon...   M. DE LINGUA DE SAINT-BLANQUAT, à Saint-Lizier (Ariege).
578. — 14 m. — Chillac................   M. VÉROT, à Vergezac (Haute-Loire).
579. — 14 m. 4 j. — Causse............   M. SAINT-JEAN, à Rodez (Aveyron).
580. — 15 m. — Lauraguais............   M. LIÈRE, à Villeneuve-du-Paréage (Ariége).
581. — 16 m. — Saint-Girons...........   M. le baron DE BARDIES, à Oust (Ariége).
582. — 17 m.....................   M. JOLY, précité.
583. — 18 m. — Ariegeois.............   M. DE BARDIES (Louis), à Saint-Girons (Ariége).
584. — 20 m. 8 j. — De la Montagne Noire.   M. MONPELIE, précité.
585. — 22 m. — Mezenc...............   M. VIGIER, à Fay-le-Froid (Haute-Loire).
586. — 24 m. — Causse ....   M. RANC, à Cayres (Haute-Loire).
587. — 26 m. — Barbarin.............   M. TEMPIER, précité.
588. — 30 m. — De la Montagne Noire....   M. BAJOL, précité.
589. — 30 m. — Larzac...............   Le même.
590. — 33 m. — Lauraguais............   Le même.
591. — 38 m. — Larzac...............   M. TEMPIER, précité.
592. — 40 m. — Causse ....   Le même.
593. — 40 m. — Lauraguais............   Le même.
594. — 4 ans 8 m. — Barbarin..........   Le même.

Femelles (lot de 3 brebis).

(1ᵉʳ prix, **300ᶠ**; 2ᵉ, **250ᶠ**; 3ᵉ, **200ᶠ**; 4ᵉ, **150ᶠ**; 5ᵉ, **100ᶠ**.)

595. — 12 m. 15 j. — Mézenc..........   M. CHANAL (Pierre), précité.
596. — 12 à 13 m. — Vallée de Castillon..   M. DE LINGUA DE SAINT-BLANQUAT, précité.
597. — 13 m. — Morvandelles..........   M. LACHARME, précité.
598. — 13 m. — Morvandelles..........   Le même.
599. — 15 m. — Lauraguaises..........   M. LIÈRE, précité.
600. — 15 m. — Larzac ....   M. MONPELIE, précité.
601. — 15 m. — Lauraguaises ....   M. DE MONT-REDON, précité.
602. — 18 m. — Saint-Gironnaises ......   M. le baron DE BARDIES, précité.
603. — 12 à 24 m. — Chillac..........   M. VÉROT, précité.
604. — 26 m. — Barbarines ....   M. TEMPIER, précité.
605. — 30 m. — De la Montagne Noire....   M. MONPELIE, précité.
606. — 36 m. — Larzac ....   M. RANC, précité.
607. — 37 m. — Des Alpes............   M. GÉVIN, précité.
608. — 38 m. — Barbarines ....   M. TEMPIER, précité.
609. — 38 m. — Causse ....   Le même.
610. — 39 m. — Ariégeoises...........   M. DE BARDIES (Louis), précité.
611. — 40 m. — Lauraguaises..........   M. TEMPIER, précité.
612. — 4 ans. — Causse ....   M. RANC, précité.
643. — 4 ans. — Larzac..............   M. TEMPIER, précité.

5ᵉ CATÉGORIE.

RACE DE LA CHARMOISE.

Mâles.

(1ᵉʳ prix, **400ᶠ**; 2ᵉ, **300ᶠ**; 3ᵉ, **200ᶠ**.)

614. — 13 m......................   M. LEVRIER, à Rom (Deux-Sèvres).
615. — 15 m. 4 j..................   M. VAILLANT DE GUÉLIS (Théodule), à Herry (Cher).
616. — 15 m. 15 j..................   M. BODIN, à Pontlevoy, (Loir-et-Cher).
617. — 15 m. 21 j..................   M. VAILLANT DE GUÉLIS (Théodule), précité.

618. — 16 m . . . .   M. le comte DE MONTALIVET, à Saint-Bouize
                                                              (Cher).
619. — 16 m . . . .   Le même.
620. — 16 m . . . .   Le même.
621. — 16 m . . . .   Le même.
622. — 16 m . . . .   Le même.
623. — 16 m . . . .   Le même.
624. — 16 m . . . .   M. VAILLANT DE GUÉLIS père, à Herry
                                                              (Cher).
625. — 16 m . . . .   Le même.
626. — 17 m . . . .   M. CAREL, précité.
627. — 24 m . . . .   M. RANC, précité.
628. — 26 m . . . .   M. LEVRIER, précité.
629. — 31 m. 3 j . . . .   M. BODIN, précité.

Femelles (lots de 3 brebis).

(1ᵉʳ prix, **400ᶠ**; 2ᵉ, **300ᶠ**; 3ᵉ, **200ᶠ**.)

630. — 13 m . . . .   M. LEVRIER, précité.
631. — 15 m. 15 j . . . .   M. BODIN, précité.
632. — 15 m. 15 j . . . .   M. VAILLANT DE GUÉLIS (Théodule), précité.
633. — 16 m . . . .   M. le comte DE MONTALIVET, précité.
634. — 16 m . . . .   Le même.
635. — 16 m . . . .   Le même.
636. — 16 m . . . .   Le même.
637. — 16 m . . . .   M. VAILLANT DE GUÉLIS père, précité.

6ᵉ CATÉGORIE.

RACES ÉTRANGÈRES A LAINE LONGUE (DISHLEY ET ANALOGUES).

Mâles.

(1ᵉʳ prix, **500ᶠ**; 2ᵉ, **400ᶠ**; 3ᵉ, **300ᶠ**.)

638. — 12 m. — Dishley . . . .   M. ABAFOUR (Louis), à Miré (Maine-et-
                                                              Loire).
639. — 12 m. — Dishley . . . .   M. MAILLARD, à Sainte-Marie-du-Mont
                                                              (Manche).
640. — 12 m. 5 j. — Dishley . . . .   Le même.
641. — 12 m. 10 j. — Dishley . . . .   M. RASSER, à Montérollier (Seine-Inférieure).
642. — 12 m. 15 j. — Dishley . . . .   M. GILLAIN, à Carentan (Manche).
643. — 12 m. 15 j. — Dishley . . . .   M. MAHIER (René), à Ménil (Mayenne).
644. — 12 m. 15 j. — Dishley . . . .   M. TIERSONNIER (Alphonse), à Gimouille
                                                              (Nievre).
645. — 12 m. 26 j. — Dishley . . . .   M. MASSÉ, à Germigny (Cher).
646. — 13 m. — Dishley . . . .   M. FAGOT, à Mazerny (Ardennes).
647. — 13 m. 3 j. — Dishley . . . .   M. TIERSONNIER (Alphonse), précité.
648. — 13 m. 6 j. — Dishley . . . .   Le même.
649. — 13 m. 15 j. — Dishley . . . .   M. BÉGLET, à Trappes (Seine-et-Oise).
650. — 13 m. 20 j. — Dishley . . . .   M. LELEVEREND, à Amfreville (Manche).
651. — 14 m. — Dishley . . . .   M. DELGÉRY, précité.
652. — 14 m. — Dishley . . . .   M. DUCHEMIN, à Amfreville (Manche).
653. — 14 m. — Dishley . . . .   M. NOBLET, précité.
654. — 14 m. — Dishley . . . .   Le même.
655. — 14 m. — Dishley . . . .   Le même.
656. — 14 m. — Dishley . . . .   Le même.
657. — 16 m. — Dishley . . . .   M. CORDIER, précité.

658. — 22 m. 24 j. — Dishley .... M. Carel, précité.
659. — 23 m. 20 j. — Dishley .... M. Mahier (René), précité.
660. — 24 m. — Dishley .... M. Abafour (Louis), précité.
661. — 24 m. 5 j. — Dishley .... M. Maillard, précité.
662. — 24 m. 20 j. — Dishley .... M. Tiersonnier (Alphonse), précité.
663. — 25 m. — Dishley .... M. Fagot, précité.
664. — 28 m. — Dishley .... M. Cordier, précité.
665. — 34 m. — Dishley .... M. Maillard, précité.
666. — 36 m. — Dishley .... M. Delgéry, précité.
667. — 36 m. — Dishley .... M. Gillain, précité.
667 bis. — 36 m. — Dishley .... M. Rasset, précité.
668. — 38 m. 19 j. — Dishley .... M. Tiersonnier (Alphonse), précité.

Femelles (lots de 3 brebis).

(1er prix, 400f; 2e, 300f; 3e, 200f.)

669. — 12 m. — Dishley .... M. Maillard, précité.
670. — 12 m. 15 j. — Dishley .... M. Gillain, précité.
671. — 12 m. 15 j. — Dishley .... M. Rasset, précité.
672. — 12 m. 15 j. — Dishley .... M. Tiersonnier (Alphonse), précité.
673. — 13 m. 10 j. — Dishley .... M. Fagot, précité.
674. — 13 m. 10 j. — Dishley .... M. Tiersonnier (Alphonse), précité.
675. — 13 m. 15 j. — Dishley .... M. Béglet, précité.
676. — 16 m. — Dishley .... M. Cordier, précité.
677. — 24 m. — Dishley .... M. Maillard, précité.
678. — 25 m. 15 j. — Dishley .... M. Tiersonnier (Alphonse), précité.
679. — 26 m. — Dishley .... M. Delgéry, précité.
680. — 26 m. — Dishley .... Le même.
681. — 26 à 28 m. — Dishley .... M. Martine-Lenglet, à Aubigny (Aisne).
682. — 28 m. — Dishley .... M. Cordier, précité.
683. — 32 m. — Dishley .... M. Noblet, précité.
684. — 24 m. 36 m. — Dishley .... M. Fagot, précité.
685. — 36 m. — Dishley .... M. Gillain, précité.
686. — 36 m. — Dishley .... M. Maillard, précité.

7e CATÉGORIE.

RACES ÉTRANGÈRES À LAINE COURTE (SOUTH-DOWN ET ANALOGUES).

Animaux mâles de 18 mois au plus.

(1er prix, 500f; 2e, 400f; 3e, 300f.)

687. — 12 m. — South-down .... M. le comte de Bouillé, à Villars (Nièvre).
688. — 12 m. — Shropshire .... M. Ponsard, à Omey (Marne).
689. — 13 m. — South-down .... M. le comte de Bouillé, précité.
690. — 13 m. — South-down .... Le même.
691. — 13 m. — South-down .... Le même.
692. — 13 m. — South-down .... Le même.
693. — 13 m. — South-down .... M. Nouette-Delorme, à Ouzouer-des-Champs (Loiret).
694. — 13 m. — South-down .... Le même.
695. — 13 m. — South down .... Le même.
696. — 13 m. — South-down .... Le même.
697. — 13 m. — South-down .... Le même.
698. — 13 m. — South down .... Le même.
699. — 13 m. — South-down .... M. le marquis de la Tullaye, à Ménil (Mayenne).
700. — 15 m. — South-down .... M. de Laprade, à Mazerolles (Vienne).
701. — 18 m. — Suisse .... M. Boulay, précité.

Animaux femelles de 18 mois au plus (lots de 3 brebis).

(1ᵉʳ prix, **400ᶠ**; 2ᵉ, **300ᶠ**; 3ᵉ, **200ᶠ**.)

702. — 13 m. — South-down . . . . M. le comte DE BOUILLÉ, précité.
703. — 13 m. — South-down . . . . M. NOUETTE-DELORME, précité.
704. — 13 m. — South-down . . . . Le même.
705. — 13 m. — South-down . . . . Le même.
706. — 15 m. — Suisses . . . . M. BOULAY, précité.

Animaux mâles de plus de 18 mois.

(1ᵉʳ prix, **500ᶠ**; 2ᵉ, **400ᶠ**; 3ᵉ, **300ᶠ**.)

707. — 25 m. — South-down . . . . M. le comte DE BOUILLÉ, précité.
708. — 25 m. — South-down . . . . M. NOUETTE-DELORME, précité.
709. — 25 m. — South-down . . . . Le même.
710. — 25 m. — South-down . . . . Le même.
711. — 25 m. — Shropshire . . . . M. PONSARD, précité.
712. — 25 m. — South-down . . . . M. DE VILLEPIN, à Jupille (Sarthe).
713. — 37 m. — South-down. . . . . M. le comte DE BOUILLÉ, précité.

Animaux femelles de plus de 18 mois (lots de 3 brebis).

(1ᵉʳ prix, **400ᶠ**; 2ᵉ, **300ᶠ**; 3ᵉ, **200ᶠ**.)

714. — 24 m. — South-down . . . . M. le baron DE SAINT-PRIEST, à Parage
                                                      (Tarn-et-Garonne).
715. — 25 m. — South-down . . . . M. le comte DE BOUILLÉ, précité.
716. — 25 m. — South-down . . . . M. NOUETTE-DELORME, précité.
717. — 25 m. — Shropshire . . . . M. PONSARD, précité.
718. — 37 m. — South-down . . . . M. le comte DE BOUILLÉ, précité.
719. — 37 m. — South-down . . . . M. NOUETTE-DELORME, précité.
720. — 37 m. — South-down . . . . M. le marquis DE LA TULLAYE, précité.

M. Teisserenc de Bort fils (E.), à Saint-Priest-Taurion (Haute-Vienne).

HORS CONCOURS,

sur la demande de l'exposant.

Béliers.

721. — 14 m. 2 j. — South-down . . . . M. TEISSERENC DE BORT fils (E.), à Saint-
                                                    Priest-Taurion (Haute-Vienne).
722. — 24 m. 6 j. — South-down . . . . Le même.
723. — 25 m. 12 j. — South-down . . . . Le même.
724. — 25 m. 17 j. — South-down . . . . Le même.

Lots de brebis.

725. — 14 m. 5 j. — South-down . . . . M. TEISSERENC DE BORT fils, précité.
726. — 14 m. 8 j. — South-down . . . . Le même.
727. — 15 m. 7 j. — South-down . . . . Le même.
728. — 25 m. 15 j. — South-down . . . . Le même.

8ᵉ CATÉGORIE.

CROISEMENTS DIVERS.

Mâles.

(1ᵉʳ prix, **300ᶠ**; 2ᵉ, **200ᶠ**; 3ᵉ, **150ᶠ**; 4ᵉ, **100ᶠ**.)

729. — 12 m. 5 j. — Dishley-berrichon.... M. MASSÉ, précité.
730. — 12 m. 6 j. — Dishley-berrichon ... Mᵐᵉ CAIL, à Rillé (Indre-et-Loire).
731. — 12 m. 20 j. — Anglo-mérinos-Mau- M. HUOT, à Saint-Julien (Aube).
   champ
732. — 12 m. 20 j. — Dishley-berrichon... M. MASSÉ, précité.
733. — 13 m. — Dishley-mérinos........ M. FAGOT, précité.
734. — 13 m. 15 j. — Dishley-normand... M. DUCHEMIN, précité.
735. — 13 m. 15 j. — Dishley-normand... M. LEREVEREND, précité.
736. — 14 m. — Dishley-cauchois........ M. RICHARD (Charles), à Hattenville (Seine-
   Inférieure).
737. — 15 m. — Dishley-artésien........ M. DELGÉRY, précité.
738. — 15 m. — Dishley-normand....... M. MAHIER (André), à Mem (Mayenne).
739. — 15 m. — Dishley-mérinos........ M. MARTINE-LANGLET, précité.
740. — 15 m. — Dishley-mérinos........ M. MURET, à Noyon-sur-Seine (Seine-et-
   Marne).
741. — 15 m. — Dishley-mérinos........ M. WALLET, à Gannes (Oise).
742. — 15 m. — Dishley-mérinos........ Le même.
743. — 16 m. — Southdown-berrichon.... M. DE LAPRADE, précité.
744. — 16 m. — Dishley-mérinos........ M. MURET, précité.
745. — 16 m. — Dishley-mérinos........ Le même.
746. — 16 m. — Dishley-mérinos........ M. PLUCHET, à Trappes (Seine-et-Oise).
747. — 16 m. — Dishley-mérinos........ Le même.
748. — 16 m. — Dishley-mérinos........ Le même.
749. — 20 m. — Dishley-mérinos........ M. DUPONT-SAVINIAT, à Brantigny (Aube).
750. — 24 m. — Southdown-dishley...... M. CHERBONNEAU, à Contigné (Maine-et-
   Loire).
751. — 24 m. — Dishley-mérinos........ M. GOUACHE-BARET, précité.
752. — 24 m. — Barbarin-Larzac........ M. MONPELIE, précité.
753. — 24 m. — Southdown-lauraguais ... M. DE MONT-REDON, précité.
754. — 24 m. 22 j. — Dishley-normand... M. CAREL, précité.
755. — 25 m. 3 j. — Dishley-berrichon ... M. le vicomte D'HUNOLSTEIN, à Entrain (Nièvre).
756. — 25 m. 7 j. — Dishley-berrichon ... Le même.
757. — 25 m. 19 j. — Dishley-berrichon .. Le même.
758. — 26 m. — Southdown-mérinos,..... M. ARDOUIN, à Sainte-Radegonde-les-Noyers
   (Vendée).
759. — 26 m. — Dishley-artésien........ M. DELGÉRY, précité.
760. — 27 m. — Lauraguais-Barbarin..... M. BAJOL, précité.
761. — 28 m. — Dishley-mérinos........ M. PLUCHET, précité.
762. — 28 m. — Dishley-mérinos........ Le même.
763. — 28 m. — Dishley-mérinos........ Le même.
764. — 29 m. — Cauchois-picard........ M. CAREL, précité.
765. — 30 m. — Causse et Montagne-Noire.. M. BAJOL, précité.
766. — 30 m. — Dishley-mérinos........ M. MARTINE-LENGLET, précité.
767. — 36 m. — Southdown-mérinos ..... M. REVENEAU, à Sainte-Radegonde-les-Noyers
   (Vendée).
768. — 36 m. — Southdown-dishley...... M. CHERBONNEAU, précité.
769. — 36 m. — Anglo-mérinos-Mau- M. HUOT, précité.
   champ.
770. — 36 m. 8 j. — Southdown-berrichon. M. COURBERCHET, au Puy (Haute-Loire).

771. — 39 m. — Dishley mérinos........ M. Wallet, précité.
772. — 39 m. — Dishley-mérinos........... Le même.

Femelles (lots de 3 brebis).

(1ᵉʳ prix, **300ᶠ**; 2°, **200ᶠ**; 3°, **150ᶠ**; 4°, **100ᶠ**.)

773. — 12 m. 6 j. — Dishley-berrichonnes.. Mᵐᵉ Cail, précitée.
774. — 13 m. — Southdown-cauchoises.... M. Rasset, précité.
775. — 13 m. 8 j. — Dishley-mérinos..... M. Fagot, précité.
776. — 13 m. 10 j. — Dishley-normandes.. M. Duchemin, précité.
777. — 14 m. — Dishley-mérinos........ M. Dubosc, à Tourville-sous-Fécamp (Seine-Inférieure).
778. — 14 m. — Anglo - mérinos - Mau - M. Huot, précité.
champ.
779. — 14 m. — Dishley-berrichonnes..... M. Massé, précité.
780. — 14 m. 15 j. — Dishley - berri- M. le vicomte d'Hunolstein, précité.
chonnes.
781. — 15 m. — Dishley-artésiennes...... M. Delgéry, précité.
782. — 15 m. — Dishley-artésiennes...... Le même.
783. — 15 m. — Dishley-normandes...... M. Mahier (André), précité.
784. — 15 m. — Dishley-mérinos........ M. Martine-Lenglet, précité.
785. — 15 m. — Barbarines-Larzac....... M. Monpelie, précité.
786. — 15 m. — Dishley-merinos........ M. Muret, précité.
787. — 15 m. — Dishley-merinos........ Le même.
788. — 15 m. — Dishley-mérinos........ M. Wallet, précité.
789. — 16 m. — Southdown-berrichonnes.. M. de Laprade, précité.
790. — 16 m. — Dishley-mérinos........ M. Pluchet, précité.
791. — 20 m. — Dishley-mérinos........ M. Dupont-Saviniat, précité.
792. — 24 m. — Southdown-dishley...... M. Cherbonneau, précité.
793. — 24 m. — Dishley-merinos........ M. Gouache-Baret, précité.
794. — 26 m. — Dishley-artésiennes...... M. Delgéry, précité.
795. — 26 m. — Dishley-artésiennes...... Le même.
796. — 26 m. — Anglo - mérinos - Mau - M. Huot, précité.
champ.
797. — 26 à 28 m. — Dishley-mérinos.... M. Martine-Lenglet, précité.
798. — 28 m. — Dishley-mérinos........ M. Pluchet, précité.
799. — 34 m. — Dishley-mérinos........ M. Namur-Fromentin, à Coucy (Ardennes).
800. — 24 à 36 m. — Southdown-mérinos.. M. Hurtaud, à Champagne-les-Marais (Vendée).
801. — 24 à 36 m. — Southdown-mérinos.. M. Reveneau, précité.
802. — 36 m. — Dishley-artésiennes...... M. Delgéry, précité.
803. — 36 m. — Dishley-artésiennes...... Le même.
804. — 37 m. — Southdown-cauchoises,... M. Rasset, précité.
805. — 39 m. — Dishley-mérinos........ M. Wallet, précité.
806. — 3 ans 10 m. — Dishley-mérinos... M. Namur-Fromentin, précité.

ANIMAUX DE L'ALGÉRIE.

Béliers.

807. — ..... croisé.................. M. Samson, à Constantine.
808. — ..... croisé.................. Le même.
809. — ..... croisé.................. Le même.
810. — ..... croisé.................. Le même.

Brebis.

811. — .... M. Samson, précité.
812. — .... Le même.
813. — .... M. Samson, précité.

Bergerie nationale de Rambouillet.

814. — 17 m. — Bélier, mérinos......... BERGERIE NATIONALE DE RAMBOUILLEI.
815. — 17 m. — Bélier, mérinos......... La même.
816. — 17 m. — Bélier, mérinos......... La même.
817. — 29 m. — Bélier, mérinos,........ La même.
818. — 29 m. — Bélier, mérinos......... La même.
819. — 29 m. — 3 brebis, mérinos....... La même.
820. — 29 m. — 3 brebis, mérinos....... La même.
821. — 29 m. — 4 brebis, mérinos....... La même.
822. — 17 m. — Belier Mauchamp....... La même.
823. — 17 m. — 4 brebis Mauchamp..... La même.
824. — 17 m. — Belier mérinos-Mauchamp. La même.
825. — 17 m. — 4 brebis mérinos-Mauchamp. La même.

ESPÈCE PORCINE [1].

1ʳᵉ DIVISION.

ANIMAUX MÂLES ET FEMELLES DES RACES ÉTRANGÈRES
NÉS ET ÉLEVÉS À L'ÉTRANGER, AMENÉS OU IMPORTÉS EN FRANCE,
ET APPARTENANT SOIT À DES ÉTRANGERS, SOIT À DES FRANÇAIS.

1ʳᵉ CATÉGORIE.

GRANDES RACES DE LA GRANDE-BRETAGNE ET D'IRLANDE.

Mâles.

(1ᵉʳ prix, **400ᶠ**; 2ᵉ, **350ᶠ**; 3ᵉ, **300ᶠ**; 4ᵉ, **250ᶠ**.)

1. — 6 m. 10 j. — Berkshire, noir et blanc. — M. MILLER (J.), à Fenstanton, par Saint-Ive Huntingdonshire (Angleterre).
2. — 6 m. 24 j. — Berkshire, noir et blanc. — M. SWANWICK (R.), à Cirencester Gloucestershire (Angleterre).
3. — 6 m. 24 j. — Berkshire, noir et blanc. — Le même.
4. — 7 m. — Sussex, noir et blanc...... — M. MULER, à Nancy (Meurthe-et-Moselle).
5. — 7 m. 6 j. — Berkshire. noir et blanc. — M. HEWEN (W.), à Highworth, Wiltshire (Angleterre).
6. — 7 m. 27 j. — Berkshire, noir et blanc. — M. STEWART (A.), à Gloucester (Angleterre).
7. — 7 m. 27 j. — Berkshire, noir et blanc. — M. SWANWICK (R.), précité.
8. — 8 m 3 j. — Berkshire, noir et blanc. — M. MILLER (J.), précité.
9. — 9 m. 20 j. — Berkshire, noir et blanc. — M. STEWART (A.), précité.
10. — 10 m. 6 j. — Lincolnshire, blanc..... — M. DUCKERING (R.-E.); à Kirton Lindsay, Lincolnshire (Angleterre).
11. — 10 m. 17 j. — Berkshire, noir et blanc. — M. HUMFREY (H.). à Shrivenham, Berkshire (Angleterre).
12. — 12 mois 22 j. — Berkshire, noir et blanc — M. SWANWICK (R.), précité.
13. — 15 m. 7 j. — Berkshire, noir....... — M. FOWLER (J.-K.), à Prebendal Farm Aylesbury (Angleterre).

[1] L'âge des animaux est calculé au 1ᵉʳ mai 1878.

14. — 19 m. — Sussex-berkshire, noir...... M. Gaudet, à Saint-Laurent-la-Conche (Loire.).

15. — 21 m. 2 j. — Berkshire, noir et blanc. M. Duckering (C.-E.), à Kirton Lindsey, Lincolnshire (Angleterre).

16. — 22 m. — Lincolnshire, blanc....... M. Duckering (R.-E.), précité.

17. — 22 m. 16 j. — Berkshire, noir et blanc. M. Humfrey (H.), précité.

18. — 24 m. 8 j. — Berkshire, noir et blanc. M. Hewer (W.), précité.

19. — 26 m. 1 j. — ..... blanc........ M. Wheeler (W.), à Long Compton, Worcesterhire (Angleterre).

20. — 30 m. 26 j. — ..... blanc........ MM. Howard (J. et F.), à Bedford (Angleterre).

21. — 34 m. 29 j. — Berkshire, noir et blanc. M. Stewart (A.), précité.

22. — 45 m. 1 j. — Lincolnshire, blanc... M. Duckering (R.-E.), précité.

Femelles.

(1ᵉʳ prix, **300ᶠ**; 2ᵉ, **250ᶠ**; 3ᵉ, **200ᶠ**; 4ᵉ, **150ᶠ**.)

23. — 6 m. 10 j. — Berkshire, noire et blanche. M. Miller (J.), précité.

24. — 6 m. 24 j. — Berkshire, noire et blanche. M. Swanwick (R.), précité.

25. — 6 m. 24 j. — Berkshire, noire et blanche. Le même.

26. — 7 m. — Sussex, noire et blanche.... M. Muler, précité.

27. — 7 m. — Sussex, noire............ Le même.

28. — 7 m. 6 j. — Berkshire, noire et blanche M. Hewer (W.), précité.

29. — 7 m. 27 j. — Berkshire, noire et blanche. M. Stewart (A.), précité.

30. — 7 m. 27 j. — Berkshire, noire et blanche. M. Swanwick (R.), précité.

31. — 8 m. — Berkshire, noire et blanche.. Le même.

32. — 8 m. 3 j. — Berkshire, noire et blanche. M. Miller (J.), précité.

33. — 8 m. 3 j. — Berkshire, noire et blanche. Le même.

34. — 8 m. 3 j. — Berkshire, noire et blanche. Le même.

35. — 9 m. 20 j. — Berkshire, noire et blanche. M. Stewart (A.), précité.

36. — 10 m. — ..... blanche.......... M. Wheeler (W.), précité.

37. — 10 m. — ..... blanche.......... Le même.

38. — 10 m. 17 j. — Berkshire, noire et blanche. M. Humfrey (H.), précité.

39. — 10 m. 28 j. — Berkshire, noire et blanche. M. Stewart (A.), précité.

40. — 10 m. 28 j. — Berkshire, noire et blanche. Le même.

41. — 11 m. — Lincolnshire, blanche..... M. Duckering (R.-E.), précité.

42. — 11 m. — Lincolnshire, blanche..... Le même.

43. — 11 m.................... Le même.

44. — 12 m. 5 j. — Berkshire, noire et blanche. M. Duckering (C.-E.), précité.

45. — 12 m. 5 j. — Berkshire, noire et   M. Duckering (C.-E.), précité.
       blanche.
46. — 12 m. 5 j. — Berkshire, noire et   Le même.
       blanche.
47. — 12 m. 19 j. — Berkshire, noire et   M. Humfrey (H.), précité.
       blanche.
48. — 13 m. 24 j. — Berkshire, noire et   M. Swanwick (R.), précité.
       blanche.
49. — 14 m. 5 j. — Berkshire, noire...... M. Fowler (J.-K.), précité.
50. — 16 m. 2 j. — Berkshire, noire...... Le même.
51. — 18 m. 6 j. — ..... blanche......   M. Wheeler (W.), précité.
52. — 18 m. 27 j. — Berkshire, noire et   M. Swanwick (R.), précité.
       blanche.
53. — 19 m. — Berkshire-sussex, noire.... M. Gaudet, précité.
54. — 19 m. — Berkshire-sussex, noire.... Le même.
55. — 19 m. — Berkshire-sussex, noire.... Le même.
56. — 19 m. — Berkshire-sussex, noire.... Le même.
57. — 19 m. — Berkshire, noire et blanche. M. Hewer (W.), précité.
58. — 19 m. 12 j. — Berkshire, noire et   Le même.
       blanche.
59. — 20 m. — Berkshire, noire et blanche. M. Hewer (W.), précité.
60. — 21 m. — Lincolnshire, blanche.....   M. Duckering (R.-E.), précité.
61. — 21 m. — Lincolnshire, blanche.....   Le même.
62. — 22 m. — Berkshire, noire et blanche. M. Duckering (C.-E.), précité.
63. — 26 m. — Lincolnshire, blanche.....   M. Duckering (R.-E.), précité.
64. — 26 m. 13 j. — Berkshire, noire et   M. Stewart (A.), précité.
       blanche.
65. — 33 m. 7 j. — Berkshire, noire et   M. Humfrey (H.), précité.
       blanche.
66. — 33 m. 15 j. — Berkshire, noire et   M. Benjafield (N.), à Schaffesbury, Dorset-
       blanche.   shire (Angleterre).
67. — 34 m. 7 j. — ..... blanche.......   MM. Howard (J. et F.), précités.

68. — 34 m. 7 j. — ..... blanche.......   Les mêmes.
69. — 34 m. 7 j. — ..... blanche.......   Les mêmes.
70. — 47 m. 29 j. — Berkshire, noire et   M. Swanwick (R.), précité.
       blanche.

2ᵉ CATÉGORIE.

PETITES RACES DE LA GRANDE-BRETAGNE ET D'IRLANDE.

Mâles.

(1ᵉʳ prix, **300ᶠ**; 2ᵉ, **200ᶠ**; 3ᵉ, **150ᶠ**.)

71. — 6 m. 6 j. — ..... noir..........   M. Wheeler (W.), précité
72. — 6 m. 6 j. — ..... noir..........   Le même.
73. — 8 m. — Lincolnshire, blanc........   M. Duckering (R.-E.), précité.
74. — 8 m. — Lincolnshire, blanc........   Le même.
75. — 9 m. — Windsor, blanc..........   M. Noblet, à Château-Renard (Loiret).
76. — 9 m. — Sussex, noir.............   MM. Stanford (E. et A.), à Steyning, Sussex
                                            (Angleterre).
77. — 9 m. 21 j. — Yorkshire, blanc...... M. le lieutenant-colonel Cooke, à Colo-
                                            mendy, pays de Galles (Angleterre).
78. — 9 m. 21 j. — Yorkshire, blanc...... Le même.
79. — 11 m. — Suffolk, blanc..........   M. Goffinet (H.), à Lavaux, province de
                                            Luxembourg (Belgique).

80. — 11 m. — Suffolk, blanc.......... M. Sexton (G.-M.), à Ipswich, Suffolk (Angleterre).
81. — 11 m. — Suffolk, blanc......... Le même.
82. — 11 m. — Suffolk, noir.......... Le même.
83. — 11 m. — Suffolk, noir.......... Le même.
84. — 11 m. 8 j. — Prince-Albert's-windsor, blanc. S. M. la Reine d'Angleterre.
85. — 12 m. — Yorkshire-berkshire, blanc. M. Broquet (Victor), à Void (Meuse,)
86. — 12 m. 10 j. — Yorkshire, blanc.... M. le lieutenant-colonel Cooke, précité.
87. — 12 m. 10 j. — Yorkshire, blanc.... Le même.
88. — 13 m. 17 j. — Lincolnshire, blanc.. M. Duckering (R.-E.), précité.
89. — 24 m. — Middlesex, blanc........ M. le baron de Corvisart, à Châteauneuf (Cher).
90. — 24 m. — Suffolk, blanc.......... M. Sexton (G.-M.), précité.
91. — 24 m. — Suffolk, noir.......... Le même.
92. — 27 m. — Suffolk............... M. Tiberghien (P.), à Manage, province de Hainaut (Belgique.)
93. — 29 m. 7 j. — Suffolk, noir........ M. Duncan (J.), à Benmore Kilmun, Argyllshire (Angleterre).
94. — 33 m. 3 j. — Lincolnshire, blanc... M. Duckering (R.-E.), précité.

Femelles.

(1er prix, **200f**; 2e, **150f**; 3e, **125f**.)

95. — 6 m. — Yorkshire-berkshire, blanche M. Broquet (Victor), précité.
96. — 6 m. 3 j. — Yorkshire, b'anche.... M. le lieutenant-colonel Cooke, précité.
97. — 6 m. 3 j. — Yorkshire, blanche.... Le même.
98. — 6 m. 3 j. — Yorkshire, blanche.... Le même.
99. — 6 m, 6 j. — ..... noire........ M. Wheeler (W.), précité.
100. — 9 m. 3 j. — Yorkshire, blanche.... M. le lieutenant-colonel Cooke, précité.
101. — 9 m. 3 j. — Yorkshire, blanche.... Le même.
102. — 9 m. 3 j. — Yorkshire, blanche.... Le même.
103. — 14 m. — Suffolk, blanche........ M. Sexton (G.-M.), précité.
104. — 14 m. — Suffolk, blanche........ Le même.
105. — 14 m. — Suffolk, blanche........ Le même.
106. — 14 m. — Suffolk, noire.......... Le même.
107. — 15 m. — Yorkshire-berkshire, blanche. M. Broquet (Victor), précité.
108. — 15 m. 4 j. — Prince Albert's-windsor, blanche. S. M. la Reine d'Angleterre.
109. — 16 m. — Lincolnshire, blanche.... M. Duckering (R.-E.), précité.
110. — 16 m. — Lincolnshire, blanche.... Le même.
111. — 16 m. — Lincolnshire, blanche.... Le même.
112. — 18 m. — Suffolk, noire.......... M. Sexton (G.-M.), précité.
113. — 18 m. 2 j. — ..... noire........ M. Wheeler (W.), précité.
114. — 22 m. 9 j. — Lincolnshire, blanche. M. Duckering (R.-E.), précité.
115. — 22 m. 9 j. — Lincolnshire, blanche. Le même.
116. — 22 m. 9 j. — Lincolnshire, b'anche, Le même.
117. — 24 m. — Suffolk, noire.......... M. Sexton (G.-M.), précité.
118. — 25 m. — Lincolnshire, blanche.... M. Duckering (R.-E.), précité.
119. — 25 m. — Suffolk, noire.......... M. Duncan (J.), précité.
120. — 26 m. — Lincolnshire, blanche.... M. Duckering (R.-E.), précité.
121. — 30 m. — Berkshire, noire........ M. le baron de Corvisart, précité.
122. — 31 m. — Suffolk............... M. Tiberghien (P.), précité.

3ᵉ CATÉGORIE.

RACES DIVERSES NON CLASSÉES CI-DESSUS.

Mâles.

(1ᵉʳ prix, **300ᶠ**; 2ᵉ, **200ᶠ**; 3ᵉ, **150ᶠ**.)

123. — 18 m. — Normand.............. M. GORFINET (H.), précité.
124. — 18 m. — Casertide, noire........ École supérieure d'agriculture de Portici
                                                   (Italie).
125. — 18 m. — Casertine, noire........ La même.

Femelles.

(1ᵉʳ prix, **200ᶠ**; 2ᵉ, **150ᶠ**; 3ᵉ, **100ᶠ**.)

126. — 18 m. — Casertine, noire........ École supérieure d'agriculture de Portici
                                                   (Italie).
127. — 18 m. — Casertine, noire........ La même.

2ᵉ DIVISION.

ANIMAUX MÂLES ET FEMELLES DE·RACES SOIT ÉTRANGÈRES SOIT FRANÇAISES, NÉS ET ÉLEVÉS EN FRANCE.

1ʳᵉ CATÉGORIE.

RACES INDIGÈNES PURES OU CROISÉES ENTRE ELLES.

Mâles.

(1ᵉʳ prix, **400ᶠ**; 2ᵉ, **300ᶠ**; 3ᵉ, **200ᶠ**; 4ᵉ, **100ᶠ**.)

128. — 6 m. 3 j. — Craonnais, blanc..... M. LEFEBVRE-LAFORGE, à Saint-Florent
                                                   (Loiret).
129. — 6 m. 15 j. — Gascon-périgourdin, M. BÉROT, à Momères (Hautes-Pyrénées).
         noir et blanc.
130. — 8 m. —   blanc et noir....... M. JOLY, à Fontrailles (Hautes-Pyrénées).
131. — 8 m. 4 j. — Craonnais, blanc..... M. ABAFOUR (Eugène), à Saint-Laurent-
                                                   des-Mortiers (Mayenne).
132. — 8 m. 6 j. — Normand, blanc..... M. HERVIEU (L.), à la Mancellière (Manche).
133. — 8 m. 10 j. — Bourbonnais. blanc.. M. PISSEVIN, à Moulins (Allier).
134. — 9 m. 19 j. — Flamand, blanc..... M. DEGORRE, à Caestre (Nord).
135. — 10 m. — Craonnais, blanc....... M. BOYENVAL, à Sainte-Geneviève-des-Bois
                                                   (Loiret).
136. — 10 m. — Normand, blanc........ M. NOBLET, à Château-Renard (Loiret).
137. — 11 m. — Craonnais, blanc....... Mˡˡᵉ DE ROUGÉ, à Précigné (Sarthe).
138. — 12 m. — Craonnais, blanc....... M. BOYENVAL, précité.
139. — 12 m. — ....blanc........ M. MAMY père, à Conflans (Haute-Saône).
140. — 12 m. — Flamand, blanc........ M. RANCY, à Hazebrouck (Nord).
141. — 12 m. 5 j. — Craonnais, blanc.... M. LEFEBVRE-LAFORGE, précité.
142. — 12 m. 10 j. — Bourbonnais, blanc. M. BIGNON fils, à Theneuille (Allier).

143. — 14 m. — Normand, blanc........ M. Cahour, à Montbray (Manche).
144. — 14 m. 18 j. — Bressan, blanc.... M. Werlien, à Besançon (Doubs).
145. — 18 m. — Craonnais, blanc....... M. Lefebvre-Laforge, précité.
146. — 19 m. — Gascon-périgourdin, blanc M. Villeneuve, à Pouzac (Hautes-Pyrénées).
et noir.
147. — 21 m. 25 j. — .... blanc et M. Duet, à Digne, (Basses-Alpes).
noir.
148. — 22 m. — Limousin, blanc et noir. M. d'Arfeuille, à Coussac-Bonneval (Haute
Vienne).

Femelles.

(1er prix, **300^f**; 2°, **250^f**; 3°, **200^f**; 4°, **100^f**.)

149. — 6 m. 10 j. — Craonnaise, blanche. M. Lefebvre-Laforge, précité.
150. — 8 m. — ..... blanche et noire... M. Joly, précité.
151. — 8 m. — Bourbonnaise, blanche.... M. Pissevin, précité.
152. — 8 m. 10 j. — Bourbonnaise, blan- Le même.
che et noire.
153. — 8 m. 15 j. — Normande, blanche.. M. Hervieu (L.), précité.
154. — 10 m. — Craonnaise, blanche..... M. Boyenval, précité.
155. — 10 m. — Craonnaise, blanche..... Le même.
156. — 10 m. 20 j. — Craonnaise, blanche. M. Lefebvre-Laforge, précité.
157. — 11 m. — Normande, blanche..... M. Chevalier (Évode), à Anceauville (Seine-
Inferieure).
158. — 12 m. — Normande, blanche..... M. Noblet, précité.
159. — 12 m. 5 j. — Craonnaise, blanche. M. Lefebvre-Laforge, précité.
160. — 13 m. — Meusienne, blanche..... M. Broquet (Victor), à Void (Meuse).
161. — 13 m. 20 j. — Bourbonnaise, blanche. M. Bignon fils, précité.
162. — 14 m. — Flamande croisée sanglier, M. Lobbedez, à Blaringhein (Nord).
blanche et noire.
163. — 15 m. — Craonnaise, blanche..... M. Lefebvre-Laforge, précité.
164. — 16 m. — Lorraine, blanche et noire. M. Muler, à Nancy (Meurthe-et-Moselle).
165. — 16 m. 3 j. — Craonnaise, blanche. M. Lefebvre-Laforge, précité.
166. — 18 m. — Craonnaise, blanche..... M. Boyenval, précité.
167. — 18 m. — Craonnaise, blanche..... Le même.
168. — 18 m. — Limousine, noire et blan- M. Poisson, directeur de la Ferme-École de
che. Laumoy (Cher).
169. — 21 m. 25 j. — ..... blanche..... M. Duet, précité.
170. — 24 m. — Craonnaise, blanche..... M. Boyenval, précité.
171. — 24 m. 14 j. — Des Alpes, blanche M. Guiov, à Gap (Hautes-Alpes).
et grise.
172. — 26 m. — Bourbonnaise, blanche et M. Pissevin, précité.
noire.
173. — 26 m. 13 j. — Craonnaise, blanche. M. Sinoir, à Fontaine-Couverte (Mayenne).
174. — 26 m. 15 j. — Craonnaise, blanche. M. Lefebvre-Laforge, précité.
175. — 27 m. — Limousine, blanche et M. d'Arfeuille, précité.
noire.
176. — 30 m. 10 j. — Des Alpes, blanche M. Guiov, précité.
et noire.
177. — 30 m. 24 j. — Bressane, blanche.. M. Werlein, précité.
178. — 36 m. — ..... blanche....... M. Duet, précité.
179. — 42 m. — ..... blanche et noire... Le même.
180. — 45 m. — Bressane, blanche...... M. Werlein, précité.

2ᵉ CATÉGORIE.

RACES ÉTRANGÈRES PURES OU CROISÉES ENTRE ELLES.

Mâles.

(1ᵉʳ prix, **400ᶠ**; 2ᵉ, **350ᶠ**; 3ᵉ, **300ᶠ**; 4ᵉ, **250ᶠ**; 5ᵉ, **200ᶠ**; 6ᵉ, **150ᶠ**; 7ᵉ, **125ᶠ**; 8ᵉ, **100ᶠ**.)

181. — 6 m. — Essex, noir et blanc...... M. Bérot, précité.

182. — 6 m. 1 j. — Yorkshire, blanc..... M. Mengin, (Pierre), à Yvoy-le-Marron (Loir-et-Cher).

183. — 6 m. 5 j. — Yorkshire, blanc..... M. Noblet, précité.

184. — 6 m. 8 j. — Yorkshire, blanc..... M. Mengin (Pierre), précité.

185. — 6 m. 15 j. — New-Leicester, blanc. M. Campagnolle, à Bordères (Hautes-Pyrénées).

186. — 6 m. 18 j. — Yorkshire, blanc.... M. le marquis de Lenoncourt, à Bussières (Haute-Saône).

187. — 7 m. — Yorkshire, blanc......... M. Mengin (Pierre), précité.

188. — 7 m. — Middlesex, blanc......... M. Poisson, précité.

189. — 7 m. 5 j. — Berkshire, noir...... M. Dumoutier, à Claville (Eure).

190. — 7 m. 15 j. — ..... blanc et noir.. M. Joly, précité.

191. — 8 m. — Middlesex-Yorkshire, blanc. M. Terrillon-Lemoine, à Châtillon-sur-Seine (Côte-d'Or).

192. — 8 m. 2 j. — Yorkshire, blanc..... M. Paillart, à Quesnoy-le-Montant (Somme).

193. — 8 m. 7 j. — Berkshire, noir...... M. de Buor, à Chaillé-les-Ormeaux (Vendée).

194. — 8 m. 20 j. — Yorkshire, blanc.... M. Pissevin, précité.

195. — 8 m. 21 j. — Berkshire, noir..... M. Maisonhaute, à Grignon (Seine-et-Oise).

196. — 8 m. 24 j. — Berkshire, blanc.... M. de Châteauvieux, à Étrelles (Ille-et-Vilaine).

197. — 9 m. — Yorkshire, blanc......... M. Mengin (Émile), à Bourges (Cher).

198. — 9 m. 4 j. — Manchester, blanc.... M. de la Massardière, à Autran (Vienne).

199. — 9 m. 8 j. — ..... noir et blanc.. Mᵐᵉ Lacoste, à Fontrailles (Hautes-Pyrénées).

200. — 9 m. 15 j. — Yorkshire, blanc.... MM. Labitte frères, à Fitz-James (Oise).

201. — 10 m. — Middlesex-Yorkshire, blanc. M. Broquet (Camille), à Void (Meuse).

202. — 10 m. — New-Leicester Colleshil... M. le marquis de la Tullaye, à Ménil (Mayenne).

203. — 10 m. — Berkshire-new-leicester, blanc. M. le comte des Nétumières, à Balazé (Ille-et-Vilaine).

204. — 10 m. 2 j. — Berkshire, noir..... M. Maisonhaute, précité.

205. — 11 m. — Yorkshire-middlesex, blanc. M. Martial, à Limoges (Haute-Vienne).

206. — 11 m. — Yorkshire, blanc........ M. Mengin (Pierre), précité.

207. — 11 m. — Middlesex, blanc et noir.. M. Poisson, précité.

208. — 11 m. 3 j. — Berkshire, blanc.... M. de Châteauvieux, précité.

209. — 11 m. 3 j. — Yorkshire, blanc.... M. Duquével, à Saint-Sorlin (Charente-Inférieure.)

210. — 11 m. 7 j. — Yorkshire, blanc.... M. Noblet, précité.

211. — 12 m. — Yorkshire-berksire, blanc. M. Duthu, à Nancy (Meurthe-et-Moselle).

212. — 12 m. — Suffolk-yorkshire, blanc.. M. Mengin (Émile), précité.

213. — 12 m. 25 j. — Yorkshire, blanc... M. Bignon fils, précité.

214. — 12 m. 25 j. — Yorkshire, blanc... M. le marquis de Lenoncourt, précité.

215. — 14 m. — Yorkshire-middlesex, blanc. M. Broquet (Victor), précité.

216. — 14 m. — Essex-yorkshire, gris et blanc. M. Muler, précité.

217. — 15 m. — Middlesex, blanc....... M. Poisson, précité.

218. — 16 m. — Yorkshire, blanc........   M. MENGIN (Pierre), précité.
219. — 16 m. — Yorkshire, blanc........   M. NOBLET, précité.
220. — 16 m. 25 j. — Berkshire, noir....   M. MAISONHAUTE, précité.
221. — 21 m. 5 j. — Berkshire, noir et   M. GAUDET, précité.
     gris.
222. — 24 m. — Berkshire, noir et blanc..   M. CORDIER, directeur de l'école d'agriculture
                                         pratique de Saint-Remy (Haute-Saône).
223. — 24 m. 12 j. — Berkshire, blanc...   M. DE BUOR, précité.
224. — 30 m. 22 j. — Berkshire, noir....   M. MAISONHAUTE, précité.

Femelles.

(1ᵉʳ prix, **300ᶠ**; 2°, **250ᶠ**; 3°, **225ᶠ**; 4°, **200ᶠ**; 5°, **175ᶠ**; 6°, **150ᶠ**;

7°, **125ᶠ**; 8°, **100ᶠ**.)

225. — 6 m. 1 j. — Yorkshire, blanche...   M. MENGIN (Pierre), précité.
226. — 6 m. 4 j. — Berkshire, noire.....   M. DE BUOR, précité.
227. — 6 m. 7 j. — Yorkshire, blanche...   M. NOBLET, précité.
228. — 6 m. 8 j. — Yorkshire, blanche...   M. MENGIN (Pierre), précité.
229. — 6 m. 15 j. — New-Leicester,   M. CAMPAGNOLLE, précité.
     blanche.
230. — 6 m. 15 j. — New-Leicester,   Le même.
     blanche.
231. — 7 m. — Middlesex, blanche.......   M. POISSON, précité.
232. — 7 m. 15 j. — ....., blanche....:   M. JOLY, précité.
233. — 8 m. — Berkshire, noire et grise...   M. GAUDET, précité.
234. — 8 m. — Yorkshire, blanche.......   MM. LABITTE frères, précités.
235. — 8 m. — Yorkshire, blanche.......   M. MENGIN (Pierre), précité.
236. — 8 m. — Yorkshire, blanche.......   Le même.
237. — 8 m. — Yorkshire, blanche.......   Le même.
238. — 8 m. — Middlesex-yorkshire,   M. TERRILLON-LEMOINE, précité.
     blanche.
239. — 8 m. 24 j. — Yorkshire, blanche..   M. DE CHÂTEAUVIEUX, précité.
240. — 8 m. 24 j. — Yorkshire, blanche..   Le même.
241. — 9 m. — .... noire et blanche..   Mᵐᵉ LACOSTE, précitée.
242. — 9 m. — Yorkshire, blanche.......   M. MENGIN (Émile), précité.
243. — 9 m. 9 j. — Berkshire, noire.....   M. MAISONHAUTE, précité.
244. — 10 m. — Essex, noire..........   M. BÉROT, précité.
245. — 10 m. — Middlesex-yorkshire,   M. BROQUET (Camille), précité.
     blanche.
246. — 10 m. — Middlesex-yorkshire,   Le même.
     blanche.
247. — 10 m. — Middlesex-yorkshire,   Le même.
     blanche.
248. — 10 m. — Middlesex-yorkshire,   Le même.
     blanche.
249. — 10 m. — Yorkshire-berkshire,   M. DUTHU, précité.
     blanche.
250. — 10 m. 7 j. — Berkshire, noire....   M. DUMOUTIER, précité.
251. — 10 m. 11 j. — Middlesex, blanche..   M. NOBLET, précité.
252. — 10 m. 12 j. — Berkshire, noire...   M. MAISONHAUTE, précité.
253. — 10 m. 25 j. — Berkshire, noire...   Le même.
254. — 11 m. — Yorkshire, blanche......   M. MENGIN (Pierre), précité.
255. — 11 m. — Berkshire-new-leicester,   M. le comte DES NÉTUMIÈRES, précité.
     blanche.
256. — 11 m. 2 j. — Berkshire, noire....   M. DE BUOR, précité.
257. — 11 m. 3 j. — Berkshire, blanche..   M. DE CHÂTEAUVIEUX, précité.

258. — 11 m. 3 j. — Berkshire, blanche..   M. DE CHÂTEAUVIEUX, précité.
259. — 11 m. 3 j. — Yorkshire, blanche..   M. DUQUÉNEL, précité.
260. — 11 m. 9 j. — Yorkshire, blanche   M. NOBLET, précité.
       et noire.
261. — 11 m. 9 j. — Yorkshire, blanche..   Le même.
262. — 12 m. — Essex-yorkshire, noire et   M. MULER, précité.
       blanche.
263. — 12 m. 16 j. — Yorkshire, blanche..   M. NOBLET, précité.
264. — 12 m. 20 j. — Berkshire, noire...   M. DUMOUTIER, précité.
265. — 13 m. — Essex, blanche.........   M. MENGIN (Émile), précité.
266. — 13 m. 2 j. — Berkshire, noire....   M. DUMOUTIER, précité.
267. — 13 m. 16 j. — Yorkshire, blanche..   M. le marquis DE LENONCOURT, précité.
268. — 13 m. 20 j. — Yorkshire, blanche..   M. BIGNON fils, précité.
269. — 14 m. — Yorkshire, blanche......   M. BROQUET (Victor), précité.
270. — 14 m. — Yorkshire, blanche......   M. MENGIN (Pierre), précité.
271. — 14 m. — Yorkshire, blanche......   Le même.
272. — 14 m. — Essex-yorkshire, blanche..   M. MULER, précité.
273. — 14 m. — Middlesex, blanche......   M. POISSON, précité.
274. — 14 m. 8 j. — Yorkshire, blanche..   MM. LABITTE frères, précités.
275. — 15 m. 14 j. — Berkshire, noire...   M. MAISONHAUTE, précité.
276. — 16 m. — Middlesex - yorkshire,   M. BROQUET (Camille), précité.
       blanche.
277. — 16 m. — Yorkshire, blanche......   M. CORDIER, précité.
278. — 16 m. — Windsor, blanche.......   M. DUCHEMIN, à Amfreville (Manche).
279. — 16 m. 2 j. — Yorkshire, blanche..   M. le marquis DE LENONCOURT, précité.
280. — 17 m. — Berkshire, noire........   M. MAISONHAUTE, précité.
281. — 18 m. — Middlesex, blanche......   M. le baron CORVISART, à Châteauneuf
                                      (Cher).
282. — 18 m. — Yorkshire, blanche......   MM. LABITTE frères, précités.
283. — 18 m. — Middlesex, blanche......   M. POISSON, précité.
284. — 18 m. — Middlesex, blanche......   Le même.
285. — 18 m. 13 j. — Yorkshire, blanche..   M. PAILLART, précité.
286. — 18 m. 15 j. — Yorkshire, blanche..   MM. LABITTE frères, précités.
302. — 18 m. 23 j. — Berkshire, noire et   M. GAUDET, précité.
       grise.
287. — 19 m. — Middlesex, blanche......   M. NOBLET, précité.
288. — 20 m. — Yorkshire, blanche......   M. BROQUET (Victor), précité.
289. — 20 m. — Yorkshire, blanche......   MM. LABITTE frères, précités.
290. — 20 m. 9 j. — Berkshire, noire et   M. GAUDET, précité.
       grise.
291. — 20 m. 14 j. — Berkshire, noire...   Le même.
292. — 21 m. 27 j. — Yorkshire, blanche..   M. le marquis DE LENONCOURT, précité.
293. — 22 m. — Yorkshire, blanche......   M. DUFHU, précité.
294. — 23 m. — Berkshire, blanche......   M. DE CHÂTEAUVIEUX, précité.
295. — 24 m. — Yorkshire middlesex.....   M. BOYENVAL, précité.
296. — 24 m. — Berkshire, noire et   M. CORDIER, précité.
       blanche.
297. — 24 m. — Yorkshire, blanche......   MM. LABITTE frères, précités.
298. — 25 m. — New-Leicester, blanche...   M. CAMPAGNOLLE, précité.
299. — 25 m. — Yorkshire, blanche......   M. PAILLART, précité.
300. — 25 m. — Yorkshire, blanche......   Le même.
301. — 27 m. 1 j. — Berkshire, noire....   M. GAUDET, précité.
303. — 28 m. — Berkshire, noire et   M. CORDIER, précité.
       blanche.
304. — 31 m. — Yorkshire, blanche......   M. NOBLET, précité.
305. — 31 m. 12 j. — Berkshire, noire....   M. DE BUOR, précité.
306. — 33 m. 1 j. — Berkshire, noire....   M. MAISONHAUTE, précité.
307. — 34 m. 7 j. — Yorkshire, blanche...   M. le marquis DE LENONCOURT, précité.

308. — 39 m. 7 j. — Berkshire, noire....   M. Maisonhaute, précité.
309. — 43 m. 17 j. — Berkshire, noire...   M. de Buor, précité.
310. — 47 m. 27 j. — Berkshire, noire...   M. Maisonhaute, précité.
311. — 47 m. 27 j. — Berkshire, noire...   Le même.
312. — 5 ans 7 m. — Berkshire, noire....   Le même.

3ᵉ CATÉGORIE.

CROISEMENTS DIVERS ENTRE RACES ÉTRANGERES
ET RACES FRANÇAISES.

Mâles.

(1ᵉʳ prix, **400**ᶠ; 2ᵉ, **300**ᶠ; 3ᵉ, **250**ᶠ; 4ᵉ, **200**ᶠ; 5ᵉ, **150**ᶠ; 6ᵉ, **100**ᶠ.)

313. — 6 m. — Yorkshire-meusien, blanc..   M. Broquet (Victor), précité.
314. — 6 m. 5 j. — Essex-gascon, noir et blanc.   M. Bérot, précité.
315. — 6 m. 5 j. — Berkshire-vendéen, noir et blanc.   M. de Buon, précité.
316. — 6 m. 11 j. — Yorkshire-picard, noir et blanc.   M. Stevenoot (Aimé), à Armbouts-Cappel (Nord).
317. — 7 m. — Essex-lorrain, noir et blanc.   M. Duthu, précité.
318. — 7 m. 8 j. — Normand-yorkshire, blanc.   M. Guillot, à St-Amand-sur-Frou (Marne).
319. — 7 m. 8 j. — ...., blanc et noir.   M. Joly, précité.
320. — 7 m. 15 j. — Yorkshire-craonnais, blanc.   M. Mengin (Pierre), précité.
321. — 7 m. 28 j. — Berkshire-normand, blanc et noir.   M. le marquis de Lenoncourt, précité.
322. — 8 m. — Anglo-limousin, blanc...   M. d'Arfeuille, précité.
323. — 9 m. 5 j. — Yorkshire-picard, blanc   M. Paillart, précité.
324. — 10 m. — Augeron-berkshire-hampshire, noir et blanc.   M. Lasnon, à Monville (Seine-Inférieure).
325. — 11 m. — Essex-meusien, noir et blanc.   M. Broquet (Camille), précité.
326. — 11 m. — Craonnais-new-leicester-berkshire-windsor, blanc.   M. le comte des Nétumières, précité.
327. — 11 m. — Yorkshire-berrichon, blanc.   M. Poisson, précité.
328. — 12 m. 10 j. — ...., blanc.   M. de Leffes, à Limoges (Haute-Vienne).
329. — 13 m. — Windsor-normand, blanc..   M. Duchemin, précité.
330. — 13 m. — Windsor-normand, blanc..   M. Lereverend, à Amfreville (Manche).
331. — 16 m. — Essex-meusien, noir et blanc.   M. Broquet (Camille), précité.
332. — 19 m. — Berkshire-craonnais, blanc.   M. Feunteun (Herve), à Ergué-Armel (Finistère).
333. — 28 m. 5 j. — Yorkshire-périgourdin, blanc.   M. Martial, précité.
334. — 29 m. 17 j. — Windsor-normand, blanc.   Le frère Bertrandus, directeur de l'établissement de Saint-Nicolas, à Igny (Seine-et-Oise).

Femelles.

(1ᵉʳ prix, **300**ᶠ; 2ᵉ, **250**ᶠ; 3ᵉ, **200**ᶠ; 4ᵉ, **150**ᶠ; 5ᵉ, **125**ᶠ; 6ᵉ, **100**ᶠ.)

335. — 6 m. 5 j. — Essex-gasconne, noire et blanche.   M. Bérot, précité.

336. — 6 m. 5 j. — Berkshire-vendéenne, M. DE BUOR, précité.
noire et blanche.

337. — 6 m. 6 j. — Normande - yorkshire, M. GUILLOT, précité.
blanche.

338. — 6 m. 27 j. — Manchester - gas- M. BAQUÉ, à Bordères (Hautes-Pyrénées).
conne, noire et blanche.

339. — 7 m. — Essex-lorraine, noire.... M. DUTHU, précité.

340. — 7 m. — Normande-hampshire, blan- M. GUILLOT, précité.
che et noire.

341. — 7 m. 8 j. — .... blanche M. JOLY, précité.
et noire.

342. — 7 m. 10 j. — Yorkshire-craonnaise, M. le marquis DE LENONCOURT, précité.
blanche.

343. — 8 m. — Yorkshire-craonnaise, blan- M. MENGIN (Pierre), précité.
che.

344. — 8 m. 3 j. — Yorkshire - normande, M. le marquis DE LENONCOURT, précité.
blanche.

345. — 9 m. 10 j. — Anglo-française, blan- M. DELAFOSSE, à Mentheville (Seine-Infé-
che. rieure).

346. — 10 m. 14 j. — Windsor-normande, LE FRÈRE BERTRANDUS, précité.
blanche.

347. — 11 m. — Essex-meusienne, noire. M. BROQUET (Camille), précité.

348. — 11 m. — Windsor-normande, blan- M. DUCHEMIN, précité.
che.

349. — 11 m. — Craonnaise-new-leicester- M. le comte DES NÉTUMIÈRES, précité.
berkshire-windsor, blanche.

350. — 11 m. 25 j. — Windsor-normande, LE FRÈRE BERTRANDUS, précité.
blanche.

351. — 12 m. — Windsor-normande, blan- M. LEREVEREND, précité.
che.

352. — 12 m. — Essex-lorraine, blanche... M. MULER, précité.

353. — 12 m. — Yorkshire - berrichonne, M. POISSON, précité.
blanche et noire.

354. — 13 m. 6 j. — Berkshire - bourbon- M. PISSEVIN, précité.
naise, blanche et noire.

355. — 14 m. — Yorkshire - meusienne, M. BROQUET (Victor), précité.
blanche.

356. — 14 m. — Yorkshire - craonnaise, M. MENGIN (Émile), précité.
blanche.

357. — 15 m. — Essex-lorraine, noire et M. DUTHU, précité.
blanche.

358. — 15 m. — Berkshire-craonnaise, blan- M. FEUNTEUN (Hervé), précité.
che.

359. — 15 m. — Essex-lorraine, noire et M. MULER, précité.
blanche.

360. — 16 m. — Yorkshire-lorraine, blan- M. DUTHU, précité.
che.

361. — 16 m. — Yorkshire - berrichonne, M. POISSON, précité.
blanche et noire.

362. — 18 m. — Craonnaise - berkshire, M. BOYENVAL, précité.
blanche.

363. — 21 m. — Essex - meusienne, noire M. BROQUET (Camille), précité.
et blanche.

364. — 22 m. — Essex-meusienne, noire et Le même.
blanche.

365. — 22 m. — Essex-meusienne, blanche Le même.
et noire.

366. — 22 m. — Normande-essex, blanche.. M. LEFORT, à Formigny (Calvados).

367. — 24 m. — Yorkshire-picarde, blan- M. Paillart, précité.
che.

368. — 25 m. — Yorkshire-picarde, blan- Le même.
che.

369. — 37 m. — Augeronne-berkshire- M. Lasvox, précité.
hampshire, blanche et noire.

M. Teisserenc de Bort fils (E.), à Saint-Priest-Taurion (Haute-Vienne.)

HORS CONCOURS,

sur la demande de l'exposant.

Mâles.

370. — 11 m. — Suffolk, blanc.......... M. Teisserenc de Bort fils (É.), précité.
371. — 28 m. — Suffolk, blanc.......... Le même.
372. — 22 m. — Yorkshire, blanc........ Le même.

Femelles.

373. — 26 m. — Suffolk, blanche........ M. Teisserenc de Bort fils (E.), précité.
374. — 34 m. — Suffolk, blanche........ Le même.
375. — 8 m. — Yorkshire, blanche....... Le même.
376. — 8 m. — Yorkshire, blanche....... Le même.
377. — 10 m. — Yorkshire, blanche...... Le même.
378. — 29 m. — Yorkshire, blanche...... Le même.
379. — 29 m. — Yorkshire, blanche...... Le même.
380. — 37 m. — Suffolk-craonnaise, blan- Le même.
che.
381. — 4 ans 8 m. — Suffolk-limousine, Le même.
blanche et noire.

RACE CAPRINE

382. — 4 ans 6 m. — Chèvre grise....... M. Giot, à Chevry-Cossigny (Seine-et-Marne).
383. — 2 ans. — Chèvre noire et blanche.. M. Lorné, à Troyes (Aube).
384. — 2 ans. — Chèvre noire et blanche.. Le même.
385. — 3 ans. — Chèvre noire et blanche.. Le même.
386. — ..... — Chèvre du Thibet, blanche.. M. Louard, à Paris, rue du Poteau, 80.

ANIMAUX DE BASSE-COUR
ÉTRANGERS ET FRANÇAIS.

1ʳᵉ CATÉGORIE.
RACE DE CRÈVECOEUR.

1ʳᵉ Section. — **Coqs.**

(1ᵉʳ prix, **30ᶠ**; 2ᵉ, **25ᶠ**; 3ᵉ, **20ᶠ**; 4ᵉ, **15ᶠ**; 5ᵉ, **10ᶠ**.)

1. — 1	Mᵐᵉ Aillerot, à la Flèche (Sarthe).
2. — 1	Mˡˡᵉ Aillerot (L.), à la Fleche (Sarthe).
3. — 1	Mᵐᵉ Aillerot, née Lusson, à la Flèche (Sarthe).
4. — 1	M. Balès, à Boulogne (Seine), rue de Bellevue, 23.
5. — 1	Le même.
6. — 1	Le même.
7. — 1	Le même.
8. — 1	Le même.
9. — 1	Le même.
10. — 1	Le même.
11. — 1	Le même.
12. — 1	M. Bocquet, à Paris, avenue d'Ivry, 118.
13. — 1	Le même.
14. — 1	Le même.
15. — 1	Le même.
16. — 1	Le même.
17. — 1	Le même.
18. — 1	Le même.
19. — 1	Le même.
20. — 1	Le même.
21. — 1	Le même.
22. — 1	Le même.
23. — 1	Le même.
24. — 1	Le même.
25. — 1, blanc	Le même.
26. — 1, cendré	Le même.
27. — 1	M. Boutillier, à Choisy-le-Roy (Seine), rue de Vitry, 3 *bis.*
28. — 1	Le même.
29. — 1	M. Breschet, à Paris, rue de la Procession, 76.
30. — 1	Le même.
31. — 1	Le même.
32. — 1	Le même.
33. — 1	Le même.
34. — 1	M. Brown (J.-B.), Gilmerton-Liberton (Écosse.)

35. — 1...................................... M. COURCOUT, à Amiens (Somme).
36. — 1...................................... Le même.
37. — 1...................................... M. CROIZET, à Amiens (Somme).
38. — 1...................................... Le même.
39. — 1...................................... M. DUCHEMIN (B.), à Amfreville (Manche).
40. — 1...................................... M. DUMOUTIER, à Claville (Eure).
41. — 1...................................... M. FARCY (J.), à Foulletourte (Sarthe).
42. — 1...................................... Le même.
43. — 1...................................... Le même.
44. — 1...................................... Le même.
45. — 1...................................... Le même.
46. — 1...................................... Le même.
47. — 1...................................... Le même.
48. — 1...................................... Le même.
49. — 1...................................... Le même.
50. — 1...................................... Le même.
51. — 1...................................... Le même.
52. — 1...................................... Le même.
53. — 1...................................... MM. FOWLER (J.-K. et R.-R.), à Prebendal
Farm (Aylesbury).
54. — 1...................................... Mme GÉNIN (M.), à Avignon (Vaucluse).
55. — 1...................................... M. GRIEVE (J.), à Newtown Böness (Écosse).
56. — 1...................................... M. LASSERON, à Paris, rue de l'Ouest,
116.
57. — 1...................................... M. LEMOINE, à Crosne (Seine-et-Oise).
58. — 1...................................... Le même.
59. — 1...................................... Le même.
60. — 1...................................... Le même.
61. — 1...................................... Le même.
62. — 1...................................... Mme LEWAL (L.), à Montivilliers (Seine-Inférieure).
63. — 1...................................... M. LORRÉ (P.), à Troyes (Aube).
64. — 1...................................... M. MAHOIS (G.), au Grand-Montrouge (Seine),
rue du Rond-Point, 16.
65. — 1...................................... Le même.
66. — 1...................................... M. MARTIN (J.), à Suresnes (Seine), avenue
de Neuilly, 22.
67. — 1...................................... Le même.
68. — 1...................................... Mme MENGIN, à Yvoy-le-Marron (Loir-et-Cher).
69. — 1...................................... La même.
70. — 1...................................... La même.
71. — 1...................................... La même.
72. — 1...................................... La même.
73. — 1...................................... La même.
74. — 1...................................... M. DE TOURLAVILLE (H.), à Beaubray (Eure).
75. — 1...................................... MM. TROUILLARD et BARASSÉ, à la Suze
(Sarthe).
76. — 1...................................... Les mêmes.
77. — 1...................................... Les mêmes.
78. — 1...................................... Les mêmes.
79. — 1...................................... Les mêmes.
80. — 1...................................... Les mêmes.
81. — 1...................................... M. VERMEULEN (J.), à Wetteren (Flandre
orientale).
82. — 1...................................... M. VOISIN (R.), à la Suze (Sarthe).
83. — 1...................................... Le même.
84. — 1...................................... M. VOITELLIER, à Mantes (Seine-et-Oise).
85. — 1...................................... Le même.

2ᵉ Section. — **Poules.**

(1ᵉʳ prix, **45ᶠ**; 2ᵉ, **40ᶠ**; 3ᵉ, **35ᶠ**; 4ᵉ, **30ᶠ**; 5ᵉ, **25ᶠ**.)

86. — 1 lot........................	Mᵐᵉ Aillerot, précitée.
87. — 1 lot........................	Mˡˡᵉ Aillerot (L.), précitée.
88. — 1 lot........................	Mᵐᵉ Aillerot, née Lusson, précitée.
89. — 1 lot........................	M. Balès, précité.
90. — 1 lot........................	Le même.
91. — 1 lot........................	Le même.
92. — 1 lot........................	Le même.
93. — 1 lot........................	Le même.
94. — 1 lot........................	Le même.
95. — 1 lot........................	Le même.
96. — 1 lot........................	Le même.
97. — 1 lot........................	M. Bocquet, précité.
98. — 1 lot........................	Le même.
99. — 1 lot........................	Le même.
100. — 1 lot........................	Le même.
101. — 1 lot........................	Le même.
102. — 1 lot........................	Le même.
103. — 1 lot........................	Le même.
104. — 1 lot........................	Le même.
105. — 1 lot........................	Le même.
106. — 1 lot........................	Le même.
107. — 1 lot........................	Le même.
108. — 1 lot........................	Le même.
109. — 1 lot........................	Le même.
110. — 1 lot, blanches................	Le même.
111. — 1 lot, cendrées................	Le même.
112. — 1 lot........................	M. Boutillier, précité.
113. — 1 lot........................	M. Braescher, précité.
114. — 1 lot........................	Le même.
115. — 1 lot........................	Le même.
116. — 1 lot........................	Le même.
117. — 1 lot........................	Le même.
118. — 1 lot........................	M. Brown (J.-B.), précité.
119. — 1 lot........................	M. Courcour, précité.
120. — 1 lot........................	Le même.
121. — 1 lot........................	M. Croizet, précité.
122. — 1 lot........................	Le même.
123. — 1 lot........................	M. Duchemin (B.), précité.
124. — 1 lot........................	M. Dumoutier, précité.
125. — 1 lot........................	M. Farcy, précité.
126. — 1 lot........................	Le même.
127. — 1 lot........................	Le même.
128. — 1 lot........................	Le même.
129. — 1 lot........................	Le même.
130. — 1 lot........................	Le même.
131. — 1 lot........................	Le même.
132. — 1 lot........................	Le même.
133. — 1 lot........................	Le même.
134. — 1 lot........................	Le même.
135. — 1 lot........................	Le même.
136. — 1 lot........................	Le même.
137. — 1 lot........................	MM. Fowler (J.-K. et R.-R.), précités.
138. — 1 lot........................	Mᵐᵉ Gévin (M.), précitée.
139. — 1 lot........................	M. Lasseron, précité.

140. — 1 lot........................ M. Lemoine, précité.
141. — 1 lot........................ Le même.
142. — 1 lot........................ Le même.
143. — 1 lot........................ Le même.
144. — 1 lot........................ Le même.
145. — 1 lot........................ Mme Lewal (L.), précitee.
146. — 1 lot........................ M. Lorré (P.), précité.
147. — 1 lot........................ M. Marois (G.), precite.
148. — 1 lot........................ Le même.
149. — 1 lot........................ M. Martin (J.), précite.
150. — 1 lot........................ Le même.
151. — 1 lot........................ Mme Mengin, précitée.
152. — 1 lot........................ La même.
153. — 1 lot........................ La même.
154. — 1 lot........................ La même.
155. — 1 lot........................ MM. Trouillard et Barassé, précités.
156. — 1 lot........................ Les mêmes.
157. — 1 lot........................ Les mêmes.
158. — 1 lot........................ Les mêmes.
159. — 1 lot........................ Les mêmes.
160. — 1 lot........................ Les mêmes.
161. — 1 lot........................ M. Vermeulen (J.), précite.
162. — 1 lot........................ M. Voisin (R.), precite.
163. — 1 lot........................ Le même.
164. — 1 lot........................ M. Voitellier, précite.
165. — 1 lot........................ Le même.

2e CATÉGORIE.

RACE DE HOUDAN.

1re Section. — Coqs.

(1er prix, 30f; 2e, 25f; 3e, 20f.)

166. — 1........................ Mme Aillerot, précitee.
167. — 1........................ Mme Aillerot, née Lisson, précitée.
168. — 1........................ M. Bocquet, précité.
169. — 1........................ Le même.
170. — 1........................ Le même.
171. — 1........................ Le même.
172. — 1........................ Le même.
173. — 1........................ Le même.
174. — 1........................ Le même.
175. — 1........................ Le même.
176. — 1........................ Le même.
177. — 1........................ Le même.
178. — 1........................ M. Boutillier, précite.
179. — 1........................ Le même.
180. — 1........................ M. Breschet, precite.
181. — 1........................ Le même.
182. — 1........................ Le même.
183. — 1........................ Le même.
184. — 1........................ Le même.
185. — 1........................ Le même.
186. — 1........................ Le même.
187. — 1........................ Le même.
188. — 1........................ Le même.

189. — 1...................... M. Breschet, précité.
190. — 1...................... M. Courcout, précité.
191. — 1...................... Le même.
192. — 1...................... M. Croizet, précité.
193. — 1...................... Le même.
194. — 1...................... M. Farcy (J.), précité.
195. — 1...................... Le même.
196. — 1...................... Le même.
197. — 1...................... M. Fournier (A.), à Lorris (Loiret).
198. — 1...................... Le même.
199. — 1...................... MM. Fowler (J.-K. et R.-R.), précités.
200. — 1...................... M. Gallichan (A.), à Saint-Aubin's-Road,
　　　　　　　　　　　　　　　à Saint-Hélier (Jersey).
201. — 1...................... Mme Génin (M.), précitee.
202. — 1...................... M. Hélin (J.-B.), à Neuilly (Seine), avenue
　　　　　　　　　　　　　　　de Neuilly, 158.
203. — 1...................... M. Lasseron, précité.
204. — 1...................... Le même.
205. — 1...................... M. Lemoine, précité.
206. — 1...................... Le même.
207. — 1...................... Le même.
208. — 1...................... Le même.
209. — 1...................... Le même.
210. — 1...................... M. Lorné (P.), précité.
211. — 1...................... M. Marois (G.), précité.
212. — 1...................... Le même.
213. — 1...................... Le même.
214. — 1...................... Le même.
215. — 1...................... M. Martin (J.), précité.
216. — 1...................... Le même.
217. — 1...................... Le même.
218. — 1...................... Mme Mengin, précitée.
219. — 1...................... La même.
220. — 1...................... La même.
221. — 1...................... La même.
222. — 1...................... La même.
223. — 1...................... La même.
224. — 1...................... M. Movrat (P.), à Paris, impasse Haute-
　　　　　　　　　　　　　　　forme, 25.
225. — 1...................... M. Naylor (C.-J.), à Brynllywarch Newton
　　　　　　　　　　　　　　　(pays de Galles).
226. — 1...................... Le même.
227. — 1...................... MM. Roullier et Arnoult, à Gambais
　　　　　　　　　　　　　　　(Seine-et-Oise).
228. — 1...................... Les mêmes.
229. — 1...................... Les mêmes.
230. — 1...................... Les mêmes.
231. — 1...................... Les mêmes.
232. — 1...................... Les mêmes.
233. — 1...................... Mlle Taillefer (É.-L.), à Morières (Vau-
　　　　　　　　　　　　　　　cluse).
234. — 1...................... MM. Trouillard et Barassé, précités.
235. — 1...................... Mme Vallance (K.-R.), à Aymers Sitting-
　　　　　　　　　　　　　　　bourne (Kent).
236. — 1...................... La même.
237. — 1...................... Mme Vergé, à Vrigné (Indre-et-Loire)
238. — 1...................... M. Voitellier, précité.
239. — 1...................... Le même.

8.

240. — 1.......................... M. Voitellier, précité.
241. — 1.......................... Le même.
242. — 1.......................... Le même.
243. — 1.......................... Le même.
244. — 1.......................... Le même.
245. — 1.......................... Le même.

2ᵉ Section. — **Poules.**

(1ᵉʳ prix, **45ᶠ**; 2ᵉ, **40ᶠ**; 3ᵉ, **35ᶠ**.)

246. — 1 lot.......................... Mᵐᵉ Aillerot, précitée.
247. — 1 lot.......................... Mᵐᵉ Aillerot, née Lusson, précitée.
248. — 1 lot.......................... M. Bocquet, précité.
249. — 1 lot.......................... Le même.
250. — 1 lot.......................... Le même.
251. — 1 lot.......................... Le même.
252. — 1 lot.......................... Le même.
253. — 1 lot.......................... Le même.
254. — 1 lot.......................... Le même.
255. — 1 lot.......................... Le même.
256. — 1 lot.......................... M. Boutillier, précité.
257. — 1 lot.......................... Le même.
258. — 1 lot.......................... M. Breschet, précité.
259. — 1 lot.......................... Le même.
260. — 1 lot.......................... Le même.
261. — 1 lot.......................... Le même.
262. — 1 lot.......................... Le même.
263. — 1 lot.......................... Le même.
264. — 1 lot.......................... Le même.
265. — 1 lot.......................... Le même.
266. — 1 lot.......................... Le même.
267. — 1 lot.......................... Le même.
268. — 1 lot.......................... Le même.
269. — 1 lot.......................... Le même.
270. — 1 lot.......................... M. Courcout, précité.
271. — 1 lot.......................... Le même.
272. — 1 lot.......................... M. Croizet, précité.
273. — 1 lot.......................... Le même.
274. — 1 lot.......................... M. Farcy (J.), précité.
275. — 1 lot.......................... Le même.
276. — 1 lot.......................... Le même.
277. — 1 lot.......................... M. Fournier (A.), précité.
278. — 1 lot.......................... Le même.
279. — 1 lot.......................... Le même.
280. — 1 lot.......................... Le même.
281. — 1 lot.......................... MM. Fowler (J.-K. et R.-R.), précités.
282. — 1 lot.......................... Mᵐᵉ Génin (M.), précitée.
283. — 1 lot.......................... M. Hélin (J.-B.), précité.
284. — 1 lot.......................... M. Lasseron, précité.
285. — 1 lot.......................... Le même.
286. — 1 lot.......................... M. Lemoine, précité.
287. — 1 lot.......................... Le même.
288. — 1 lot.......................... Le même.
289. — 1 lot.......................... Le même.
290. — 1 lot.......................... Le même.
291. — 1 lot.......................... M. Lorré (P.), précité.
292. — 1 lot.......................... M. Malos (G.), précité.

293. — 1 lot...................... M. Marois (G.), précité.
294. — 1 lot...................... Le même.
295. — 1 lot...................... Le même.
296. — 1 lot...................... M. Marsh (W.-S.), à Winkland Oaks, near
    Deal (Kent).
297. — 1 lot...................... M. Martin (J.), précité.
298. — 1 lot...................... Le même.
299. — 1 lot...................... Mme Mengin, précitée.
300. — 1 lot...................... La même.
301. — 1 lot...................... La même.
302. — 1 lot...................... La même.
303. — 1 lot...................... M. Monbat (P.), précité.
304. — 1 lot...................... M. Naylor (C.-J.), précité.
305. — 1 lot...................... MM. Roullier et Arnoult, précités.
306. — 1 lot...................... Les mêmes.
307. — 1 lot...................... Les mêmes.
308. — 1 lot...................... Les mêmes.
309. — 1 lot...................... Les mêmes.
310. — 1 lot...................... Les mêmes.
311. — 1 lot...................... M. Snell (E.), à Barrowden, près Stamford
    (Rutland).
312. — 1 lot...................... Mlle Taillefer (É.-L.), précitée.
313. — 1 lot...................... MM. Trouillard et Barassé, précités.
314. — 1 lot...................... Mme Vallance (K.-R.), précitée.
315. — 1 lot...................... La même.
316. — 1 lot...................... Mme Vergé, précitée.
317. — 1 lot...................... M. Voitellier, précité.
318. — 1 lot...................... Le même.
319. — 1 lot...................... Le même.
320. — 1 lot...................... Le même.
321. — 1 lot...................... Le même.
322. — 1 lot...................... Le même.
323. — 1 lot...................... Le même.

3ᵉ CATÉGORIE.

RACE DE LA FLÈCHE.

1ʳᵉ Section. — **Coqs.**

(1ᵉʳ prix, **30ᶠ**; 2ᵉ, **25ᶠ**; 3ᵉ, **20ᶠ**.)

324. — 1...................... Mme Aillerot, précitée.
325. — 1...................... La même.
326. — 1...................... Mlle Aillerot (L.), précitée.
327. — 1...................... La même.
328. — 1...................... Mme Aillerot, née Lusson, précitée.
329. — 1...................... La même.
330. — 1...................... La même.
331. — 1...................... La même.
332. — 1...................... M. Bocquet, précité.
333. — 1...................... Le même.
334. — 1...................... Le même.
335. — 1...................... Le même.
336. — 1...................... M. Boutillier, précité.
337. — 1...................... M. Breschet, précité.
338. — 1...................... Le même.
339. — 1...................... M. Courcout, précité.

340. — 1.. M. Courcout, précité.
341. — 1.. M. Croizet, précité.
342. — 1.. Le même.
343. — 1.. M. Desbois, à Paris-Auteuil, rue Chaner, 9.
344. — 1.. M. Dumoutier, précité.
345. — 1.. M. Fargy (J.), précité.
346. — 1.. Le même.
347. — 1.. Le même.
348. — 1.. Le même.
349. — 1.. Le même.
350. — 1.. Le même.
351. — 1.. Le même.
352. — 1.. Le même.
353. — 1.. Le même.
354. — 1.. Le même.
355. — 1.. Le même.
356. — 1.. Le même.
357. — 1 blanc.. Le même.
358. — 1.. M. de Faye (G.), à Saint-Hélier (Jersey),
                Carteret Street, 1.
359. — 1.. M. Lacour (A.), à Saint-Fargeau (Yonne).
360. — 1.. M. Lasseron, précité.
361. — 1.. M. Lemoine, précité.
362. — 1.. Le même.
363. — 1.. Le même.
364. — 1.. Le même.
365. — 1.. Le même.
366. — 1.. Le même.
367. — 1.. M. Marois (G.), précité.
368. — 1.. Le même.
369. — 1.. M. Martin (J.), précité.
370. — 1.. Mme Meginn, précitée.
371. — 1.. La même.
372. — 1.. La même.
373. — 1.. La même.
374. — 1.. La même.
375. — 1.. La même.
376. — 1.. M. Rupp, à Paris, boulevard Mazas, 138.
377. — 1.. Le même.
378. — 1.. Le même.
379. — 1.. Le même.
380. — 1.. Le même.
381. — 1.. Le même.
382. — 1.. MM. Trouillard et Banassé, précités.
383. — 1.. Les mêmes.
384. — 1.. Les mêmes.
385. — 1.. Les mêmes.
386. — 1.. Les mêmes.
387. — 1.. Les mêmes.
388. — 1.. M. Voisin (R.), précite.
389. — 1.. Le même.

2° Section. — **Poules.**

(1er prix, **45^f**; 2°, **40^f**; 3°, **35^f**.)

390. — 1 lot.. Mme Aillerot, précitée.
391. — 1 lot.. La même.

392. — 1 lot........................ Mlle AILLEROT (L.), précitée.
393. — 1 lot........................ La même.
394. — 1 lot........................ Mme AILLEROT, née LUSSON, précitée.
395. — 1 lot........................ La même.
396. — 1 lot........................ La même.
397. — 1 lot........................ La même.
398. — 1 lot........................ M. BOCQUET, précité.
399. — 1 lot........................ Le même.
400. — 1 lot........................ Le même.
401. — 1 lot........................ Le même.
402. — 1 lot........................ M. BOUTILLIER, précité.
403. — 1 lot........................ M. BRESCHET, précité.
404. — 1 lot........................ Le même.
405. — 1 lot........................ M. COURCOUT, précité.
406. — 1 lot........................ Le même.
407. — 1 lot........................ M. CROIZET, précité.
408. — 1 lot........................ Le même.
409. — 1 lot........................ M. DESBOIS, précité.
410. — 1 lot........................ M. FARCY (J.), précité.
411. — 1 lot........................ Le même.
412. — 1 lot........................ Le même.
413. — 1 lot........................ Le même.
414. — 1 lot........................ Le même.
415. — 1 lot........................ Le même.
416. — 1 lot........................ Le même.
417. — 1 lot........................ Le même.
418. — 1 lot........................ Le même.
419. — 1 lot........................ Le même.
420. — 1 lot........................ Le même.
421. — 1 lot........................ Le même.
422. — 1 lot, blanches.............. Le même.
423. — 1 lot........................ M. DE FAYE (G.), précité.
424. — 1 lot........................ M. LACOUR (A.), précité.
425. — 1 lot........................ M. LASSERON, précité.
426. — 1 lot........................ M. LEMOINE, précité.
427. — 1 lot........................ Le même.
428. — 1 lot........................ Le même.
429. — 1 lot........................ Le même.
430. — 1 lot........................ Le même.
431. — 1 lot........................ M. MAROIS (G.), précité.
432. — 1 lot........................ Le même.
433. — 1 lot........................ M. MARTIN (J.), précité.
434. — 1 lot........................ Mme MENGIN, précitée.
435. — 1 lot........................ La même.
436. — 1 lot........................ La même.
437. — 1 lot........................ La même.
438. — 1 lot........................ M. RUPP, précité.
439. — 1 lot........................ Le même.
440. — 1 lot........................ MM. TROUILLARD et BARASSÉ, précites.
441. — 1 lot........................ Les mêmes.
442. — 1 lot........................ Les mêmes.
443. — 1 lot........................ Les mêmes.
444. — 1 lot........................ Les mêmes.
445. — 1 lot........................ Les mêmes.
446. — 1 lot........................ M. VOISIN (R.), précité.
447. — 1 lot........................ Le même.

4ᵉ CATÉGORIE.

RACE DU MANS.

Iʳᵉ Section. — **Coqs.**

(1ᵉʳ prix, **30ᶠ**; 2ᵉ, **25ᶠ**; 3ᵉ, **20ᶠ**.)

448. — 1.......................... Mᵐᵉ AILLEROT, précitée.
449. — 1.......................... Mˡˡᵉ AILLEROT (L.), précitée.
450. — 1.......................... M. BOCQUET, precité.
451. — 1.......................... Le même.
452. — 1.......................... M. BRESCHET, précité.
453. — 1.......................... M. COURCOUT, précité.
454. — 1.......................... M. CROIZET, precité.
455. — 1.......................... M. FARCY (J.), precité.
456. — 1.......................... Le même.
457. — 1.......................... M. LEMOINE, précité.
458. — 1.......................... M. MAROIS (G.), précité.

2ᵉ Section. — **Poules.**

(1ᵉʳ prix, **45ᶠ**; 2ᵉ, **40ᶠ**; 3ᵉ, **35ᶠ**.)

459. — 1 lot.......................... Mᵐᵉ AILLEROT, précitée.
460. — 1 lot.......................... Mˡˡᵉ AILLEROT (L.), precitée.
461. — 1 lot.......................... M. BOCQUET, précite.
462. — 1 lot.......................... Le même.
463. — 1 lot.......................... M. BRESCHET, précité.
464. — 1 lot.......................... M. COURCOUT, precite.
465. — 1 lot.......................... M. CROIZET, precite.
466. — 1 lot.......................... M. FARCY (J.), précite.
467. — 1 lot.......................... Le même.
468. — 1 lot.......................... M. LEMOINE, précité.
469. — 1 lot.......................... M. MAROIS (G.), précité.

5ᵉ CATÉGORIE.

RACES DE LA BRESSE.

Iʳᵉ Section. — **Coqs.**

(1ᵉ prix, **30ᶠ**; 2ᵉ, **25ᶠ**.)

470. — 1 noir.......................... M. BOCQUET, précité.
471. — 1 noir.......................... Le même.
472. — 1 blanc et gris .... Le même.
473. — 1 blanc et gris .... Le même.
474. — 1 noir.......................... M. BRESCHET, précité.
475. — 1 blanc et gris .... M. CHAMBAUD (E.), à Péronnas (Ain).
476. — 1 noir.......................... Le même.
477. — 1 noir.......................... M. COURCOUT, précité.
478. — 1.......................... M. CROIZET, précité.
479. — 1 noir.......................... M. FARCY (J.), precité.
480. — 1 noir.......................... Le même.
481. — 1 blanc.......................... M. le baron D'HAUTESERVE , à Cranville
                                            (Manche).
482. — 1 gris.......................... Le même.
483. — 1 gris.......................... Le même.

484. — 1 gris......................... M. le baron D'HAUTESERVE , précité.
485. — 1 gris......................... Le même.
486. — 1 noir......................... Le même.
487. — 1 noir......................... Le même.
488. — 1......................... M. LACOUR (A.), précité.
489. — 1......................... M. LEMOINE, précité.
490. — 1......................... M. MAROIS (G.), précité.
491. — 1 gris......................... M. MAMY, à Conflans (Haute-Saône).
492. — 1 noir......................... Mme MENGIN, précitée.
493. — 1 noir......................... M. MERLE (A.), à Château-Renaud (Saône-et-Loire).
494. — 1 noir......................... M. PRUDENT (J.), à Château-Renaud (Saône-et-Loire).

2e SECTION. — Poules.

(1er prix, 45^f; 2e, 40^f.)

495. — 1 lot, noires................... M. BOCQUET, précité.
496. — 1 lot, noires................... Le même.
497. — 1 lot, blanches et grises.......... Le même.
498. — 1 lot, blanches et grises.......... Le même.
499. — 1 lot, noires................... M. BRESCHET, précité.
500. — 1 lot, blanches et grises.......... M. CHAMBAUD (E.), précité.
501. — 1 lot, noires................... Le même.
502. — 1 lot, noires................... M. COURGOUT, précité.
503. — 1 lot......................... M. CROIZET, précité.
504. — 1 lot, noires................... M. FARCY (J.), précité.
505. — 1 lot, noires................... Le même.
506. — 1 lot, grises................... M. le baron D'HAUTESERVE, précité.
507. — 1 lot, grises................... Le même.
508. — 1 lot, grises................... Le même.
509. — 1 lot, grises................... Le même.
510. — 1 lot, grises................... Le même.
511. — 1 lot, grises................... Le même.
512. — 1 lot, noires................... Le même.
513. — 1 lot, noires................... Le même.
514. — 1 lot......................... M. LACOUR (A.), précité.
515. — 1 lot......................... M. LEMOINE, précité.
516. — 1 lot......................... M. MAROIS (G.), précité.
517. — 1 lot, grises................... M. MAMY, précité.
518. — 1 lot, noires................... Mme MENGIN, précitée.
519. — 1 lot, noires................... M. MERLE (A.), précité.
520. — 1 lot, noires................... M. PRUDENT (J.), précité.

6e CATÉGORIE.

RACES FRANÇAISES AUTRES QUE CELLES DÉNOMMÉES CI-DESSUS.

1re SECTION. — Coqs.

(1er prix, 20^f; 2e, 18^f; 3e, 15^f; 4e, 10^f.)

521. — 1 de Barbezieux, noir........... M. FAYET aîné, à Saint-Médard-de-Barbezieux (Charente).
522. — 1 de Barbezieux, noir........... Le même.
523. — 1 de Barbezieux, noir........... M. GOIS (E.), à Montchaudé (Charente).
524. — 1 de Barbezieux, noir........... Le même.
525. — 1 de Barbezieux, noir........... M. GRIMARD (P.), à Lagarde (Charente).

526. — 1ʳ de Barbezieux, noir............ M. Lemoine, précité.
527. — 1 de Barbezieux, noir............ M. Martin (J.), précité.
528. — 1 lot Caussade................. M. Monrat (P.), précité.
529. — 1 lot Caussade................. Le même.
530. — 1 courtes-pattes, noir............ Mᵐᵉ Aillerot, née Lusson, precitée.
531. — 1 courtes-pattes, noir............ M. Bocquet, précité.
532. — 1 courtes-pattes, noir............ Le même.
533. — 1 courtes-pattes, noir............ M. Farcy (J.),, précité.
534. — 1 courtes-pattes, noir............ Le même.
535. — 1 courtes-pattes, noir............ M. Lemoine, précité.
536. — 1 courtes-pattes, noir............ MM. Trouillard et Barassé, précités.
537. — 1 de ferme................. M. Marois (G.), précité.
538. — 1 de ferme................. Le même.
539. — 1 gascon, noir................ M. de Montredon, à Villemur (Haute-Ga-
                                                      ronne).
540. — 1 du Gâtinais................. M. Lacour (A.), précité.
541. — 1 du Gâtinais................. M. Lasserov, précité.
542. — 1 de Gournay, blanc et noir....... M. Breschet, précité.
543. — 1 de Gournay, blanc et noir....... Mᵐᵉ Paillart (A.), à Quesnoy-le Montant
                                                      (Somme).
544. — 1 d'Hergnies, argenté............ M. Courcout, précité.
545. — 1 d'Hergnies, argenté............ M. Croizet, précité.
546. — 1 d'Hergnies, argenté............ Le même.
547. — 1 de Mantes................. M. Voitellier, précité.
548. — 1 de Mantes................. Le même.
549. — 1 normand................. M. Courcout, précité.
550. — 1 de Pavilly, noir.............. Mᵐᵉ Lasnon (F.), à Montville (Seine-Infe-
                                                      rieure).
551. — 1 de Pavilly, noir.............. M. Leblond (J.), à Saint-Étienne-de-Rou-
                                                      vray (Seine-Inferieure).
552. — 1 de Pavilly, noir.............. Le même.
553. — 1 de Pavilly, noir.............. Mᵐᵉ Malmaison, à Rouen (Seine-Inferieure).
554. — 1 picard, sans queue.......... M. Courcout, precite.
555. — 1 picard, sans queue.......... M. Croizet, precité.
556. — de Sologne, noir.............. Mᵐᵉ Mengin, précitée.
557. — de Toulouse................. Mᵐᵉ Gévin (M.), précitée.
558. — 1................. M. Bondov (A.), à Brizambourg (Charente-
                                                      Inferieure).
559. — 1................. M. Guyon (A.), à Gap (Hautes-Alpes).
560. — 1................. Le même.
561. — 1................. M. Lorné (P.), précité.
562. — 1................. Le même.
563. — 1................. M. de Montredon, précité.
564. — 1................. M. Moynier (J.), à Montpellier (Herault).

2ᵉ Section. — **Poules.**

(1ᵉʳ prix, **30ᶠ**; 2ᵉ, **25ᶠ**; 3ᵉ, **20ᶠ**; 4ᵉ, **15ᶠ**.)

565. — 1 lot de Barbezieux, noires....... M. Fayet aîné, précite.
566. — 1 lot de Barbezieux, noires....... Le même.
567. — 1 lot de Barbezieux, noires....... M. Gois (E.), précité.
568. — 1 lot de Barbezieux, noires....... M. Grimard (P.), précité.
569. — 1 lot de Barbezieux, noires....... M. Lemoine, precite.
570. — 1 lot de Barbezieux, noires....... M. Martin (J.), précite.
571. — 1 lot de Caussade.............. M. Monrat (P.), précité.
572. — 1 lot de Caussade.............. Le même.
573. — 1 lot de courtes-pattes, noires...... Mᵐᵉ Aillerot, née Lusson, précitée.

574. — 1 lot de courtes-pattes, noires...... M. Bocquet, précité.
575. — 1 lot de courtes-pattes, noires...... Le même.
576. — 1 lot de courtes-pattes, noires...... M. Farcy (J.), précité.
577. — 1 lot de courtes-pattes, noires...... Le même.
578. — 1 lot de courtes-pattes, noires...... M. Lemoine, précité.
579. — 1 lot de courtes-pattes, noires...... MM. Trouillard et Barassé, précités.
580. — 1 lot de ferme................. M. Marois (G.), précité.
581. — 1 lot de ferme................. Le même.
582. — 1 lot de gasconnes, noires........ M. de Montredon, précité.
583. — 1 lot du Gâtinais.............. M. Lacour (A.), précité.
584. — 1 lot du Gâtinais.............. M. Lasseron, précité.
585. — 1 lot de Gournay, blanches et noires. M. Breschet, précité.
586. — 1 lot de Gournay, grises.......... Mme Paillart (A.), précitée.
587. — 1 lot d'Hergnies, argentées....... M. Courcout, précité.
588. — 1 lot d'Hergnies, argentées....... M. Croizet, précité.
589. — 1 lot d'Hergnies, argentées....... Le même.
590. — 1 lot de Mantes................. M. Voitellier, précité.
591. — 1 lot de Mantes................. Le même.
592. — 1 lot de normandes............. M. Courcout, précité.
593. — 1 lot de Pavilly, noires......... Mme Lasvon (F.), précitée.
594. — 1 lot de Pavilly, noires........... M. Leblond (J.), précité.
595. — 1 lot de Pavilly, noires·......... Mme Malmaison, précitée.
596. — 1 lot de picardes sans queue...... M. Courcout, précité.
597. — 1 lot de picardes sans queue...... M. Croizet, précité.
598. — 1 lot de Sologne, noires.......... Mme Mengin, précitée.
599. — 1 lot de Toulouse.............. Mme Génin (M.), précitée.
600. — 1 lot........................ M. Bondon (A.), précité.
601. — 1 lot........................ Le même.
602. — 1 lot........................ Le même.
603. — 1 lot........................ M. Guyon (A.), précité.
604. — 1 lot........................ Le même.
605. — 1 lot........................ M. Lorré (P.), précité.
606. — 1 lot........................ M. de Montredon, précité.
607. — 1 lot........................ M. Moynier (J.), précité.

7ᵉ CATÉGORIE.

RACE COCHINCHINOISE, JAUNE OU CHAMOIS.

1ʳᵉ Section. — Coqs.

(1ᵉʳ prix, **30ᶠ**; 2ᵉ, **20ᶠ**; 3ᵉ, **15ᶠ**; 4ᵉ, **10ᶠ**.)

608. — 1........................ Mme Aillerot, précitée.
609. — 1........................ Mlle Aillerot (L.), précitée.
610. — 1........................ Mme Aillerot, née Lusson, précitée.
611. — 1........................ M. Beldon (H.), à Gortstock, près Bingley (Yokshire).
612. — 1........................ M. Bennison, à Middlesbrough, 23, Gosford Street.
613. — 1........................ M. Bocquet, précité.
614. — 1........................ Le même.
615. — 1........................ Le même.
616. — 1........................ M. Breschet, précité.
617. — 1........................ Le même.
618. — 1........................ Le même.
619. — 1........................ Le même.
620. — 1........................ M. Chomé (L.), à Bruxelles.

621. — 1 .... Mᵐᵉ Christy, (A.), à Falkoners Edenbridge (Kent).
622. — 1 La même.
623. — 1 La même.
624. — 1 La même.
625. — 1 M. Courcout, précité.
626. — 1 Le même.
627. — 1 M. Croizet, précité.
628. — 1 Le même.
629. — 1 M. Darby (A.-E.-W.), à Little Ness (Shrewsbury).
630. — 1 M. Dean (T.-A.), à Rose Villa, Marden near, Hereford.
631. — 1 Le même.
632. — 1 M. Desbois, précité.
633. — 1 M. Dryepondt-Bergeron (G.), à Bruges (Flandre occidentale).
634. — 1 MM. Fowler (J.-K. et R.-R.), précités.
635. — 1 Les mêmes.
636. — 1 M. Hélin (J.-B.), précité.
637. — 1 M. Jelf (C.-H.), à Hastings Lodge (Hastings).
638. — 1 Le même.
639. — 1 Le même.
640. — 1 M. Lasseron, précité.
641. — 1 M. Lemoine, précité.
642. — 1 Le même.
643. — 1 Le même.
644. — 1 Le même.
645. — 1 Le même.
646. — 1 roux Le même.
647. — 1 M. Long (J.), à Ravenscroft Farm, Ridge, Barnet (Angleterre).
648. — 1 M. Manois (G.), précité.
649. — 1 Le même.
650. — 1 M. Martin (J.), précité.
651. — 1 Le même.
652. — 1 M. le capitaine Robin (T.-S.), à Jersey.
653. — 1 Mᵐᵉ Skinner (R.-V.); a Winchelsea Periteau House (Sussex).
654. — 1 M. Vermeulen (J.), précité.

2ᵉ Section. — Poules.

(1ᵉʳ prix, 45ᶠ; 2ᵉ, 40ᶠ; 3ᵉ, 35ᶠ; 4ᵉ, 30ᶠ.)

655. — 1 lot Mᵐᵉ Aillerot, précitée.
656. — 1 lot Mˡˡᵉ Aillerot (L.), précitée.
657. — 1 lot Mᵐᵉ Aillerot, née Lusson, précitée
658. — 1 lot M. Beldon (H.), précité.
659. — 1 lot M. Bocquet, précité.
660. — 1 lot M. Bennison, précité.
661. — 1 lot M. Brescher, précité.
662. — 1 lot Le même.
663. — 1 lot Le même.
664. — 1 lot Le même.
665. — 1 lot M. Chomé (L.), précité.
666. — 1 lot Mᵐᵉ Christy (A.), précitée.
667. — 1 lot La même.

668. — 1 lot...................................... Mme Christy (A.), précitée.
669. — 1 lot...................................... La même.
670. — 1 lot...................................... M. Courcout, précité.
671. — 1 lot...................................... M. Croizet, précité.
672. — 1 lot...................................... Le même.
673. — 1 lot...................................... M. Darby (A.-E.-W.), précité.
674. — 1 lot...................................... M. Dean (T.-A.), précité.
675. — 1 lot...................................... Le même.
676. — 1 lot...................................... M. Desbois, précité.
677. — 1 lot...................................... M. Dryepondt-Bergeron (G.), précité.
678. — 1 lot...................................... MM. Fowler (J.-K. et R.-R.), précités.
679. — 1 lot...................................... M. Hélin (J.-B.), précité.
680. — 1 lot...................................... Le même.
681. — 1 lot...................................... M. Jelf (C.-H.), précité.
682. — 1 lot...................................... Le même.
683. — 1 lot...................................... Le même.
684. — 1 lot...................................... M. Lasseron, précité.
685. — 1 lot...................................... M. Lemoine, précité.
686. — 1 lot...................................... Le même.
687. — 1 lot...................................... Le même.
688. — 1 lot...................................... Le même.
689. — 1 lot...................................... Le même.
690. — 1 lot, roux............................... Le même.
691. — 1 lot...................................... M. Marois (G.), précité.
692. — 1 lot...................................... Le même.
693. — 1 lot...................................... M. Martin (J.), précité.
694. — 1 lot...................................... Le même.
695. — 1 lot...................................... M. le capitaine Robin (T.-S.), précité.
696. — 1 lot...................................... M. Vermeulen (J.), précité.

8ᵉ CATÉGORIE.

RACE COCHINCHINOISE BLANCHE.

1re Section. — **Coqs.**

(1er prix, **30ᶠ**; 2ᵉ, **20ᶠ**; 3ᵉ, **15ᶠ**.)

697. — 1...................................... M. Beldon (H.), précité.
698. — 1...................................... M. Bocquet, précité.
699. — 1...................................... M. Boutillier, précité.
700. — 1...................................... M. Breschet, précité.
701. — 1...................................... M. Croizet, précité.
702. — 1...................................... M. Darby (A.-E.-W.), précité.
703. — 1...................................... M. Dean (T.-A.), précité.
704. — 1...................................... M. Dryepondt-Bergeron, précité.
705. — 1...................................... MM. Fowler (J.-K. et R.-R.), précités.
706. — 1...................................... Les mêmes.
707. — 1...................................... M. Hélin (J.-B.), précité.
708. — 1...................................... M. Lasseron, précité.
709. — 1...................................... M. Marois (G.), précité.
710. — 1...................................... Le même.
711. — 1...................................... Mme Mengin, précitée.
712. — 1...................................... La même.
713. — 1 lot...................................... M. le Révérend Reginald, S. S. Woodgate, à Tonbridge Wells (Kent).
714. — 1...................................... Mme Rellier-Gallwey, à Bois-de-Colombes (Seine).
715. — 1...................................... M. Snell (E.), précité.

2ᵉ SECTION. — **Poules.**

(1ᵉʳ prix, **45ᶠ** ; 2ᵉ, **40ᶠ** ; 3ᵉ, **35ᶠ**.)

716. — 1 lot........................ M. BELDON (H.), précité.
717. — 1 lot........................ M. BOCQUET, précité.
718. — 1 lot........................ M. BOUTILLIER, précité.
719. — 1 lot........................ M. BRESCHET, précité.
.720. — 1 lot........................ M. CROIZET, précité.
721. — 1 lot........................ M. DARBY (A.-E.-W.), précité.
722. — 1 lot........................ M. DEAN (T.-A.), précité.
723. — 1 lot........................ M. DRYEPONDT-BERGERON, précité.
724. — 1 lot........................ MM. FOWLER (J.-K. et R.-R.), précités
725. — 1 lot........................ M. HÉLIN (J.-B.), précité.
726. — 1 lot........................ Le même.
727. — 1 lot........................ M. LASSERON, précité.
728. — 1 lot........................ M. MAROIS (G.), précité.
729. — 1 lot........................ Le même.
730. — 1 lot........................ Mᵐᵉ MENGIN, précitée.
731. — 1 lot........................ La même.
732. — 1 lot........................ M. NAYLOR (C.-J.), précité.
733. — 1 lot........................ M. le Révérend REGINALD, ꞏS. S. Wood
      ꞏgate, précité.
734. — 1 lot........................ Mᵐᵉ RELLIER-GALLWEY, précitée.
735. — 1 lot........................ M. SNELL (E.), précité.

9ᵉ CATÉGORIE.
RACE COCHINCHINOISE NOIRE.
1ʳᵉ SECTION. — **Coqs.**

(1ᵉʳ prix, **30ᶠ** ; 2ᵉ, **20ᶠ** ; 3ᵉ, **15ᶠ**.)

736. — 1........................ M. BELDON (H.), précité.
737. — 1........................ M. BENNISON, précité.
738. — 1........................ M. BOCQUET, précité.
739. — 1........................ M. BRESCHET, précité.
740. — 1........................ M. CROIZET, précité.
741. — 1........................ M. DARBY, (A.-E.-W.), précité.
742. — 1........................ MM. FOWLER (J.-K. et R.-R.), précités.
743. — 1........................ Mᵐᵉ GÉVIN (M.), précitée.
744. — 1........................ M. LASSERON, précité.
745. — 1........................ M. LEMOINE, précité.
746. — 1........................ Le même.
747. — 1........................ Le même.
748. — 1........................ Le même.
749. — 1........................ Le même.
750. — 1........................ M. LIVETT (G.-A.), à Soham (Cambridge-
      shire).
751. — 1........................ Le même.
752. — 1........................ M. MAROIS, précité.
753. — 1........................ M. TAAFFE (P.), à Foxborough Tulsk
      (Roscommon, Irlande).

2ᵉ SECTION. — **Poules.**

(1ᵉʳ prix, **45ᶠ** ; 2ᵉ, **40ᶠ** ; 3ᵉ, **35ᶠ**.)

754. — 1 lot........................ M. BELDON (H.), précité.
755. — 1 lot........................ M. BENNISON, précité.

756. — 1 lot......................... M. Bocquet, précité.
757. — 1 lot......................... M. Brescher, précité.
758. — 1 lot......................... M. Croizet, précité.
759. — 1 lot......................... M. Darby (A.-E.-W.), précité.
760. — 1 lot......................... MM. Fowler (J.-K. et R.-R.), précités.
761. — 1 lot......................... Mᵐᵉ Génin (M.), précitée.
762. — 1 lot......................... M. Lasseron, précité.
763. — 1 lot......................... M. Lemoine, précité.
764. — 1 lot......................... Le même.
765. — 1 lot......................... Le même.
766. — 1 lot......................... Le même.
767. — 1 lot......................... Le même.
768. — 1 lot......................... M. Marois (G.), précité.

10ᵉ CATÉGORIE.

RACES COCHINCHINOISES NON CLASSÉES CI-DESSUS.

1ʳᵉ Section. — Coqs.

(1ᵉʳ prix, **30ᶠ**; 2ᵉ, **25ᶠ**; 3ᵉ, **15ᶠ**.)

769. — 1 coucou.................... M. Breschet, précité.
770. — 1 coucou.................... M. Courcout, précité.
771. — 1 coucou.................... M. Croizet, précité.
772. — 1 coucou.................... M. Marois (G.), précité.
773. — 1 gris...................... M. Lasseron, précité.
774. — 1 gris...................... M. Moynier (J.), précité.
775. — 1 perdrix................... M. Beldon (H.), précité.
776. — 1 perdrix................... M. Bocquet, précité.
777. — 1 perdrix................... M. Desbois, précité.
778. — 1 perdrix................... MM. Fowler (J.-K. et R.-R.), précités.
779. — 1 perdrix................... Les mêmes.
780. — 1 perdrix................... M. le baron d'Hauteserve, précité.
781. — 1 perdrix................... Mᵐᵉ Hendrie (J.), à Inverness (Écosse), Muirfield House.
782. — 1 perdrix................... M. Wood (R.-J.), the Walmsley's Leigh (Lancashire).
783. — 1 rouge..................... M. Bocquet, précité.
784. — 1 rouge..................... M. Brescher, précité.
785. — 1......................... M. Dryepondt-Bergeron, précité.
786. — 1......................... M. Guyon (A.), précité.

2ᵉ Section. — Poules.

(1ᵉʳ prix, **45ᶠ**; 2ᵉ, **40ᶠ**; 3ᵉ, **35ᶠ**.)

787. — 1 lot, coucou............... M. Breschet, précité.
788. — 1 lot, coucou............... M. Courcout, précité.
789. — 1 lot, coucou............... M. Croizet, précité.
790. — 1 lot, coucou............... M. Marois (G.), précité.
791. — 1 lot, grises............... M. Lasseron, précité.
792. — 1 lot, perdrix.............. M. Beldon (H.), précité.
793. — 1 lot, perdrix.............. M. Bocquet, précité.
794. — 1 lot, perdrix.............. M. le baron d'Hauteserve, précité.
795. — 1 lot, perdrix.............. MM. Fowler (J.-K. et R.-R.), précités.
796. — 1 lot, perdrix.............. Les mêmes.
797. — 1 lot...................... M. Dryepondt-Bergeron, précité.
798. — 1 lot...................... M. Guyon (A.), précité.

11ᵉ CATÉGORIE.

RACE BRAHMA-POOTRA.

3ᵉ Section. — **Coqs.**

(1ᵉʳ prix, **30ᶠ**; 2ᵉ, **25ᶠ**; 3ᵉ, **15ᶠ**.)

799. 1.............................. Mᵐᵉ Aillerot, née Lusson, précitée.
800. 1.............................. M. Beldon (H.), précité.
801. 1.............................. Le même.
802. 1.............................. M. Bennison, précité.
803. 1.............................. M. Bigg (A.), à Bromyard (Angleterre).
804. 1.............................. Le même.
805. 1.............................. M. Bocquet, précité.
806. 1.............................. M. Boutillier, précité.
807. 1.............................. M. Breschet, précité.
808. 1.............................. Le même.
809. 1.............................. Le même.
810. 1.............................. Le même.
811. 1.............................. M. Chomié (L.), précité.
812. 1.............................. M. Courcout, précité.
813. 1.............................. M. Croizet, précité.
814. 1.............................. M. Dean (T.-A.), précité.
815. 1.............................. Le même.
816. 1.............................. Le même.
817. 1.............................. Le même.
818. 1.............................. Le même.
819. 1.............................. Le même.
820. 1.............................. MM. Fowler (J.-K. et R.-R.), précités.
821. 1.............................. Les mêmes.
822. 1.............................. Les mêmes.
823. 1.............................. Les mêmes.
824. 1.............................. M. Haslewood Smith, à Harborne (Angleterre).
825. 1.............................. M. Hélin (J.-B.), précité.
826. 1.............................. M. Lasseron, précité.
827. 1.............................. M. Lemoine, précité.
828. 1.............................. Le même.
829. 1.............................. M. Long (J.), précité.
830. 1.............................. Le même.
831. 1.............................. M. Lorné (P.), précité.
832. 1.............................. M. Marois (G.), précité.
833. 1.............................. Le même.
834. 1.............................. M. Marsh (W.-S.), précité.
835. 1.............................. M. Martin (J.), précité.
836. 1.............................. Le même.
837. 1.............................. Mᵐᵉ Mengin, précitée.
838. 1.............................. La même.
839. 1.............................. M. Monrat (P.), précité.
840. 1.............................. Le même.
841. 1.............................. Le même.
842. 1.............................. M. Naylor (C.-J.), précité.
843. 1.............................. M. Norris (L.-C.-C.-R.), à Trumpington
(Cambridge).
844. 1.............................. Le même.
845. 1.............................. Le même.
846. 1.............................. Mˡˡᵉ Taillefer (E.-L.), précitée.

847. — 1........................... M. Webb (T.), à Chester Road, near Birmin-
                                     gham.
848. — 1........................... M. Wh.le (H.-C.), à Maney, Sutton Cold-
                                     field, near Birmingham.

4ᵉ Section. — **Poules.**

(1ᵉʳ prix, **45ᶠ**; 2ᵉ, **40ᶠ**; 3ᵉ, **35ᶠ**.)

849. — 1 lot...................... Mᵐᵉ Aillerot, née Lusson, précitée.
850. — 1 lot...................... M. Beldon (H.), précité.
851. — 1 lot...................... Le même.
852. — 1 lot...................... M. Benvson, précité.
853. — 1 lot...................... M. Bogg (A.), précité.
854. — 1 lot...................... Le même.
855. — 1 lot...................... M. Bocquer, précité.
856. — 1 lot...................... M. Bouilleu, précité.
857. — 1 lot...................... M. Breschet, précité.
858. — 1 lot...................... Le même.
859. — 1 lot...................... Le même.
860. — 1 lot...................... M. Chomé (L.), précité.
861. — 1 lot...................... M. Courcour, précité.
862. — 1 lot...................... M. Croizet, précité.
863. — 1 lot...................... M. Dean (T.-A.), précité.
864. — 1 lot...................... Le même.
865. — 1 lot...................... Le même.
866. — 1 lot...................... Le même.
867. — 1 lot...................... Le même.
868. — 1 lot...................... Le même.
869. — 1 lot...................... MM. Fowler (J.-K. et R.-R.), précités.
870. — 1 lot...................... Les mêmes.
871. — 1 lot...................... M. Hélin (J.-B.), précité.
872. — 1 lot...................... M. Lasseron, précité.
873. — 1 lot...................... M. Lemoine, précité.
874. — 1 lot...................... Le même.
875. — 1 lot...................... M. Long (J.), précité.
876. — 1 lot...................... M. Lorné (P.), précité.
877. — 1 lot...................... M. Marois (G.), précité.
878. — 1 lot...................... Le même.
879. — 1 lot...................... M. Marsh (W.-S.), précité.
880. — 1 lot...................... M. Martin (J.), précité.
881. — 1 lot...................... Le même.
882. — 1 lot...................... Mᵐᵉ Mengin, précitée.
883. — 1 lot...................... La même.
884. — 1 lot...................... M. Movrat (P.), précité.
885. — 1 lot...................... Le même.
886. — 1 lot...................... Le même.
887. — 1 lot...................... M. Naylor (C.-J.), précité.
888. — 1 lot...................... MM. Newnham et Mauby, à Wolverhampton,
                                     King Street, 10.
889. — 1 lot...................... M. Norris (L.-C.-C.-R.), précité.
890. — 1 lot...................... Le même.
891. — 1 lot...................... Mˡˡᵉ Taillefer (E.-L.), précitée.
892. — 1 lot...................... M. Webb (T.), précité.
893. — 1 lot...................... M. While (H.-C.), précité.

12ᵉ CATÉGORIE.

RACE DE DORKING.

1ʳᵉ Section. — Coqs.

(1ᵉʳ prix, **30**ᶠ; 2ᵉ, **25**ᶠ; 3ᵉ, **20**ᶠ.).

894. — 1	....	Mᵐᵉ AILLEROT, née LUSSON, précitée.
895. — 1'	....	M. BENNISON, précité.
896. — 1	....	M. BOCQUET, précité.
897. — 1	....	Le même.
898. — 1	....	Le même.
899. — 1	....	M. BRESCHET, précité.
900. — 1	....	Le même.
901. — 1	....	Le même.
902. — 1	....	Le même.
903. — 1	....	M. COURCOUT, précité.
904. — 1	....	M. CROIZET, précité.
905. — 1	....	Le même.
906. — 1	....	M. CUDLIPP (W. J.), Great Union Road, 74, à Saint-Héliers (Jersey).
907. — 1	....	M. DESBOIS, précité.
908. — 1	....	M. DRYEPONDT-BERGERON, précité.
909. — 1	....	M. FANCY (J.), précité.
910. — 1	....	Le même.
911. — 1	....	MM. FOWLER (J.-K. et R.-R.), précités.
912. — 1	....	Les mêmes.
913. — 1	....	Les mêmes.
914. — 1	....	M. LEMOINE, précité.
915. — 1	....	Le même.
916. — 1	....	Le même.
917. — 1'	....	Le même.
918. — 1	....	Mᵐᵉ LEWAL (L.), précitée.
919. — 1	....	M. MANOIS (G.), précité.
920. — 1	....	Le même.
921. — 1	....	M. MARTIN (J.), précité.
922. — 1	....	Mᵐᵉ MENGIN, précitée.
923. — 1	....	La même.
924. — 1	....	La même.
925. — 1	....	La même.
926. — 1	....	La même.
927. — 1	....	La même.
928. — 1	....	M. SOUTHWOOD (E.-W.), à Falkenham (Norfolk).
929. — 1	....	Le même.
930. — 1	....	Mᵐᵉ SPENCE (B.-C.), à Broughty Ferry (Écosse).
931. — 1	....	MM. STANFORD (E. et A.), à Ashurst, Steyning (Sussex).
932. — 1	....	M. HOWARD STOTT (S.), à Preston (Lancashire).
933. — 1	....	MM. TROUILLARD et BARASSÉ, précités.
934. — 1	....	M. VERMEULEN (J.), précité.
935. — 1	....	Le même.
936. — 1	....	Le même.
937. — 1	....	Mᵐᵉ WILLIAMS (E.), à Hendlys Berriens (Montgomeryshire).

938. — 1 coucou...................... M. Young (H.-H.), à Stapleton, Dorking (Surrey).
939. — 1 .... Le même.

2ᵉ Section. — **Poules.**

(1ᵉʳ prix, **45ᶠ**; 2ᵉ, **40ᶠ**; 3ᵉ, **35ᶠ**.)

940. — 1 lot...................... Mᵐᵉ Aillerot, née Lusson, précitée.
941. — 1 lot...................... M. Bennison, précité.
942. — 1 lot...................... M. Bocquet, précité.
943. — 1 lot...................... Le même.
944. — 1 lot...................... Le même.
945. — 1 lot...................... Le même.
946. — 1 lot...................... M. Breschet, précité.
947. — 1 lot...................... Le même.
948. — 1 lot...................... Le même.
949. — 1 lot...................... Le même.
950. — 1 lot...................... Le même.
951. — 1 lot...................... M. Courcout, précité.
952. — 1 lot...................... M. Croizet, précité.
953. — 1 lot...................... Le même.
954. — 1 lot...................... M. Desbois, précité.
955. — 1 lot...................... M. Dryepondt-Bergeron, précité.
956. — 1 lot...................... M. Farcy (J.), précité.
957. — 1 lot...................... Le même.
958. — 1 lot...................... MM. Fowler (J.-K. et R.-R.), précités.
959. — 1 lot...................... Les mêmes.
960. — 1 lot...................... M. Lemoine, précité.
961. — 1 lot...................... Le même.
962. — 1 lot...................... Le même.
963. — 1 lot...................... Le même.
964. — 1 lot...................... Mᵐᵉ Lewal (L.), précitée.
965. — 1 lot...................... M. Marois (G.), précité.
966. — 1 lot...................... Le même.
967. — 1 lot...................... M. Martin (J.), précité.
968. — 1 lot...................... Mᵐᵉ Mengin, précitée.
969. — 1 lot...................... La même.
970. — 1 lot...................... La même.
971. — 1 lot...................... La même.
972. — 1 lot...................... M. Snell (E.), précité.
973. — 1 lot...................... M. Southwood (E.-W.), précité.
974. — 1 lot...................... Le même.
975. — 1 lot...................... Mᵐᵉ Spence (B.-C.), précitée.
976. — 1 lot...................... MM. Stafford (E. et A.), précités.
977. — 1 lot...................... MM. Trouillard et Barassé, précités.
978. — 1 lot...................... M. Vermeulen (J.), précité.
979. — 1 lot...................... Mᵐᵉ Williams (E.), précitée.
980. — 1 lot...................... M. Young (H.-H.), précité.

13ᵉ CATÉGORIE.

RACE ESPAGNOLE.

1ʳᵉ Section. — **Coqs.**

(1ᵉʳ prix, **30ᶠ**; 2ᵉ, **25ᶠ**; 3ᵉ, **20ᶠ**.)

981. — 1 .... Mᵐᵉ Arnold (M.), à Whitethorns Acton (Middlesex).

982. — 1.............................. M. Beldov (H.), précité.
983. — 1.............................. M. Bocquet, précité.
984. — 1.............................. Le même.
985. — 1.............................. M. Breschet, précité.
986. — 1.............................. M. Colly (R.-C.), à Saint-Héliers (Jersey) Roseville Street, 45.
987. — 1.............................. M. Courgout, précité.
988. — 1.............................. M. Croizet, précité.
989. — 1.............................. M. Dean (T.-A.), précité.
990. — 1.............................. M. Desbois, précité.
991. — 1.............................. MM. Fowler (J.-K. et R.-C.), précités.
992. — 1.............................. M. Lemoine, précité.
993. — 1.............................. Le même.
994. — 1'.............................. M. Marois (G.), précité.
995. — 1'.............................. Le même.
996. — 1.............................. M. Martin (J.), précité.
997. — 1.............................. M. Naylor (C.-J.), précité.
998. — 1.............................. M. Le Sueur (P.), Meadow Vale House, Grand Vale (Jersey).
999. — 1.............................. M. Vachell (F.-H.), à Fairfield Landaff (Glamorganshire).
1000. — 1.............................. Le même.
1001. — 1.............................. M. Vermeulen (J.), précité.
1002. — 1.............................. M. Voitellier, précité.
1003. — 1 de race croisée espagnole....... M. Vermeulen (J.), précité.

2ᵉ Section. — Poules.

(1ᵉʳ prix, 45ᶠ; 2ᵉ, 40ᶠ; 3ᵉ, 35ᶠ.)

1004. — 1 lot......................... Mᵐᵉ Arnold (M.), précitée.
1005. — 1 lot......................... M. Beldov (H.), précité.
1006. — 1 lot......................... M. Bocquet, précité.
1007. — 1 lot......................... Le même.
1008. — 1 lot......................... M. Breschet, précité.
1009. — 1 lot......................... M. Colly (R.-B.), précité.
1010. — 1 lot......................... M. Courgout, précité.
1011. — 1 lot......................... M. Croizet, précité.
1012. — 1 lot......................... M. Dean (T.-A.), précité.
1013. — 1 lot......................... Le même.
1014. — 1' lot......................... Le même.
1015. — 1 lot......................... MM. Fowler (J.- et R.-R.), précités.
1016. — 1 lot......................... M. Frounce (C.-P.), à Londres, Lavender Grove Dalston, 23.
1017. — 1 lot......................... M. Desbois, précité.
1018. — 1 lot......................... M. Lemoine, précité.
1019. — 1 lot......................... Le même.
1020. — 1 lot......................... M. Marois (G.), précité.
1021. — 1 lot......................... Le même.
1022. — 1 lot......................... M. Martin (J.), précité.
1023. — 1' lot......................... M. Naylor (C.-J.), précité.
1024. — 1 lot......................... M. Le Sueur (P.), précité.
1025. — 1 lot......................... M. Vachell (F.-H.), précité.
1026. — 1 lot......................... M. Vermeulen (J.), précité.
1027. — 1 lot......................... M. Voitellier, précité.
1028. — 1 lot de race croisée espagnole.... M. Vermeulen (J.), précité.

14ᵉ CATÉGORIE.

RACE DE BRÉDA.

1ʳᵃ Section. — Coqs.

(1ᵉʳ prix, **30ᶠ**; 2ᵉ, **25ᶠ**; 3ᵉ, **20ᶠ**.)

1029. — 1 blanc...................... M. Bocquet, précité.
1030. — 1 coucou..................... Le même.
1031. — 1 noir....................... Le même.
1032. — 1 noir....................... M. Breschet, précité.
1033. — 1 .... M. Croizet, précité.
1034. — 1 .... M. Lemoine, précité.
1035. — 1 bleu....................... M. Roublot (E.), à Paris, rue Malher, 20.

2ᵉ Section. — Poules.

(1ᵉʳ prix, **45ᶠ**; 2ᵉ, **40ᶠ**, 3ᵉ, **35ᶠ**.)

1036. — 1 lot, noires................. M. Bocquet, précité.
1037. — 1 lot, noires................. Le même.
1038. — 1 lot, noires................. Le même.
1039. — 1 lot, noires................. M. Breschet, précité.
1040. — 1 lot........................ M. Croizet, précité.
1041. — 1 lot........................ M. Lemoine, précité.
1042. — 1 lot, bleues................ M. Roublot (E.), précité.

15ᵉ CATÉGORIE.

RACE DE HAMBOURG.

1ʳᵉ Section. — Coqs.

(1ᵉʳ prix, **30ᶠ**; 2ᵉ, **25ᶠ**.)

1043. — 1 argenté.................... M. Beldon (H.), précité.
1044. — 1 argenté.................... M. Bennison, précité.
1045. — 1 argenté.................... M. Bocquet, précité.
1046. — 1 argenté.................... M. Boutillier, précité.
1047. — 1 argenté.................... M. Breschet, précité.
1048. — 1 argenté.................... M. Courcout, précité.
1049. — 1 argenté.................... Le même.
1050. — 1 argenté.................... M. Croizet, précité.
1051. — 1 argenté.................... Le même.
1052. — 1 argenté.................... M. Farcy (J.), précité.
1053. — 1 argenté.................... Le même.
1054. — 1 argenté.................... M. Marois (G.), précité.
1055. — 1 argenté.................... MM. Trouillard et Barassé, précités.
1056. — 1 argenté.................... M. Watson (J.-S.), à Gibfield-Belper (Derby-
                                          shire.)
1057. — 1 argenté.................... Le même.
1058. — 1 doré....................... M. Beldon (H.), précité.
1059. — 1 doré....................... M. Bocquet, précité.
1060. — 1 doré....................... M. Calcutt (J.), à Witney.(Oxfordshire).
1061. — 1 doré....................... M. Dean (T.), à Cavendish House, Keighley
                                          (Yorkshire).
1062. — 1 doré....................... M. Marois (G.), précité.

1063. — 1 doré .... M. Morris (G.), à Lincoln, Queen Street, 59.
1064. — 1 doré..................... M. Smith (J.), à Lincoln, Sincil Banks, 30.
1065. — 1 doré..................... M. Watson (J.-S.), précité.
1066. — 1 doré..................... Le même.
1067. — 1..................... M. Dean (T.-A.), précité.
1068. — 1..................... Le même.
1069. — 1..................... Le même.
1070. — 1..................... Le même.
1071. — 1..................... Le même.
1072. — 1..................... Le même.
1073. — 1..................... M. Lemoine, précité.
1074. — 1..................... Le même.
1075. — 1..................... M. Long (J.), précité.
1076. — 1..................... Le même.
1077. — 1..................... Le même.
1078. — 1..................... Le même.
1079. — 1..................... Le même.
1080. — 1 noir .... M. Pointer (G.-J.-P.), à Wood Green. Loraine House Truro Road, (Middlesex.)
1081. — 1 noir..................... Mᵐᵉ Spence (B.-C.), précitée.
1082. — 1 noir..................... La même.
1083. — 1 noir..................... La même.
1084. — 1 noir..................... MM. Stott et Booth, Huntley Brouk Bury (Lancashire).
1085. — 1..................... M. de Valck (A.), à Assche (Brabant).
1086. — 1 noir..................... M. Watson (J.-S.), précité.

2ᵐᵉ Section. — **Poules.**

(1ᵉʳ prix, 45ᶠ; 2ᵉ, 40ᶠ.)

1087. — 1 lot, argentées................ M. Beldon (H.), précité.
1088. — 1 lot, argentées................ M. Bennison, précité.
1089. — 1 lot, argentées................ M. Bocquet, précité.
1090. — 1 lot, argentées................ M. Boutillier, précité.
1091. — 1 lot, argentées................ M. Breschet, précité.
1092. — 1 lot, argentées................ M. Courcout, précité.
1093. — 1 lot, argentées................ Le même.
1094. — 1 lot, argentées................ M. Croizet, précité.
1095. — 1 lot, argentées................ Le même.
1096. — 1 lot, argentées................ M. Farcy (J.), précité.
1097. — 1 lot, argentées................ Le même.
1098. — 1 lot, argentées................ M. Marois (G.), précité.
1099. — 1 lot, argentées................ M. Senior (C.-K.), à Bavor House Bowdon, (Cheshire.)
1100. — 1 lot, argentées................ MM. Trouillard et Barassé, précités.
1101. — 1 lot, argentées................ M. Watson (J.-S.), précités.
1102. — 1 lot, argentées................ Le même.
1103. — 1 lot, dorées................ M. Beldon (H.), précité.
1104. — 1 lot, dorées................ M. Bocquet, précité.
1105. — 1 lot, dorées................ M. Calcutt (J.), précité.
1106. — 1 lot, dorées................ M. Dean (T.), précité.
1107. — 1 lot, dorées................ M. Morris (G.), précité.
1108. — 1 lot, dorées................ M. Marois (G.), précité.
1109. — 1 lot, dorées................ M. Smith (J.), précité.
1110. — 1 lot, dorées................ M. Watson (J.-S.), précité.
1111. — 1 lot, dorées................ Le même.

1112. — 1 lot, noires................... M. BELL (G.), à Londres, York Cottage
                                      Edgware Road Kilbum.
1113. — 1 lot........................ M. DEAN (T.-A.), précité.
1114. — 1 lot........................ Le même.
1115. — 1 lot........................ Le même.
1116. — 1 lot........................ M. LEMOINE, précité.
1117. — 1 lot........................ M. LONG (J.), précité.
1118. — 1 lot........................ Le même.
1119. — 1 lot........................ Le même.
1120. — 1 lot........................ Le même.
1121. — 1 lot, noires................. M. POINTER (G.-S.-P.), précité.
1122. — 1 lot, noires................. Mme SPENCE (B.-C.), précitée.
1123. — 1 lot, noires................. La même.
1124. — 1 lot, noires................. La même.
1125. — 1 lot........................ M. DE VALCK (A.), précité.
1126. — 1 lot, noires................. M. WATSON (J.-S.), précité.

16e CATEGORIE.

RACE DE COMBAT.

1re SECTION. — **Coqs.**

(1er prix, 30f; 2e, 25f; 3e, 15f.)

1127. — 1 rouge..................... M. BELDON (H.), précité.
1128. — 1 brun...................... M. BENNISON, précité.
1129. — 1 argenté................... M. BOCQUET, précité.
1130. — 1 doré...................... Le même.
1131. — 1.......................... Le même.
1132. — 1.......................... M. CROIZET, précité.
1133. — 1.......................... M. DEAN (T.-A.), précité.
1134. — 1.......................... Le même.
1135. — 1 à ailes de canard......... M. ENTWISLE (W.-F.), à Wike, près Brad
                                      ford (Yorkshire).
1136. — 1 red-pile.................. Le même.
1137. — 1 rouge, à poitrine noire... Le même.
1138. — rouge, à poitrine brune..... Le même.
1139. — 1.......................... MM. FOWLER (J.-K. et R.-R.), précités.
1140. — 1 nain..................... M. LEMOINE, précité.
1141. — 1 nain..................... Le même.
1142. — 1 nain..................... Le même.
1143. — 1 argenté, à ailes de canard...... Le même.
1144. — 1.......................... M. LONG (J.), précité.
1145. — 1 anglais.................. M. LORRÉ (P.), précité.
1146. — 1 anglais.................. Le même.
1147. — 1 anglais.................. Le même.
1148. — 1 noir et rouge............ M. DE LA MARE, à Guernesey, Market
                                      Place, 4.
1149. — 1 noir et rouge............ Le même.
1150. — 1 noir et rouge............ Le même.
1151. — 1 noir et rouge............ Le même.
1152. — 1 noir et rouge............ Le même.
1153. — 1 noir et rouge............ Le même.
1154. — 1 noir et rouge............ Le même.
1155. — 1 noir et rouge............ Le même.
1156. — 1 noir et rouge............ Le même.

1157. — 1 noir et rouge............... M. DE LA MARE, précité.
1158. — 1 à ailes de canard........... M. MAROIS (G.), précité.
1159. — 1 doré..................... M. MARTIN (J.), précité.
1160. — 1 bantam de combat, pile........ Mme SPENCE (B.-C.), précitée.
1161. — 1 pile..................... La même.
1162. — 1 pile..................... La même.
1163. — 1 pile..................... La même.
1164. — 1 noir et rouge............... MM. STANFORD (E. et A.), précités.
1165. — 1................... M. TEMPLE (F.-G.), à Liskeard (Cornwald.)
1166. — 1 noir, à poitrine rouge......... M. WATSON (J.-S.), précité.
1167. — 1 brun..................... Le même.
1168. — 1 à ailes de canard............ Le même.
1169. — 1 pile..................... Le même.
1170. — 1 bantam de combat, rouge, à poi- Le même.
         trine noire.
1171. — 1 rouge, à poitrine brune........ M. WEEKS (R.), à Glebe Farm, Bromyan
         (Worcestershire).
1172. — 1........................ M. WINWOOD (E.), à Grove (Worcester-
         shire).

2e SECTION. — Poules.

(1er prix, 45^f; 2e, 40^f, 3e, 35^f.)

1173. — 1 lot, rouges................. M. BELDON (H.), précité.
1174. — 1 lot, brunes................. M. BENNISON, précité.
1175. — 1 lot, argentées.............. M. BOCQUET, précité.
1176. — 1 lot, dorées................ Le même.
1177. — 1 lot...................... Le même.
1178. — 1 lot...................... M. CROZER, précité.
1179. — 1 lot...................... M. DEAN (T.-A.), précité.
1180. — 1 lot...................... Le même.
1181. — 1 lot, rouges, à poitrine brune.... M. ENTWISLE (W.-F.), précité.
1182. — 1 lot, rouges, à poitrine noire.... Le même.
1183. — 1 lot, à ailes de canard........ Le même.
1184. — 1 lot, red-pile.............. Le même.
1185. — 1 lot...................... MM. FOWLER (J.-K. et R.-R.), précités.
1186. — 1 lot, naines................ M. LEMOINE, précité.
1187. — 1 lot, naines................ Le même.
1188. — 1 lot, argentées, à ailes de canard. Le même.
1189. — 1 lot, anglaises.............. M. LORRÉ, précité.
1190. — 1 lot, à ailes de canard........ M. MAROIS (G.), précité.
1191. — 1 lot, dorées................ M. MARTIN (J.), précité.
1192. — 1 lot, rouges et brunes......... M. SNELL (E.), précité.
1193. — 1 lot, bantam de combat, pile.... Mme SPENCE (B.-C.), précitée.
1194. — 1 lot, pile.................. La même.
1195. — 1 lot...................... La même.
1196. — 1 lot...................... La même.
1197. — 1 lot, noires et rouges......... MM. STANFORD (E. et A.), précités.
1198. — 1 lot, noires, à poitrine rouge.... M. WATSON (J.-S.), précité.
1199. — 1 lot, brunes................ Le même.
1200. — 1 lot, à ailes de canard........ Le même.
1201. — 1 lot, pile.................. Le même.
1202. — 1 lot, bantam de combat, rouges, à Le même.
         poitrine noire.
1203. — 1 lot...................... M. WINWOOD (E.), précité.

17ᵉ CATÉGORIE.

RACES RUSSE, MALAISE ET ANALOGUES.

1ʳᵉ Section. — Coqs.

(1ᵉʳ prix, **30ᶠ**; 2ᵉ, **25ᶠ**; 3ᵉ, **15ᶠ**.)

1204. — 1...................... M. Blake (W.-L.), à Llandaff, Black Lion
                               Hotel (Glamorganshire).
1205. — 1...................... Le même.
1206. — 1 rouge................. M. Bocquel, précité.
1207. — 1...................... M. Breschet, précité.
1208. — 1...................... M. Downing (J.), à Saint-Heliers, Ann Street
                               23, (Jersey).
1209. — 1...................... M. le Reverend Ridley (N.-J.), à Hollington
                               House (Newbury).
1210. — 1 brun.................. M. le baron de Villa-Secca, à Grossau
                               (Basse-Autriche).
1211. — 1 brun, panaché......... Le même.

2ᵉ Section. — Poules.

(1ᵉʳ prix, **45ᶠ**; 2ᵉ, **40ᶠ**; 3ᵉ, **35ᶠ**.)

1212. — 1 lot, rouges........... M. Bocquet, précité.
1213. — 1 lot................... M. Breschet, précité.
1214. — 1 lot................... M. Downing (J.), précité.
1215. — 1 lot................... M. le Revérend Ridley (N.-J.), précité.
1216. — 1 lot, brunes........... M. le baron de Villa-Secca, précité.
1217. — 1 lot, brunes, panachées. Le même.

18ᵉ CATÉGORIE.

RACE HOLLANDAISE, À HUPPE BLANCHE.

1ʳᵉ Section. — Coqs.

(1ᵉʳ prix, **30ᶠ**; 2ᵉ, **25ᶠ**; 3ᵉ, **15ᶠ**.)

1218. — 1...................... M. Beldon (H.), précité.
1219. — 1...................... M. Bocquer, précité.
1220. — 1...................... Le même.
1221. — 1...................... M. Breschet, précité.
1222. — 1...................... M. Courcoul, précité.
1223. — 1...................... M. Darby (A.-E.-W.), précité.
1224. — 1...................... M. Lemoine, précité.
1225. — 1...................... Le même.
1226. — 1...................... M. Moynier (J.), précité.
1227. — 1...................... M. Pineau, à Saint-Denis (Seine), rue Dezo-
                               bry, 3.
1228. — 1...................... M. Webb (T.), précité.

2ᵉ Section. — Poules.

(1ᵉʳ prix, **45ᶠ**; 2ᵉ, **40ᶠ**; 3ᵉ, **35ᶠ**.)

1229. — 1 lot................... M. Beldon (H.), précité.
1230. — 1 lot................... M. Bocquer, précité.

1231. — 1 lot............................ M. Bocquet, précité.
1232. — 1 lot............................ M. Breschet, précité.
1233. — 1 lot............................ M. Courcout, précité.
1234. — 1 lot............................ M. Darby (A.-E.-W.), précité.
1235. — 1 lot............................ M. Lemoine, précité.
1236. — 1 lot............................ M. Pineau, précité.
1237. — 1 lot............................ M. Webb (T.), précité.

19° CATÉGORIE.

RACE DE PADOUE ET ANALOGUES.

Ire Section. — Coqs.

(1er prix, 30^f; 2°, 25^f; 3°, 20^f; 4°, 15^f; 5°, 10^f.)

1238. — 1 argenté.................... M. Bocquet, précité.
1239. — 1 argenté.................... M. Breschet, précité.
1240. — 1 argenté.................... Le même.
1241. — 1 argenté.................... M. Desbois, précité.
1242. — 1 argenté.................... M. Evérard (P.), à Haine-Saint-Pierre (Hainaut).
1243. — 1 argenté.................... M. Lemoine, précité.
1244. — 1 argenté.................... M. Long (J.), précité.
1245. — 1 argenté.................... M. Marois (G.), précité.
1246. — 1 argenté.................... M. Martin (J.), précité.
1247. — 1 blanc..................... M. Breschet, précité.
1248. — 1 blanc..................... Le même.
1249. — 1 blanc..................... M. Cirio (F.), à Turin (Italie).
1250. — 1 chamois.................. M. Bocquet, précité.
1251. — 1 chamois.................. M. Breschet, précité.
1252. — 1 chamois.................. Le même.
1253. — 1 chamois.................. M. Courcout, précité.
1254. — 1 chamois.................. M. Favray, à Paris, avenue d'Orléans, 19.
1255. — 1 chamois.................. Le même.
1256. — 1 chamois.................. M. Hélin (J. B.), précité.
1257. — 1 chamois.................. M. Lasseron, précité.
1258. — 1 chamois.................. M. Lemoine, précité.
1259. — 1 chamois.................. M. Marois (G.), précité.
1260. — 1 chamois.................. M. Martin (J.), précité.
1261. — 1 chamois.................. Le même.
1262. — 1 chamois frisé............ M. Lasseron, précité.
1263. — 1 doré..................... M. Bocquet, précité.
1264. — 1 doré..................... M. Breschet, précité.
1265. — 1 doré..................... Le même.
1266. — 1 doré..................... M. Broad (H.-E.), précité.
1267. — 1 doré..................... M. Gallichan (A.), précité.
1268. — 1 doré..................... Mme Génin (M.), précitée.
1269. — 1 doré..................... M. Lasseron, précité.
1270. — 1 doré..................... Mme Lewal (L.), précitée.
1271. — 1 doré..................... M. Marois (G.), précité.
1272. — 1 doré..................... M. Pineau, précité.
1273. — 1 doré..................... M. Webb (T.), précité.
1274. — 1 herminé................. M. Breschet, précité.
1275. — 1 herminé................. M. Marois (G.), précité.
1276. — 1 noir.................... M. Cirio (F.), précité.
1277. — 1....................... M. Beldon (H.), précité.
1278. — 1....................... M. Dean (T.-A.), précité.
1279. — 1....................... Le même.

1280. — 1...................... M. le baron DE VILLA-SECCA, précité.
1281. — 1...................... Le même.
1282. — 1 d'Asti.................... M. CIRIO (F.), précité.
1283. — 1 de Crémone.............. Le même.
1284. — 1 de Mantoue.............. Le même.
1285. — 1 du Piémont.............. Le même.
1286. — 1 de Plaisance............ Le même.
1287. — 1 de Ravenne.............. Le même.
1288. — 1 de Romagne............. Le même.
1289. — 1 de Verceil.............. Le même.
1290. — 1 de Toscane............. Le même.

2° SECTION. — **Poules.**

(1er prix, **45f**; 2°, **40f**; 3°, **35f**; 4°, **30f**; 5°, **20f**.)

1291. — 1 lot, argentées.............. M. BOCQUET, précité.
1292. — 1 lot, argentées.............. M. BRESCHET, précité.
1293. — 1 lot, argentées.............. M. DESBOIS, précité.
1294. — 1 lot, argentées.............. M. EVÉRARD (P.), précité.
1295. — 1 lot, argentées.............. M. LEMOINE, précité.
1296. — 1 lot, argentées.............. M. LONG (J.), précité.
1297. — 1 lot, argentées.............. M. MAROIS (G.), précité.
1298. — 1 lot, argentées.............. M. MARTIN (J.), précité.
1299. — 1 lot, blanches.............. M. BRESCHET, précité.
1300. — 1 lot, blanches.............. M. CIRIO (F.), précité.
1301. — 1 lot, blanches frisées.......... M. LASSERON, précité.
1302. — 1 lot, chamois.............. M. BOCQUET, précité.
1303. — 1 lot, chamois.............. M. BRESCHET, précité.
1304. — 1 lot, chamois.............. Le même.
1305. — 1 lot, chamois.............. Le même.
1306. — 1 lot, chamois.............. M. COURCOUT, précité.
1307. — 1 lot, chamois.............. M. FAVRAY, précité.
1308. — 1 lot, chamois.............. M. HÉLIN (J.-B.), précité.
1309. — 1 lot, chamois.............. M. LASSERON, précité.
1310. — 1 lot, chamois.............. M. LEMOINE, précité.
1311. — 1 lot, chamois.............. M. MAROIS (G.), précité.
1312. — 1 lot, chamois.............. M. MARTIN (J.), précité.
1313. — 1 lot, chamois.............. Le même.
1314. — 1 lot, dorées.............. M. BOCQUET, précité.
1315. — 1 lot, dorées.............. M. BRESCHET, précité.
1316. — 1 lot, dorées.............. Le même.
1317. — 1 lot, dorées.............. M. BROAD (H.-E.), précité.
1318. — 1 lot, dorées.............. M. GALLIGHAN (A.), précité.
1319. — 1 lot, dorées.............. Mme GÉNIN (M.), précitée.
1320. — 1 lot, dorées.............. M. LASSERON, précité.
1321. — 1 lot, dorées.............. Mme LEWAL (L.), précitée.
1322. — 1 lot, dorées.............. M. MAROIS (G.), précité.
1323. — 1 lot, dorées.............. M. PINEAU, précité.
1324. — 1 lot, dorées.............. M. WEBB (T.), précité.
1325. — 1 lot, herminées.......... M. BRESCHET, précité.
1326. — 1 lot, herminées.......... M. MAROIS (G.), précité.
1327. — 1 lot, noires.................. M. CIRIO (F.), précité.
1328. — 1 lot...................... M. BELDON (H.), précité.
1329. — 1 lot...................... M. DEAN (T.-A.), précité.
1330. — 1 lot...................... M. le baron DE VILLA-SECCA, précité.
1331. — 1 lot...................... Le même.
1332. — 1 lot, d'Asti.................. M. CIRIO (F.), précité.

1333. — 1 lot, de Crémone.............. M. Cirio (F.), précité.
1334. — 1 lot, de Mantoue.............. Le même.
1335. — 1 lot, de Piémont.............. Le même.
1336. — 1 lot, de Plaisance............. Le même.
1337. — 1 lot, de Ravenne.............. Le même.
1338. — 1 lot, de Romagne............. Le même.
1339. — 1 lot, de Verceil.............. Le même.
1340. — 1 lot, de Toscane.............. Le même.

20ᵉ CATÉGORIE.

RACES ÉTRANGÈRES DIVERSES, AUTRES QUE CELLES DÉSIGNÉES CI-DESSUS.

1ʳᵉ Section. — Coqs.

(1ᵉʳ prix, **30ᶠ**; 2ᵉ, **20ᶠ**; 3ᵉ, **15ᶠ**.)

1341. — 1 bantam, Sebright, noir et blanc. M. Holloway jeune, à The Hill Stroud (Glowcestershire).
1342. — 1 bantam argenté.............. M. Lasseron, précité.
1343. — 1 bantam argenté.............. M. Lemoine, précité.
1344. — 1 bantam argenté.............. Mᵐᵉ Lewal (L.), précitée.
1345. — 1 bantam blanc .... M. Tearle (F.), à Gazley Vicarage, près Newmarket.
1346. — 1 bantam blanc.............. M. Courcout, précité.
1347. — 1 bantam citronné............ M. Bocquet, précité.
1348. — 1 bantam doré............... M. Boutillier, précité.
1349. — 1 bantam doré.............. M. Croizet, précité.
1350. — 1 bantam doré.............. Mᵐᵉ Lewal (L.), précitée.
1351. — 1 bantam doré.............. Mᵐᵉ Rellier-Gallwey, précitée.
1352. — 1 bantam noir à crête de rose.... M. Watson (J.-L.), précité.
1353. — 1 bantam perdrix............. M. Boutillier, précité.
1354. — 1 bantam rouge.............. M. Courcout, précité.
1355. — 1 bantam rouge.............. M. Lasseron, précité.
1356. — 1 bantam.............. M. Marsh (H.-S.), précité.
1357. — 1 bantam.............. M. Morgan (E.), à Hastings, High Street, 68.
1358. — 1 bantam.............. M. Winwood (E.), précité.
1358 bis. — 1 campine argenté......... M. Lemoine, précité.
1359. — 1 campine argenté............ M. Marois, précité.
1360. — 1 campine argenté............ M. Steenackers (C.), à Turnhout (province d'Anvers).
1361. — 1 campine doré.............. M. Pineau, précité.
1362. — 1 campine.................. M. Vermeulen (J.), précité.
1363. — 1 cou-nu blanc............. M. Courcout, précité.
1364. — 1 cou-nu de Transylvanie noir.... M. le baron de Villa-Secca, précité.
1365. — 1 cou-nu de Transylvanie blanc et noir. Le même.
1366. — 1 japonais, à plumes retroussées (grande race.) Mᵐᵉ Adelinda C. de Concha, à Dammarie-les-Lys (Seine-et-Marne).
1367. — 1 japonais, à plumes retroussées (race naine). La même.
1368. — 1 japonais, à plumes retroussées (race naine). La même.
1369. — 1 japonais, à plumes retroussées (race naine). La même.
1369 bis. — 1 de Langsham............ M. Lemoine, précité.
1370. — 1 de Langsham.............. M. Pichot (P.-A), à Paris, boulevard Hausmann, 132.

1371. — 1 de Léghorn ou de Livourne, MM. FOWLER (J.-K. et R.-R.), precités.
blanc.
1372. — 1 de Léghorn ou de Livourne, Les mêmes.
blanc.
1373. — 1 de Léghorn ou de Livourne, Les mêmes.
brun.
1374. — 1 de Léghorn ou de Livourne, M. FRASER (J.-C.), à Bayswater Hill, Palace Stons, 1 (Londres).
brun.
1375. — 1 de Léghorn................. M. LEMOINE, précité.
1376. — 1 de Leghorn ou de Livourne, Mme SPENCE (B.-C.), précitée.
blanc.
1377. — 1 de Léghorn ou de Livourne, Mme TROUGHTON, à Garthmyl Hall (Montgomeryshire).
blanc.
1378. — 1 de Lombardie.............. M. VERMEULEN (J.), précité.
1380. — 1 du Malabar................ Mme MENGIN, precitee.
1381. — 1 du Malabar................ La même.
1382. — 1 de Minorque (Minorca), noir... M. LE RICHE (S.), à Colombérie-Saint-Heliers, 26 (Jersey).
1383. — 1 de Minorque (Minorca), noir ... M. WILLIAMS (B.-W.), à Devenport, Waterloo Street Stock, 30.
1384. — 1 nain caillouté.............. M. BOCQUET, precité.
1385. — 1 nain de Cayenne, blanc....... Le même.
1386. — 1 nain de Cayenne, noir........ Le même.
1387. — 1 nain de Cayenne, perdrix...... Le même.
1388. — 1 nègre.................... Le même.
1389. — 1 nègre blanc............... M. COURCOUL, precité.
1390. — 1 nègre.................... M. CROIZET, precite.
1391. — 1 nègre.................... M. MAROIS, precite.
1392. — 1 Plymouth-Rock............. MM. FOWLER (J.-K. et R.-R.), précites.
1393. — 1 de soie du Japon ou Silkies.... Les mêmes.
1394. — 1 de soie du Japon ou Silkies.... Le réverend REGINALD, S. S. Woodgate, precité.
1395. — 1 sultan ou de Tarmelan, blanc.. M. BELDON (H.), précité
1396. — 1 sultan ou de Tarmelan, blanc.. Mme CHRISTY (A.), precitee.
1397. — 1 sultan ou de Tarmelan, blanc.. M. CUDLIPP (W.-J.), precite.
1398. — 1 sultan ou de Tarmelan, blanc.. MM. KING (H.-W. et H.), à Wood Tope, Hebden Bridge (Yorkshire).
1399. — 1 de Turquie................ Mlle TAILLEFER (E.-L.), précitée.
1400. — 1 Yokohama................. Mlle AILLEROT (L.), precitee.
1401. — 1 Yokohama................. M. BOCQUET, precite.
1402. — 1 Yokohama................. M. le baron DE VILLA-SECCA, précite.
1403. — 1 .... M. LONG (J.), précité.
1404. — 1 croisement Brahma Dorking.... M. HASLEWOOD SMITH (G.), précité.
1405. — 1 .... M. CRIO (F.), précité.

2e SECTION. — **Poules.**

(1er prix, **40f**; 2e, **30f**; 3e, **20f**.)

1406. — 1 lot, bantam argentées......... M. LASSERON, précité.
1407. — 1 lot, bantam argentees......... M. LEMOINE, precite.
1408. — 1 lot, bantam argentees......... Mme LEWAL (L.), précitee.
1409. — 1 lot, bantam blanches.......... M. COURCOUR, précité.
1410. — 1 lot, bantam citronnees........ M. BOCQUET, precite.
1411. — 1 lot, bantam dorées.......... M. BOUTILLIER, precite.
1412. — 1 lot, bantam dorées.......... M. CROIZET, precite.
1413. — 1 lot, bantam dorées.......... Mme LEWAL (L.), précitée.

1414. — 1 lot, bantam noires, à crêtes de rose.   M. WATSON (J.-S.), précité.
1415. — 1 lot, bantam perdrix ....   M. BOUILLIER, précité.
1416. — 1 lot, bantam rouges ....   M. COURCOUR, précité.
1417. — 1 lot, bantam rouges ....   M. LASSEROV, précité.
1418. — 1 lot, bantam ....   M. MORGAN (E.), précité.
1419. — 1 lot, bantam ....   M. WYNWOOD (E.), précité.
1419 *bis.* — Campine argenté ....   M. LEMOINE, précité.
1420. — 1 lot de Campine, argentees ......   M. MAROIS (G.), précité.
1421. — 1 lot de Campine, argentees ......   M. STEENACKERS (C.), précité.
1422. — 1 lot de Campine, dorées ....   M. PIVEAU, précité.
1423. — 1 lot de Campine ....   M. VERMEULEN (J.), précité.
1424. — 1 lot, cou-nu blanches ....   M. COURCOUR, précité.
1425. — 1 lot, cou-nu de Transylvanie, noires ....   M. le baron de VILLA-SECCA, précité.
1426. — 1 lot, cou-nu de Transylvanie, blanches et noires.   Le même.
1427. — 1 lot, japonaises, à plumes retroussées (race naine).   Mme ADELINDA C. DE CONCHA, précité.
1428. — 1 lot de Langsham ....   M. PICHOT, précité.
1429. — 1 lot de Léghorn ou de Livourne, blanches ....   MM. FOWLER (J.-K. et R.-R.), précités.
1430. — 1 lot de Leghorn ou de Livourne, brunes.   Les mêmes.
1431. — 1 lot de Léghorn ou de Livourne, brunes.   M. FRASER (J.-C.), précité.
1432. — 1 lot de Léghorn ....   M. LEMOINE, précité.
1433. — 1 lot de Leghorn ou de Livourne, blanches.   Mme SPENCE (B.-C.), précitée.
1434. — 1 lot de Léghorn ou de Livourne, blanches.   Mme TROUGHTON, précitée.
1435. — 1 lot de Lombardie ....   M. VERMEULEN (J.), précité.
1436. — 1 lot du Malabar ....   Mme MENGY, précitée.
1437. — 1 lot du Malabar ....   La même.
1438. — 1 lot de Minorque (Minorca), noires.   M. LE RICHE (S.), précité.
1439. — 1 lot de Minorque (Minorca), noires.   M. WILLIAM (B.-W.), précité.
1440. — 1 lot, naines de Cayenne, blanches.   M. BOCQUET, précité.
1441. — 1 lot, naines de Cayenne, noires ..   Le même.
1442. — 1 lot, naines de Cayenne, perdrix.   Le même.
1443. — 1 lot, négresses ....   Le même.
1444. — 1 lot, négresses, blanches ......   M. COURCOUR, précité.
1445. — 1 lot, négresses ....   M. CROIZEI, précité.
1446. — 1 lot, negresses ....   M. MAROIS, précité.
1447. — 1 lot de Plymouth-Rock ....   MM. FOWLER (J.-K. et R.-R.), précités.
1448. — 1 lot de soie du Japon ou Silkies ..   MM. FOWLER (J.-K. et et R.-R.), précité.
1449. — 1 lot de soie du Japon ou Silkies .   Le Reverend REGINALD, S. S. Woodgate, précité.
1450. — 1 lot sultan ou de Tarmelan, blanches.   M. BELDON (H.), précité.
1451. — 1 lot, sultan ou de Tarmelan, blanches.   Mme CHRISTY (A.), précitée.
1452. — 1 lot, sultan ou de Tarmelan, blanches.   M. CUDLIPP (W.-J.), précité.
1453. — 1 lot, sultan ou de Tarmelan, blanches.   MM. KING (H.-W. et H.), précités.
1454. — 1 lot de Turquie ....   Mlle TAILLEFER (E.-L.), précitée.
1455. — 1 lot de Yokohama ....   Mlle AILLEROT (L.), précitée.

1456. — 1 lot de Yokohama.............   Mᵐᵉ AILLEROT, née LUSSON, précitée.
1457. — 1 lot de Yokohama.............   M. BOCQUET, précité.
1458. — 1 lot de Yokomama ....   M. le baron de VILLA-SECCA, précité.
1459. — 1 lot......................   M. LONG (J.), précité.
1460. — 1 lot, croisements de Brahma et de   M. HASLEWOOD SMITH (G.), précité.
Dorking.
1461. — 1 lot........................   M. CIRIO (F.), précité.

21ᵉ CATÉGORIE.

DINDONS.

1ʳᵉ SECTION. — **Mâles.**

(1ᵉʳ prix, **35ᶠ**; 2ᵉ, **25ᶠ**; 3ᵉ **20ᶠ**.)

1462. — 1 cuivré d'Amérique............   Mˡˡᵉ KING (L.), à Kings County (Irlande).
1463. — 1 cuivré d'Amérique............   La même.
1464. — 1 cuivré d'Amérique............   La même.
1465. — 1 cuivré d'Amérique............   La même.
1466. — 1 cuivré d'Amérique............   M. LASSERON, précité.
1467. — 1 cuivré d'Amérique............   M. LEMOINE, précité.
1468. — 1 cuivré d'Amérique............   Mᵐᵉ LEWAL (L.), précitée.
1469. — 1 cuivré d'Amérique............   M. le Révérend RIDLEY, précité.
1470. — 1 blanc....................   Mᵐᵉ AILLEROT, née LUSSON, précitée.
1471. — 1 blanc....................   M. COURCOUT, précité.
1472. — 1 blanc....................   M. LEMOINE, précité.
1473. — 1 blanc....................   Mᵐᵉ LEWAL (L.), précitée.
1474. — 1 blanc....................   Mᵐᵉ VERGÉ, précitée.
1475. — 1 gris.....................   Mᵐᵉ LEWAL (L.), précitée.
1476. — 1 jaune....................   La même.
1477. — 1 noir.....................   M. BOCQUET, précité.
1478. — 1 noir.....................   Le même.
1479. — 1 noir.....................   M. BRESCHET, précité.
1480. — 1 noir.....................   Le même.
1481. — 1 noir.....................   M. COURCOUT, précité.
1482. — 1 noir.....................   M. CROIZET, précité.
1483. — 1 noir.....................   Le même.
1484. — 1 noir.....................   Mᵐᵉ FRANCHETERRE, à Souesmes (Loir-et-
Cher).
1485. — 1 noir.....................   La même.
1486. — 1 noir.....................   La même.
1487. — 1 noir.....................   M. LASSERON, précité.
1488. — 1 noir.....................   M. LEMOINE, précité.
1489. — 1 noir.....................   M. LORRÉ (P.), précité.
1490. — 1 noir.....................   M. MAROIS (G), précité.
1491. — 1 noir.....................   Le même.
1492. — 1 noir.....................   Mᵐᵉ MENGIN, précitée.
1493. — 1 noir.....................   La même.
1494. — 1 noir.....................   La même.
1495. — 1 noir.....................   Mˡˡᵉ PAILLART (A.), précitée.
1496. — 1 noir.....................   M. SNELL (E.), précité.
1497. — 1 noir.....................   M. HOWARD STOTT (S.), précité.
1498. — 1 noir.....................   Mˡˡᵉ TAILLEFER (E.-L.), précitée.
1499. — 1 noir.....................   Mᵐᵉ VERGÉ, précitée.
1500. — 1 noir.....................   M. VERMEULEN, précité.
1501. — 1 de Puisaye................   M. LACOUR (A), précité.
1502. — 1 sauvage..................   M. LEMOINE, précité.
1503. — 1 des Abruzzes..............   M. CIRIO (F.), précité.

1504. — 1 d'Asti, noir.................. M. Cirio (F.), précité.
1505. — 1 de Calabre, rougeâtre......... Le même.
1506. — 1 de Naples, blanc.............. Le même.
1507. — 1 de Romagne.................. Le même.
1508. — 1 de Vérone................... Le même.

2e Section. — **Femelles.**

(1er prix, **45^f**; 2e **40^f**; 3e, **35^f**; 4e, **30^f**.)

1509. — 1 lot, cuivrées d'Amérique....... Mlle King (L.), précitée.
1510. — 1 lot, cuivrées d'Amérique....... La même.
1511. — 1 lot, cuivrées d'Amérique....... La même.
1512. — 1 lot, cuivrées d'Amérique....... La même.
1513. — 1 lot, cuivrées d'Amérique....... M. Lasseron, précité.
1514. — 1 lot, cuivrées d'Amérique....... M. Lemoine, précité.
1515. — 1 lot, cuivrées d'Amérique....... M. le Révérend Ridley, précité.
1516. — 1 lot, blanches................ Mme Aillerot, née Lusson, précitée.
1517. — 1 lot, blanches................ M. Courcout, précité.
1518. — 1 lot, blanches................ M. Lemoine, précité.
1519. — 1 lot, blanches................ Mme Mengin, précitée.
1520. — 1 lot, blanches................ Mme Vergé, précitée.
1521. — 1 lot, noires................. M. Bocquet, précité.
1522. — 1 lot, noires................. Le même.
1523. — 1 lot, noires................. Le même.
1524. — 1 lot, noires................. M. Breschet, précité.
1525. — 1 lot, noires................. Le même.
1526. — 1 lot, noires................. M. Courcout, précité.
1527. — 1 lot, noires................. M. Choizet, précité.
1528. — 1 lot, noires................. Le même.
1529. — 1 lot, noires................. Mme Franchetenre, précitée.
1530. — 1 lot, noires................. La même.
1531. — 1 lot, noires................. La même.
1532. — 1 lot, noires................. M. Lasseron, précité.
1533. — 1 lot, noires................. M. Lemoine, précité.
1534. — 1 lot, noires................. M. Lourré (P.), précité.
1535. — 1 lot, noires................. M. Manois (G.), précité.
1536. — 1 lot, noires................. Le même.
1537. — 1 lot, noires................. Mme Mengin, précitée.
1538. — 1 lot, noires................. La même.
1539. — 1 lot, noires................. M. Snell (E.), précité.
1540. — 1 lot, noires................. M. Howard Stott (S.), précité.
1541. — 1 lot, noires................. Mlle Taillefer (E.-L.), précitée.
1542. — 1 lot, noires................. Mme Vergé, précitée.
1543. — 1 lot de Puisaye............... M. Lacour (A.), précité.
1544. — 1 lot, sauvages............... M. Lemoine, précité.
1545. — 1 lot.................... Mme Lewal (L.), précitée.
1546. — 1 lot.................... La même.
1547. — 1 lot.................... M. Vermeulen (J.), précité.
1548. — 1 lot des Abruzzes, blanches..... M. Cirio (F.), précité.
1549. — 1 lot d'Asti, noires............ Le même.
1550. — 1 lot de Calabre, rougeâtres...... Le même.
1551. — 1 lot de Naples, blanches........ Le même.
1552. — 1 lot de Romagne.............. Le même.
1553. — 1 lot de Vérone............... Le même.

22ᵉ CATÉGORIE.

OIES.

1ʳᵉ Section. — **Mâles.**

(1ᵉʳ prix, **30ᶠ**; 2ᵉ, **25ᶠ**; 3ᵉ, **20ᶠ**.)

1554. — 1 du Mans, blanc et noir........ M. Farcy (J.), précité.
1555. — 1 du Mans, blanc et noir........ Le même.
1556. — 1 de Mantoue, blanc........... M. Cirio (F.), précité.
1557. — 1 de Novare, blanc........... le même.
1558. — 1 de Polesine................ Le même.
1559. — 1 de Toscane, gris............ Le même.
1560. — 1 de Toulouse............... M. Bocquet, précité.
1561. — 1 de Toulouse............... M. Breschet, précité.
1562. — 1 de Toulouse............... M. Courcout, précité.
1563. — 1 de Toulouse............... M. Croizet, précité.
1564. — 1 de Toulouse............... Le même.
1565. — 1 de Toulouse............... M. Douladoure (L.), à Montlaur (Haute-
.. Garonne)......
1566. — 1 de Toulouse............... M. Lasseron, précité.
1567. — 1 de Toulouse............... Le même.
1568. — 1 de Toulouse............... Le même.
1569. — 1 de Toulouse............... Le même.
1570. — 1 de Toulouse............... M. Lemoine, précité.
1571. — 1 de Toulouse............... Le même.
1572. — 1 de Toulouse............... M. Lorré (P.), précité.
1573. — 1 de Toulouse............... M. Marois (G.), précité.
1574. — 1 de Toulouse............... Mᵐᵉ Mengin, précitée.
1575. — 1 de Toulouse............... La même.
1576. — 1 de Toulouse............... M. de Montredon, précité.
1577. — 1 de Toulouse............... M. Snell (E.), précité.
1578. — 1......................... M. Howard Stott (S.), précité.

2ᵉ Section. — **Femelles.**

(1ᵉʳ prix, **45ᶠ**; 2ᵉ, **40ᶠ**; 3ᵉ, **35ᶠ**; 4ᵉ, **30ᶠ**.)

1579. — 1 lot du Mans, blanche et noire.. M. Farcy (J.), précité.
1580. — 1 lot du Mans, blanche et noire.. Le même.
1581. — 1 lot de Mantoue, blanches...... M. Cirio (F.), précité.
1582. — 1 lot de Novare, blanches....... Le même.
1583. — 1 lot de Polesine............. Le même.
1584. — 1 lot de Toscane, grises......... Le même.
1585. — 1 lot de Toulouse............. M. Bocquet, précité.
1586. — 1 lot de Toulouse............. M. Breschet, précité.
1587. — 1 lot de Toulouse............. M. Courcour, précité.
1588. — 1 lot de Toulouse............. M. Croizet, précité.
1589. — 1 lot de Toulouse............. M. Douladoure (L.), précité.
1590. — 1 lot de Toulouse............. M. Lasseron, précité.
1591. — 1 lot de Toulouse............. Le même.
1592. — 1 lot de Toulouse............. Le même.
1593. — 1 lot de Toulouse............. Le même.
1594. — 1 lot de Toulouse............. M. Lemoine, précité.
1595. — 1 lot de Toulouse............. M. Lorré (P.), précité.
1596. — 1 lot de Toulouse............. M. Marois (G.), précité.
1597. — 1 lot de Toulouse............. Mᵐᵉ Mengin, précitée.

1598. — 1 lot de Toulouse.............. Mme Mengin, précitée.
1599. — 1 lot de Toulouse.............. La même.
1600. — 1 lot de Toulouse............... M. Montredon, précité.
1601. — 1 lot de Toulouse.............. M. Snell (E.), précité.
1602. — 1 lot..................... M. Howard Stott, précité.
1603. — 1 lot..................... Le même.

23ᵉ CATÉGORIE.

Canards.

1ʳᵉ Section. — Mâles.

(1ᵉʳ prix, **30ᶠ**, 2ᵉ, **25ᶠ**; 3ᵉ, **20ᶠ**.)

1604. — 1 d'Aylesbury.............. M. Bocquet, précité.
1605. — 1 d'Aylesbury.............. MM. Fowler (J.-K et R.-R.), précités.
1606. — 1 d'Aylesbury.............. M. le baron d'Hauteserve, précité.
1607. — 1 d'Aylesbury.............. Mlle King (L.), précitée.
1608. — 1 d'Aylesbury.............. La même.
1609. — 1 d'Aylesbury.............. M. Lemoine, précité.
1610. — 1 d'Aylesbury.............. M. Marois (G.), précité.
1611. — 1 de Barbarie............ M. Breschet, précité.
1612. — 1 de Bourgogne............ M. Lacour (A.), précité.
1613. — 1 de Chartres............ M. Lasseron, précité.
1614. — 1 commun............ Mlle Aillerot (L.), précitée.
1615. — 1 commun............ Mme Aillerot, née Lusson, précitée.
1616. — 1 commun............ M. Boutillier, précité.
1617. — 1 commun............ M. Courcout, précité.
1618. — 1 commun............ M. Lorré (P.), précité.
1619. — 1 blancs .... M. Voitellier, précité.
1620. — 1 du Gâtinais............ M. Lasseron, précité.
1621. — 1 du Gâtinais .... Le même.
1622. — 1 du Labrador............ M. Bocquet, précité.
1623. — 1 du Labrador............ M. Courcout, précité.
1624. — 1 du Labrador............ M. Croizet, précité.
1625. — 1 du Labrador............ MM. Fowler (J.-K et R.-R.), précités.
1626. — 1 du Labrador............ M. Lemoine, précité.
1627. — 1 du Labrador............ M. Marois (G.), précité.
1628. — 1 musqué............ M. Spurr Webb (A.), à Stockingsford Vica-
                                      rage Nuneaton (Warwickshire).
1629. — 1 de Pékin .... MM. Fowler (J.-K. et R.-R.), précités.
1630. — 1 de Rouen............ M. Bocquet, précité.
1631. — 1 de Rouen............ Le même.
1632. — 1 de Rouen............ Le même.
1633. — 1 de Rouen............ Le même.
1634. — 1 de Rouen............ M. Boutillier, précité.
1635. — 1 de Rouen............ M. Braitwaite (J.), à Chatou (Seine-et-Oise).
1636. — 1 de Rouen............ M. Breschet, précité.
1637. — 1 de Rouen............ M. Courcout, précité.
1638. — 1 de Rouen............ M. Croizet, précité.
1639. — 1 de Rouen............ Le même.
1640. — 1 de Rouen............ M. Farcy (J.), précité.
1641. — 1 de Rouen............ Le même.
1642. — 1 de Rouen............ M. Fournier (A.), précité.
1643. — 1 de Rouen............ Le même.
1644. — 1 de Rouen............ MM. Fowler (J.-K. et R.-R.), précités.
1645. — 1 de Rouen............ M. le baron d'Hauteserve, précité.
1646. — 1 de Rouen............ Le même.

1647. — 1 de Rouen...................   Mme LASNON (F.), precitee.
1648. — 1 de Rouen...................   M. LEBLOND (J.), précité.
1649. — 1 de Rouen...................   M. LEMOINE, précité.
1650. — 1 de Rouen...................   Le même.
1651. — 1 de Rouen...................   Le même.
1652. — 1 de Rouen...................   M. MARTIN (J.), précité.
1653. — 1 de Rouen...................   Mme MENGIN, précitée.
1654. — 1 de Rouen...................   La même.
1655. — 1 de Rouen...................   La même.
1656. — 1 de Rouen...................   Mme PAILLARD (A.), précitée.
1657. — 1 de Rouen...................   La même.
1658. — 1 sauvage...................   Mme MENGIN, précitée.
1659. — 1 sauvage...................   M. VOITELLIER, précité.
1660. — 1 sauvage...................   Le même.
1661. — 1 de Sologne, blanc ....   Mme MENGIN, précitée.
1662. — 1 de Sologne, blanc ....   La même.
1663. — 1 de Sologne, blanc ....   La même.
1664. — 1 ....   M. LONG (J.), précité.
1665. — 1 ....   M. VERMEULIN (J.), précité.
1666. — 1 ....   Le même.
1667. — 1 .... noirs ....   M. CIRIO (F.), précité.
1668. — 1 de Mantoue.................   Le même.
1669. — 1 de Toscane.................   Le même.
1670. — 1 de Trévise.................   Le même.
1671. — 1 de Vérone.................   Le même.

2° Section. — **Femelles.**

(1er prix, **30^f**; 2°, **25^f**; 3°, **20^f**; 4°, **15^f**.)

1672. — 1 lot d'Aylesbury...............   M. BOCQUET, précité.
1673. — 1 lot d'Aylesbury...............   MM FOWLER (J.-K. et R.-R.), précités.
1674. — 1 lot d'Aylesbury...............   M. le baron D'HAUTESERVE, précité.
1675. — 1 lot d'Aylesbury...............   Mlle KING (L.), précitée.
1676. — 1 lot d'Aylesbury...............   La même.
1677. — 1 lot d'Aylesbury...............   M. LEMOINE, précité.
1678. — 1 lot d'Aylesbury...............   M. MAROIS (G.), précité.
1679. — 1 lot de Barbarie..............   M. BRESCHE1, précité.
1680. — 1 lot de Bourgogne.............   M. LACOUR (A.), précité.
1681. — 1 lot de Chartres..............   M. LASSERON, précité.
1682. — 1 lot de communes.............   Mlle AILLEROT (L.), précitée.
1683. — 1 lot de communes.............   Mme AILLEROT, née LUSSON, précitée.
1684. — 1 lot de communes.............   M. BOUTILLIER, précité.
1685. — 1 lot de communes.............   M. COURCOUT, précité.
1686. — 1 lot de communes.............   M. LORRÉ (P.), précité.
1687. — 1 lot de blanches.............   M. VOITELLIER, précité.
1688. — 1 lot du Gâtinais.............   M. LASSERON, précité.
1689. — 1 lot du Gâtinais.............   Le même.
1690. — 1 lot du Labrador.............   M. BOCQUET, précité.
1691. — 1 lot du Labrador.............   M. COURCOUT, précité.
1692. — 1 lot du Labrador.............   M. CROIZET, précité.
1693. — 1 lot du Labrador.............   MM. FOWLER (J.-K. et R.-R.), précités.
1694. — 1 lot du Labrador.............   M. LEMOINE, précité.
1695. — 1 lot du Labrador.............   M. MAROIS (G.), précité.
1696. — 1 lot de musquées.............   M. SD. DE WEBB (A.), précité.
1697. — 1 lot de Pékin.............   MM. FOWLER (J.-K. et R.-R.), précités.
1698. — 1 lot de Rouen ....   M. BOCQUET, précité.
1699. — 1 lot de Rouen ....   Le même.

10.

1700. — 1 lot de Rouen .... Le même.
1701. — 1 lot de Rouen .... Le même.
1702. — 1 lot de Rouen .... M. Boutillier, précité.
1703. — 1 lot de Rouen .... M. Breschet, précité.
1704. — 1 lot de Rouen .... Le même.
1705. — 1 lot de Rouen .... M. Courcout, précité.
1706. — 1 lot de Rouen .... M. Croizet, précité.
1707. — 1 lot de Rouen .... Le même.
1708. — 1 lot de Rouen .... M. Farcy (J.), précité.
1709. — 1 lot de Rouen .... Le même.
1710. — 1 lot de Rouen .... M. Fournier (A.), précité.
1711. — 1 lot de Rouen .... Le même.
1712. — 1 lot de Rouen .... MM. Fowler (J.-K. et R.-R.), précités.
1713. — 1 lot de Rouen .... M. le baron d'Haulteserve, précité.
1714. — 1 lot de Rouen .... Mme Lasnon (F.) précitée.
1715. — 1 lot de Rouen .... M. Leblond (J.), précité.
1716. — 1 lot de Rouen .... M. Lemoine, précité.
1717. — 1 lot de Rouen .... Le même.
1718. — 1 lot de Rouen .... Le même.
1719. — 1 lot de Rouen .... M. Martin (J.), précité.
1720. — 1 lot de Rouen .... Mme Mengin, précitée.
1721. — 1 lot de Rouen .... La même.
1722. — 1 lot de Rouen .... La même.
1723. — 1 lot de Rouen .... Mme Paillart (A.), précitée.
1724. — 1 lot de Rouen .... M. Howard Stott (S.), précité.
1725. — 1 lot de sauvages. .... Mme Mengin, précitée.
1726. — 1 lot de sauvages. .... M. Voitellier, précite.
1727. — 1 lot de sauvages. .... Le même.
1728. — 1 lot de Sologne, blanches........ Mme Mengin, précitée.
1729. — 1 lot de Sologne, blanches........ La même.
1730. — 1 lot de Sologne, blanches........ La même.
1731. — 1' .... M. Long (J.); précite.
1732. — 1 .... M. Vermeulen (J.), precite.
1733. — 1 lot .... noires........... M. Cirio (F.), précite.
1734. — 1 lot de Mantoue.................. Le même.
1735. — 1 lot de Toscane................ Le même.
1736. — 1 lot de Trévise................ Le même.
1737. — 1 lot de Vérone. .... Le même.

24ᵉ CATÉGORIE.

Pintades.

(1ᵉʳ prix, 20ᶠ; 2ᵉ, 15ᶠ; 3ᵉ, 10ᶠ.)

1738. — 1 lot, grises.................. Mme Aillerot, née Lusson, précitée.
1739. — 1 lot, grises.................. M. Bocquet, précité.
1740. — 1 lot, grises.................. Le même.
1741. — 1 lot, grises.................. Le même.
1742. — 1 lot.......................... M. Courcout, précité.
1743. — 1 lot, grises.................. M. Lacour (A.), précite.
1744. — 1 lot.......................... M. Lasseron, précite.
1745. — 1 lot.......................... Le même.
1746. — 1 lot, blanches............... M. Marois (G.), precite.
1747. — 1 lot, grises................. Mme Mengin, précitee.
1748. — 1 lot, lilas.................. La même.
1749. — 1 lot, grises................. Mlle Taillefer (E.-L.), précitee.
1750. — 1 lot.......................... Mme Vergé, précitée.

1751. — 1 lot....................... M. Voitellier, précité.
1752. — 1 lot, grises.................. M. Spurr Webb (A.), précité.
1753. — 1 lot, blanches .... M. Cirio (F.), précité.
1754. — 1 lot, cendrées .... Le même.
1755. — 1 lot, grises .... Le même.

25ᵉ CATÉGORIE.

PIGEONS (PRÉSENTÉS PAR COUPLE).

1ʳᵉ Section. — **Grosses races comestibles.**

(1ᵉʳ prix, **25ᶠ**; 2ᵉ, **20ᶠ**.)

1756. — Pigeons florentins.............. M. Brusskay, à Vienne (Autriche).
1757. — Pigeons florentins.............. Le même.
1758. — Pigeons romains, bleus.......... M. Bocquet, précité.
1759. — Pigeons romains, bleus.......... Le même.
1760. — Pigeons romains, bleus......... M. Breschet, précité.
1761. — Pigeons romains, bleus.......... Le même.
1762. — Pigeons romains, bleus.......... Le même.
1763. — Pigeons romains, bleus.......... Le même.
1764. — Pigeons romains, bleus.......... Le même.
1765. — Pigeons romains, bleus.......... Le même.
1766. — Pigeons romains, bleus.......... Le même.
1767. — Pigeons romains, bleus.......... Le même.
1768. — Pigeons romains, bleus.......... Le même.
1769. — Pigeons romains, bleus.......... Le même.
1770. — Pigeons romains, bleus.......... M. Courcout, précité.
1771. — Pigeons romains, bleus.......... M. Croizet, précité.
1772. — Pigeons romains, bleus.......... M. Hélin (J.-B.), précité.
1773. — Pigeons romains, bleus.......... Le même.
1774. — Pigeons romains, bleus.......... M. Lasseron, précité.
1775. — Pigeons romains, bleus.......... Le même.
1776. — Pigeons romains, bleus.......... M. Lemoine, précité.
1777. — Pigeons romains, bleus.......... Mᵐᵉ Lewal (L.), précitée.
1778. — Pigeons romains, bleus.......... M. Marois (G.), précité.
1779. — Pigeons romains, bleus.......... Le même.
1780. — Pigeons romains, bleus.......... Le même.
1781. — Pigeons romains, bleus.......... Le même.
1782. — Pigeons romains, bleus.......... M. Martin (J.), précité.
1783. — Pigeons romains, bleus.......... Le même.
1784. — Pigeons romains, bleus.......... Le même.
1785. — Pigeons romains, bleus.......... M. Monrat (P.), précité.
1786. — Pigeons romains, bleus.......... Le même.
1787. — Pigeons romains, chamois........ M. Bocquet, précité.
1788. — Pigeons romains, chamois........ Le même.
1789. — Pigeons romains, chamois........ M. Breschet, précité.
1790. — Pigeons romains, chamois........ Le même.
1791. — Pigeons romains, chamois........ Le même.
1792. — Pigeons romains, chamois........ Le même.
1793. — Pigeons romains, chamois........ Le même.
1794. — Pigeons romains, chamois........ M. Marois (G.), précité.
1795. — Pigeons romains, chamois........ Le même.
1796. — Pigeons romains, chamois........ Le même.
1797. — Pigeons romains, chamois........ M. Martin (J.), précité.
1798. — Pigeons romains, chamois........ M. Monrat (P.), précité.
1799. — Pigeons romains, fauves......... M. Bocquet, précité.
1800. — Pigeons romains, fauves......... Le même.

1801. — Pigeons romains, fauves.......... M. Breschet, précité.
1802. — Pigeons romains, fauves.......... Le même.
1803. — Pigsons romains, fauves.......... Le même.
1804. — Pigeons romains, fauves.......... Le même.
1805. — Pigeons romains, fauves.......... Le même.
1806. — Pigeons romains, fauves.......... M. Courcout, précité.
1807. — Pigeons romains, fauves.......... M. Croizet, précité.
1808. — Pigeons romains, fauves.......... M. Hélin (J.-B.), précité.
1809. — Pigeons romains, fauves.......... Le même.
1810. — Pigeons romains, fauves.......... M. Lasseron, précité.
1811. — Pigeons romains, fauves.......... Le même.
1812. — Pigeons romains, fauves.......... M. Marois (G.), précité.
1813. — Pigeons romains, fauves.......... Le même.
1814. — Pigeons romains, fauves.......... Le même.
1815. — Pigeons romains, fauves.......... Le même.
1816. — Pigeons romains, fauves.......... Le même.
1817. — Pigeons romains, fauves.......... Le même.
1818. — Pigeons romains, fauves.......... M. Martin (J.), précité.
1819. — Pigeons romains, fauves.......... Le même.
1820. — Pigeons romains, fauves.......... Mᵐᵉ Mengin, précitée.
1821. — Pigeons romains, fauves.......... M. Monrat (P.), précité.
1822. — Pigeons romains, fauves.......... Le même.
1823. — Pigeons romains, fauves.......... M. Tordeux (Q.), à Paris, rue des Mouli-
                                          nets, 27.
1824. — Pigeons romains, fauves.......... Le même.
1825. — Pigeons romains, gris piqués...... M. Bocquet, précité.
1826. — Pigeons romains, gris piqués...... M. Breschet, précité.
1827. — Pigeons romains, gris piqués...... M. Hélin (J.-B.), précité.
1828. — Pigeons romains, gris piqués...... M. Lemoine, précité.
1829. — Pigeons romains, gris piqués...... M. Marois (G.), précité.
1830. — Pigeons romains, gris piqués...... M. Martin (J.), précité.
1831. — Pigeons romains, noirs.......... M. Bocquet, précité.
1832. — Pigeons romains, noirs.......... Le même.
1833. — Pigeons romains, noirs.......... M. Breschet, précité.
1834. — Pigeons romains, noirs.......... M. Courcout, précité.
1835. — Pigeons romains, noirs.......... M. Lasseron, précité.
1836. — Pigeons romains, noirs.......... M. Marois, précité.
1837. — Pigeons romains, noirs.......... Le même.
1838. — Pigeons romains, noirs.......... M. Monrat (P.), précité.
1839. — Pigeons romains, rouges.......... M. Bocquet, précité.
1840. — Pigeons romains, rouges.......... M. Breschet, précité.
1841. — Pigeons romains, rouges.......... Le même.
1842. — Pigeons romains, rouges.......... Le même.
1843. — Pigeons romains, rouges.......... M. Lasseron, précité.
1844. — Pigeons romains, rouges.......... M. Marois (G.), précité.
1845. — Pigeons romains, rouges.......... M. Martin (J.), précité.
1846. — Pigeons romains, rouges.......... M. Monrat, (P.), précité.
1847. — Pigeons romains.......... M. Houdart, à Paris, boul. des Italiens, nᵒ 1.
1848. — Pigeons de Montauban, blancs..... M. Monrat (P.), précité.
1849. — Pigeons de Montauban, blancs..... Le même.
1850. — Pigeons de Montauban, noirs...... M. Breschet, précité.
1851. — Pigeons de Montauban, noirs...... Le même.
1852. — Pigeons de Montauban, noirs...... M. Monrat (P.), précité.
1853. — Pigeons de Montauban, noirs...... Le même.
1854. — Pigeons de Faenza.......... M. Cirio (F.), précité.
1855. — Pigeons de Plaisance.......... Le même.
1856. — Pigeons de Romagne.......... Le même.
1857. — Pigeons de Toscane.......... Le même.

2ᵉ Section. — Moyennes races comestibles et d'agrément.

(1ᵉʳ prix, 25ᶠ; 2ᵉ, 20ᶠ.)

1858. — Pigeons bagadais, blancs . . . .   M. Courcout, précité.
1859. — Pigeons bagadais, noirs . . . .   Le même.
1860. — Pigeons bagadais, roux . . . .   Le même.
1861. — Pigeons bagadais, blancs . . . .   M. Lemoine, précité.
1862. — Pigeons bagadais, blancs . . . .   M. Marois (G.), précité.
1863. — Pigeons bagadais, noirs . . . .   Le même.
1864. — Pigeons bagadais, noirs . . . .   Le même.
1865. — Pigeons bagadais, papillotés . . . . . .   Le même.
1866. — Pigeons bagadais, papillotés . . . . . .   Le même.
1867. — Pigeons bagadais, papillotés . . . . . .   Le même.
1868. — Pigeons bataves, blancs . . . .   M. Breschet, précité.
1869. — Pigeons bataves, noirs . . . .   Le même.
1870. — Pigeons bataves, noirs et blancs . . .   Le même.
1871. — Pigeons bataves, rouges et blancs . . .   Le même.
1872. — Pigeons bataves, rouges et blancs . .   Le même.
1873. — Pigeons bizets, blancs . . . .   Mᵐᵉ Mengin, précitée.
1874. — Pigeons bizets, bleus . . . .   La même.
1875. — Pigeons bizets, noirs . . . .   La même.
1876. — Pigeons bizets, rouges . . . .   La même.
1877. — Pigeons boudeurs, blancs . . . .   M. Holloway jeune, précité.
1878. — Pigeons boudeurs, blancs . . . .   Mᵐᵉ Spence (B.-C.), précitée.
1879. — Pigeons boudeurs blancs . . . .   La même.
1880. — Pigeons boudeurs, blancs . . . .   La même.
1881. — Pigeons boulants, fauves . . . .   M. Lemoine, précité.
1882. — Pigeons boulants . . . .   M. Courcout, précité.
1883. — Pigeons boulants . . . .   Le même.
1884. — Pigeons boulants . . . .   Le même.
1885. — Pigeons boulants . . . .   Le même.
1886. — Pigeons boulants . . . .   Le même.
1887. — Pigeons boulants . . . .   Le même.
1888. — Pigeons boulants . . . .   M. Croizet, précité.
1889. — Pigeons boulants . . . .   Le même.
1890. — Pigeons boulants, bleus . . . .   M. Lasseron, précité.
1891. — Pigeons boulants, rouges . . . .   Le même.
1892. — Pigeons boulants, noirs . . . .   M. Lemoine, précité.
1893. — Pigeons boulants, hollandais . . . . .   M. Muschweck (L.), à Vienne (Autriche).
1894. — Pigeons boulants, hollandais . . . . .   Le même.
1895. — Pigeons gazzi de l'Italie . . . .   M. Volsolini (L.), à Vienne (Autriche).
1896. — Pigeons gazzi de l'Italie . . . .   Le même.
1897. — Pigeons gazzi de l'Italie . . . .   Le même.
1898. — Pigeons gazzi de l'Italie . . . .   Le même.
1899. — Pigeons gazzi de l'Italie . . . .   Le même.
1900. — Pigeons gazzi de l'Italie . . . .   Le même.
1901. — Pigeons maltais, bleus . . . .   M. Bocquet, précité.
1902. — Pigeons maltais, chamois . . . .   Le même.
1903. — Pigeons maltais . . . .   M. Muschweck (L.), précité.
1904. — Pigeons maltais . . . .   Le même.
1905. — Pigeons maltais . . . .   Le même.
1906. — Pigeons mondains, blancs . . . .   M. Bocquet, précité.
1907. — Pigeons mondains, blancs . . . .   M. Kent (W.), à Londres, Saint-Pauls place, 17.
1908. — Pigeons mondains, blancs et noirs . .   M. Bocquet, précité.
1909. — Pigeons mondains, blancs et bleus .   M. Tordeux (G.), précité.
1910. — Pigeons mondains, blancs et noirs . .   Le même.

1911. — Pigeons mondains, bleus............ M. BOCQUET, précité.
1912. — Pigeons mondains, bleus............ Le même.
1913. — Pigeons mondains, bleus............ M. LASSERON, précité.
1914. — Pigeons mondains, bleus............ Le même.
1915. — Pigeons mondains, gris............ Le même.
1916. — Pigeons mondains, gris............ Le même.
1917. — Pigeons mondains, noirs........ M. BOCQUET, précité.
1918. — Pigeons mondains, rouges capés... Le même.
1919. — Pigeons mondains, rouges capés... Le même.
1920. — Pigeons mondains, rouges capés... Le même.
1921. — Pigeons mondains, rouges........ M. LASSERON, précité.
1922. — Pigeons mondains, rouges........ Le même.
1923. — Pigeons mondains............ M. BRESCHET, précité.
1924. — Pigeons mondains............ Le même.
1925. — Pigeons mondains............ M. HÉLIN (J.-B.), précité.
1926. — Pigeons mondains............ Le même.
1927. — Pigeons mondains............ Le même.
1928. — Pigeons mondains............ Le même.
1929. — Pigeons mondains............ M. MARTIN (J.), précité.
1930. — Pigeons.................... M. BENNISON, précité.
1931. — Pigeons de Marques, blancs...... M. CHUO (F.), précité.
1931 bis — Pigeons du Piémont.......... Le même.

3ᵉ SECTION. — Petites races dites de volière.

(1ᵉʳ prix, **25ᶠ**; 2ᵒ, **20ᶠ**.)

1932. — Pigeons altstämmer, blancs....... M. MUSCHWECK (L.), précité.
1933. — Pigeons barbs................ M. LONG (J.), précité.
1934. — Pigeons bouvreuils............ M. COURCOUT, précité.
1935. — Pigeons brésiliens à tête jaune..... M. LASSERON, précité.
1936. — Pigeons brésiliens à tête rouge..... Le même.
1937. — Pigeons brésiliens............ M. MAROIS (G.), précité.
1938. — Pigeons capucins, blancs........ M. BOCQUET, précité.
1939. — Pigeons capucins, blancs........ M. BRESCHET, précité.
1940. — Pigeons capucins, blancs........ M. HÉLIN (J.-B.), précité.
1941. — Pigeons capucins, blancs........ M. LASSERON, précité.
1942. — Pigeons capucins, blancs........ M. MAROIS (G.), précité.
1943. — Pigeons capucins, bleus........ M. BOCQUET, précité.
1944. — Pigeons capucins, bleus........ M. MAROIS (G.), précité.
1945. — Pigeons capucins, bleus à vol blanc. M. BRESCHET, précité.
1946. — Pigeons capucins, bleus à vol blanc. Le même.
1947. — Pigeons capucins, bleus à vol blanc. Le même.
1948. — Pigeons capucins, bleus à vol blanc. Le même.
1949. — Pigeons capucins, chamois....... M. BOCQUET, précité.
1950. — Pigeons capucins, chamois....... M. HÉLIN (J.-B.), précité.
1951. — Pigeons capucins, chamois....... M. LASSERON, précité.
1952. — Pigeons capucins, chamois....... Mᵐᵉ LEWAL (L.), précitée.
1953. — Pigeons capucins, chamois....... M. MAROIS (G.), précité.
1954. — Pigeons capucins, chamois....... M. MOVRAT (P.), précité.
1955. — Pigeons capucins, chamois à vol blanc. M. BRESCHET, précité.
1956. — Pigeons capucins, pleins chamois.. Le même.
1957. — Pigeons capucins, pleins chamois.. M. LASSERON, précité.
1958. — Pigeons capucins, noirs......... Mᵐᵉ MENGIN, précitée.
1959. — Pigeons capucins, pleins noirs.... M. LASSERON, précité.
1960. — Pigeons capucins, pleins noirs.... M. MONRAT (P.), précité.
1961. — Pigeons capucins, pleins noirs.... Le même.

1962. — Pigeons capucins, noirs à vol blanc. M. Breschet, précité.
1963. — Pigeons capucins, papillotés...... M. Monrat (P.), précité.
1964. — Pigeons capucins, rouges .... M. Lasseron, précité.
1965. — Pigeons capucins, rouges ....'.... M. Marois (G.), précité.
1966. — Pigeons capucins, rouges ....,.... Mme Mengin, précitée.
1967. — Pigeons capucins, rouges .... M. Monrat (P.), précité.
1968. — Pigeons capucins, rouges à vol blanc. M. Breschet, precité.
1969. — Pigeons capucins, chamois à tête M. Courcout, précité.
    blanche.
1970. — Pigeons capucins, noirs à tête Le même.
    blanche.
1971. — Pigeons capucins espagnols, blancs M. Breschet, precité.
    et noirs.
1972. — Pigeons capucins espagnols, blancs Le même.
    et noirs.
1973. — Pigeons capucins espagnols, blancs Le même.
    et noirs.
1974. — Pigeons capucins espagnols, blancs Le même.
    et noirs.
1975. — Pigeons capucins espagnols, rouges Le même.
    et blancs.
1976. — Pigeons capucins espagnols, rouges M. Marois (G.), précité.
    et blancs.
1977. — Pigeons capucins espagnols, rouges Le même.
    et blancs.
1978. — Pigeons carriers anglais, non voya- M. Long (J.), précité.
    geurs.
1979. — Pigeons cravatés, allemands, isa- M. Dumisa (A.-J.), à Vienne (Autriche).
    belle.
1980. — Pigeons cravatés, anglais, chamois. M. Lasseron, précité.
1981. — Pigeons cravates, anglais, chamois. M. Marois (G.), précité.
1982. — Pigeons cravates, chinois......... M. Brusskay, précité.
1983. — Pigeons cravates, chinois......... Le même.
1984. — Pigeons cravatés, chinois. .... Le même.
1985. — Pigeons cravatés, chinois......... M. Croizet, précité.
1986. — Pigeons cravatés, chinois......... Le même.
1987. — Pigeons cravatés, chinois......... M. Lasseron, précité.
1988. — Pigeons cravatés, chinois......... M. Marois (G.), précité.
1989. — Pigeons cravates, chinois .... Le même.
1990. — Pigeons cravatés, chinois......... M. Courcout, précité.
1991. — Pigeons cravatés, chinois......... Le même.
1992. — Pigeons culbutants .... M. Bocquet, précité.
1993. — Pigeons culbutans, blancs et noirs.. M. Breschet, précité.
1994. — Pigeons culbutants, blancs et rouges. Le même.
1995. — Pigeons culbutants .... M. Courcout, précité.
1996. — Pigeons culbutants .... Le même.
1997. — Pigeons culbutants, papillotés.... M. Lasseron, précité.
1998. — Pigeons isabelle................ M. Marois (G.), précité.
1999. — Pigeons islandais, satins......... M. Lasseron, précité.
2000. — Pigeons jacinthe .... M. Lemoine, précité.
2001. — Pigeons manteaux bleus .... M. Lasseron, précité.
2002. — Pigeons martinets.............. M. Marois (G.), précité.
2003. — Pigeons montagnards, noirs et M. Favray, précite.
    blancs.
2004. — Pigeons pies, chamois.......... M. Lasseron, précité.
2005. — Pigeons pies, noirs............. M. Bocquet, précité.
2006. — Pigeons pies, noirs et blancs...... M. Courcour, précité.
2007. — Pigeons pies, noirs............. M. Lasseron, précité.

2008. — Pigeons pies, rouges............. Le même.
2009. — Pigeons pions, roux............. M. Courcout, précité.
2010. — Pigeons pions, roux............. Le même.
2011. — Pigeons polonais, blancs......... M. Breschet, précité.
2012. — Pigeons polonais, blancs......... Le même.
2013. — Pigeons polonais, blancs......... Le même.
2014. — Pigeons polonais, blancs......... M. Marois (G.), précité.
2015. — Pigeons polonais, blancs......... Le même.
2016. — Pigeons polonais, blancs......... Le même.
2017. — Pigeons polonais, blancs......... M. Martin, précité.
2018. — Pigeons polonais, blancs......... M. Monrat (P.), précité.
2019. — Pigeons polonais, chamois........ M. Bocquet, précité.
2020. — Pigeons polonais, chamois........ Le même.
2021. — Pigeons polonais, chamois........ M. Breschet, précité.
2022. — Pigeons polonais, chamois........ Le même.
2023. — Pigeons polonais, chamois........ Le même.
2024. — Pigeons polonais, chamois........ Le même.
2025. — Pigeons polonais, chamois........ M. Lasseron, précité.
2026. — Pigeons polonais, chamois........ M. Lemoine, précité.
2027. — Pigeons polonais, chamois........ M. Marois (P.), précité.
2028. — Pigeons polonais, chamois........ Le même.
2029. — Pigeons polonais, chamois........ Le même.
2030. — Pigeons polonais, chamois........ Le même.
2031. — Pigeons polonais, chamois........ Le même.
2032. — Pigeons polonais, chamois........ Le même.
2033. — Pigeons polonais, chamois........ Le même.
2034. — Pigeons polonais, chamois........ M. Martin (J.), précité.
2035. — Pigeons polonais, chamois........ Le même.
2036. — Pigeons polonais, chamois........ M. Monrat (P.), précité.
2037. — Pigeons polonais, chamois........ Le même.
2038. — Pigeons polonais, chamois........ Le même.
2039. — Pigeons polonais, chamois........ Le même.
2040. — Pigeons polonais, chamois........ Le même.
2041. — Pigeons polonais, gris piqués..... M. Breschet, précité.
2042. — Pigeons polonais, gris piqués..... M. Lasseron, précité.
2043. — Pigeons polonais, gris piqués..... M. Marois (G.), précité.
2044. — Pigeons polonais, gris piqués..... M. Martin (J.), précité.
2045. — Pigeons polonais, noirs.......... M. Bocquet, précité.
2046. — Pigeons polonais, noirs.......... M. Breschet, précité.
2047. — Pigeons polonais, noirs.......... Le même.
2048. — Pigeons polonais, noirs.......... Le même.
2049. — Pigeons polonais, noirs.......... Le même.
2050. — Pigeons polonais, noirs.......... M. Lasseron, précité.
2051. — Pigeons polonais, noirs.......... M. Lemoine, précité.
2052. — Pigeons polonais, noirs.......... M. Marois (G.), précité.
2053. — Pigeons polonais, noirs.......... Le même.
2054. — Pigeons polonais, noirs.......... Le même.
2055. — Pigeons polonais, noirs.......... Le même.
2056. — Pigeons polonais, noirs.......... M. Martin (J.), précité.
2057. — Pigeons polonais, noirs.......... Le même.
2058. — Pigeons polonais, noirs.......... M. Monrat (P.), précité.
2059. — Pigeons polonais, noirs.......... Le même.
2060. — Pigeons polonais, noirs.......... Le même.
2061. — Pigeons polonais, noirs.......... Le même.
2062. — Pigeons polonais, noirs.......... Le même.
2063. — Pigeons polonais, rouges......... M. Breschet, précité.
2064. — Pigeons polonais, rouges......... M. Lasseron, précité.
2065. — Pigeons polonais, rouges......... M. Marois (G.), précité.

2066. — Pigeons polonais, rouges.......... Le même.
2067. — Pigeons polonais, rouges.......... Le même.
2068. — Pigeons polonais.............. M. Croizet, précité.
2069. — Pigeons queue de paon, blancs.... M. Bocquet, précité.
2070. — Pigeons queue de paon, blancs.... M. Breschet, précité.
2071. — Pigeons queue de paon, blancs.... Le même.
2072. — Pigeons queue de paon, blancs.... Le même.
2073. — Pigeons queue de paon, blancs.... M. Courcout, précité.
*2074. — Pigeons queue de paon, blancs.... M. Lasseron, précité.
2075. — Pigeons queue de paon, blancs.... M. Lemoine, précité.
2076. — Pigeons queue de paon, blancs.... Mme Lewal (L.), précitée.
2077. — Pigeons queue de paon, blancs.... M. Marois (G.), précité.
2078. — Pigeons queue de paon, blancs.... M. Martin (J.), précité.
2079. — Pigeons queue de paon blancs, écos- M. Rule, à Harrogats (Yorkshire).
sais.
2080. — Pigeons queue de paon, blancs huppés. M. Huot (G.), à Saint-Julien (Aube).
2081. — Pigeons queue de paon, de soie M. Breschet, précité.
blancs.
2082. — Pigeons queue de paon, de soie Le même.
blancs.
2083. — Pigeons queue de paon, de soie Le même.
blancs.
2084. — Pigeons queue de paon, de soie Le même.
blancs.
2085. — Pigeons queue de paon, de soie M. Marois (G.), précité.
blancs.
2086. — Pigeons queue de paon, bleus..... M. Bocquet, précité.
2087. — Pigeons queue de paon, bleus..... M. Breschet, précité.
2088. — Pigeons queue de paon, bleus, à ban- M. Brusskay, précité.
deaux blancs.
2089. — Pigeons queue de paon, bleus..... M. Martin (J.), précite.
2090. — Pigeons queue de paon, chamois... M. Breschet, précité.
2091. — Pigeons queue de paon, noirs..... Le même.
2092. — Pigeons queue de paon, noirs..... M. Lemoine, précité.
2093. — Pigeons queue de paon, noirs..... Mme Lewal (L.), précitée.
2094. — Pigeons queue de paon, noirs..... M. Marois (G.), précité.
2095. — Pigeons queue de paon, noirs..... M. Martin (J.), précité.
2096. — Pigeons queue de paon, noirs..... Le même.
2097. — Pigeons queue de paon, rouges.... M. Breschet, précité.
2098. — Pigeons queue de paon, lilas...... Le même.
2099. — Pigeons queue de paon, marrons à Le même.
queue barrée.
†2100. — Pigeons queue de paon, roux à queue M. Martin (J.), précite.
blanche.
*2101. — Pigeons queue de paon, roux à queue Le même.
blanche.
2102. — Pigeons queue de paon, trembleurs, M. Lemoine, précité.
blancs.
2103. — Pigeons russes................. M. Croizet, précité.
2104. — Pigeons de Smyrne............. M. Marois (G.), précité.
2105. — Pigeons suisses, bai dorés........ M. Lemoine, précité.
2106. — Pigeons swaltons.............. M. Long (J.), précité.
2107. — Pigeons swaltons.............. Le même.
2108. — Pigeons tambours, chamois....... M. Bocquet, précité.
2109. — Pigeons tambours............. M. Croizet, précité.
2110. — Pigeons tambours............. Le même.
2111. — Pigeons tambours............. Le même.
2112. — Pigeons tomblaires, anglais....... M. Rule, précité.

2113. — Pigeons tomblaires, papillotés..... M. LASSERON, précité.
2114. — Pigeons tomblaires, papillotés..... Le même.
2115. — Pigeons tomblaires, papillotés..... M. MAROIS (G.), précité.
2116. — Pigeons tomblaires, papillotés..... M. TORDEUX (Q.), précité.
2117. — Pigeons tomblaires .... M. COURGOUT, précité.
2118. — Pigeons tomblaires de Vienne..... M. MUSCHWECK (L.), précité.
2119. — Pigeons tomblaires de Vienne..... Le même.
2120. — Pigeons tomblaires de Vienne..... Le même.
2121. — Pigeons tomblaires de Vienne..... Le même.
2122. — Pigeons tomblaires de Vienne..... M. DUMISA (A.-J.), précité.
2123. — Pigeons tomblaires de Vienne..... Le même.
2124. — Pigeons tomblaires de Vienne..... Le même.
2125. — Pigeons tomblaires de Vienne..... Le même.
2126. — Pigeons tomblaires de Vienne..... Le même.
2127. — Pigeons tunisiens, blancs .... M. BOCQUET, précité.
2128. — Pigeons tunisiens, blancs .... Le même.
2129. — Pigeons tunisiens, blancs .... M. MAROIS (G.), précité.
2130. — Pigeons tunisiens, bleus .... M. BOCQUET, précité.
2131. — Pigeons tunisiens, bleus .... M. MAROIS (G.), précité.
2132. — Pigeons tunisiens, bleus .... M. MONRAT (P.), précité.
2133. — Pigeons tunsiens, bleus.......... Le même.
2134. — Pigeons tunisiens, bleus .... Le même.
2135. — Pigeons tunisiens, noirs.......... M. BOCQUET, précité.
2136. — Pigeons tunisiens, noirs .... M. MAROIS (G.), précité.
2137. — Pigeons volants, blancs à bavette... M. LASSERON, précité.
2138. — Pigeons volants, cou plaqué ...... Le même.
2139. — Pigeons volants, blancs.......... M. MONRAT (P.), précité.
2140. — Pigeons volants, pies............ Le même.
2141. — Pigeons de Reggio .... M. CIRIO (F.), précité.
2142. — Pigeons hiboux africains, bleus et M. RULE, précité.
blancs.
2143. — Pigeons jacobine anglais .... Le même.
2144. — Pigeons blondinettes orientales, Le même.
bleus étincelés.
2145. — Pigeons trompeter russes .... Le même.
2146. — Pigeons punter écossais, bleus.... Le même.

4ᵉ SECTION. — **Races voyageuses.**

(1ᵉʳ prix, **30ᶠ**; 2ᵉ, **25ᶠ**; 3ᵉ, **20ᶠ**; 4ᵉ, **15ᶠ**.)

2147. — Pigeons voyageurs.............. M. BEVNISON, précité.
2148. — Pigeons voyageurs, argentés ...... M. BOCQUET, précité.
2149. — Pigeons voyageurs, blancs........ Le même.
2150. — Pigeons voyageurs, blancs .... Le même.
2151. — Pigeons voyageurs, bleus .... Le même.
2152. — Pigeons voyageurs, bleus......... Le même.
2153. — Pigeons voyageurs, bleus......... Le même.
2154. — Pigeons voyageurs, bleus......... Le même.
2155. — Pigeons voyageurs, bleus et noirs.. Le même.
2156. — Pigeons voyageurs, gris meunier... Le même.
2157. — Pigeons voyageurs, gris meunier... Le même.
2158. — Pigeons voyageurs, gris meunier... Le même.
2159. — Pigeons voyageurs, gris meunier... Le même.
2160. — Pigeons voyageurs, noirs......... Le même.
2161. — Pigeons voyageurs, noirs......... Le même.
2162. — Pigeons voyageurs, noirs......... Le même.
2163. — Pigeons voyageurs, bleus......... M. BRESCHET, précité.

2164. — Pigeons voyageurs, bleus étincelés..   M. Breschet, précité.
2165. — Pigeons voyageurs, gris meunier...   Le même.
2166. — Pigeons voyageurs..............   M. Courcout, précité.
2167. — Pigeons voyageurs..............   Le même.
2168. — Pigeons voyageurs..............   Le même.
2169. — Pigeons voyageurs..............   Le même.
2170. — Pigeons voyageurs..............   Le même.
2171. — Pigeons voyageurs..............   Le même.
2172. — Pigeons voyageurs..............   M. Croizer, précité.
2173. — Pigeons voyegeurs..............   Le même.
2174. — Pigeons voyageurs..............   Le même.
2175. — Pigeons voyageurs..............   Le même.
2176. — Pigeons voyageurs..............   Le même.
2177. — Pigeons voyageurs gris meunier....   M. Fromont (F.), à Sotteville (Seine-Inférieure).
2178. — Pigeons voyageurs, rouges........   Le même.
2179. — Pigeons voyageurs..............   Le même.
2180. — Pigeons voyageurs d'Anvers, bleus..   M. Guépard, à Paris, rue Boucher, 10.
2181. — Pigeons voyageurs d'Anvers, bleus .   Le même.
2182. — Pigeons voyageurs d'Anvers, bleus   Le même.
étincelés.
2183. — Pigeons voyageurs d'Anvers, bleus   Le même.
étincelés.
2184. — Pigeons voyageurs d'Anvers, bleus   Le même.
étincelés.
2185. — Pigeons voyageurs d'Anvers, gris   Le même.
meunier barrés.
2186. — Pigeons voyageurs d'Anvers, gris   Le même.
meunier barrés.
2187. — Pigeons voyageurs d'Anvers, gris   Le même.
meunier barres.
2188. — Pigeons voyageurs d'Anvers, gris   Le même.
meunier barrés.
2189. — Pigeons voyageurs d'Anvers, gris   Le même.
meunier sans barres.
2190. — Pigeons voyageurs d'Anvers, gris   Le même.
meunier sans barres.
2191. — Pigeons voyageurs d'Anvers, gris   Le même.
meunier sans barres.
2192. — Pigeons voyageurs de Liége, bleus .   M. Guillon (L.), aux Près-Saint-Gervais
(Seine), Grande-Rue, 11.
2193. — Pigeons voyageurs de Liége, bleus .   Le même.
2194. — Pigeons voyageurs de Liége, bleus à   Le même.
jabot.
2195. — Pigeons voyageurs de Liége, bleus   Le même.
étincelés.
2196. — Pigeons voyageurs de Liége, bleus   Le même.
étincelés.
2197. — Pigeons voyageurs de Liége, bleus   Le même.
étincelés à jabot.
2198. — Pigeons voyageurs de Liége, gris   Le même.
meunier.
2199. — Pigeons voyageurs de Liége, gris   Le même.
meunier.
2200. — Pigeons voyageurs de Liége, gris   Le même.
meunier à jabot.
2201. — Pigeons voyageurs de Liége, rouges à   Le même.
vol blanc.

2202. — Pigeons voyageurs de Liége, rouges à   M. Guillon (L.), précité.
    vol blanc.
2203. — Pigeons voyageurs de Liége, rouges à   Le même.
    vol blanc.
2204. — Pigeons voyageurs, bleus.........   M. Hélin (J.-B.), précité.
2205. — Pigeons voyageurs, bleus.........   Le même.
2206. — Pigeons voyageurs, bleus.........   Le même.
2207. — Pigeons voyageurs, bleus.........   Le même.
2208. — Pigeons voyageurs anglais, noirs...   Le même.
2209. — Pigeons voyageurs..............   M. Larvé (G.), à Rouen (Seine-Inférieure.)
2210. — Pigeons voyageurs..............   Le même.
2211. — Pigeons voyageurs, bleus.........   M. Lanfray fils, à Maromme (Seine-Infé-
    rieure).
2212. — Pigeons voyageurs..............   Le même.
2213. — Pigeons voyageurs, gris meunier...   Le même.
2214. — Pigeons voyageurs, blancs........   M. Lasseron, précité.
2215. — Pigeons voyageurs, blancs........   Le même.
2216. — Pigeons voyageurs, bleus.........   Le même.
2217. — Pigeons voyageurs, bleus.........   Le même.
2218. — Pigeons voyageurs, bleus étincelés..   Le même.
2219. — Pigeons voyageurs, bleus étincelés..   Le même.
2220. — Pigeons voyageurs, gris..........   Le même.
2221. — Pigeons voyageurs, gris..........   Le même.
2222. — Pigeons voyageurs, noirs.........   Le même.
2223. — Pigeons voyageurs, noirs.........   Le même.
2224. — Pigeons voyageurs, rouges........   Le même.
2225. — Pigeons voyageurs, rouges........   Le même.
2226. — Pigeons voyageurs anglais........   M. Lemoine, précité.
2227. — Pigeons voyageurs..............   M. Marois (G.), précité.
2228. — Pigeons voyageurs..............   Le même.
2229. — Pigeons voyageurs..............   Le même.
2230. — Pigeons voyageurs..............   Le même.
2231. — Pigeons voyageurs..............   M. Marsh (W.-S), précité.
2232. — Pigeons voyageurs belges.........   MM. Brunin frères, à Bruxelles.
2233. — Pigeons voyageurs belges.........   Les mêmes.
2234. — Pigeons voyageurs belges.........   M. Durant (V.), à Bousval (Brabant).
2235. — Pigeons voyageurs belges.........   Le même.
2236. — Pigeons voyageurs belges.........   Le même.
2237. — Pigeons voyageurs belges.........   Le même.
2238. — Pigeons voyageurs belges.........   Le même.
2239. — Pigeons voyageurs belges.........   Le même.
2240. — Pigeons voyageurs belges.........   Le même.
2241. — Pigeons voyageurs belges.........   Le même.
2242. — Pigeons voyageurs belges.........   Le même.
2243. — Pigeons voyageurs belges.........   Le même.
2244. — Pigeons voyageurs belges.........   M. Everard (E.), précité.
2245. — Pigeons voyageurs belges.........   Le même.
2246. — Pigeons voyageurs belges, bleus....   M. Méria (V.), à Cognac (Charente).
2247. — Pigeons voyageurs belges, noirs....   Le même.
2248. — Pigeons voyageurs belges.........   Le même.
2249. — Pigeons voyageurs belges.........   Le même.
2250. — Pigeons voyageurs belges.........   Le même.
2251. — Pigeons voyageurs belges.........   Le même.
2252. — Pigeons voyageurs, blancs........   M. Monrat (P.), précité.
2253. — Pigeons voyageurs, blancs........   Le même.
2254. — Pigeons voyageurs..............   Le même.
2255. — Pigeons voyageurs..............   Le même.
2256. — Pigeons voyageurs..............   Le même.

2257. — Pigeons voyageurs..............   Le même.
2258. — Pigeons voyageurs..............   Le même.
2259. — Pigeons voyageurs..............   Le même.
2260. — Pigeons voyageurs..............   Le même.
2261. — Pigeons voyageurs..............   Le même.
2262. — Pigeons voyageurs..............   Le même.
2263. — Pigeons voyageurs..............   Le même.
2264. — Pigeons voyageurs belges, blancs... M. RAYMOND fils, à Cognac (Charente).
2265. — Pigeons voyageurs belges, bleus et   Le même.
          noirs.
2266. — Pigeons voyageurs belges.........   Le même.
2267. — Pigeons voyageurs belges.........   Le même.
2268. — Pigeons voyageurs belges.........   Le même.
2269. — Pigeons voyageurs belges.........   Le même.
2270. — Pigeons voyageurs anglais, bleus... M. TOUDEUX (Q.), précité.
2271. — Pigeons voyageurs anglais, noirs... Le même.
2272. — Pigeons voyageurs, bleus.........   Le même.
2273. — Pigeons voyageurs, etincelés, bleus. Le même.
2274. — Pigeons voyageurs gris...........   Le même.

<h2 style="text-align:center">26e CATÉGORIE.</h2>

LAPINS.

1re SECTION. — Lapins béliers.

(1er prix, 25^f; 2e, 20^f; 3e, 15^f.)

2275. — 1 mâle.....................   M. BOCQUET, précité.
2276. — 1 femelle..................   Le même.
2277. — 1 mâle blanc...............   M. BRESCHET, précité.
2278. — 1 mâle blanc...............   Le même.
2279. — 1 femelle blanche..........   Le même.
2280. — 1 femelle blanche..........   Le même.
2281. — 1 mâle gris................   Le même.
2282. — 1 mâle gris................   Le même.
2283. — 1 mâle gris................   Le même.
2284. — 1 mâle gris................   Le même.
2285. — 1 mâle gris................   Le même.
2286. — 1 mâle gris................   Le même.
2287. — 1 mâle gris................   Le même.
2288. — 1 mâle gris................   Le même.
2289. — 1 femelle grise............   Le même.
2290. — 1 femelle grise............   Le même.
2291. — 1 femelle grise............   Le même.
2292. — 1 femelle grise............   Le même.
2293. — 1 femelle grise............   Le même.
2294. — 1 femelle grise............   Le même.
2295. — 1 femelle grise............   Le même.
2296. — 1 femelle grise............   Le même.
2297. — 1 femelle grise............   Le même.
2298. — 1 femelle grise............   Le même.
2299. — 1 mâle jaune...............   Le même.
2300. — 1 mâle jaune...............   Le même.
2301. — 1 femelle jaune............   Le même.
2302. — 1 femelle jaune............   Le même.
2303. — 1 mâle.....................   M. CIRIO (F.), précité.
2304. — 1 femelle..................   Le même.
2305. — 1 mâle gris................   Mme GÉNIN (M.), précitée.

2306. — 1 femelle grise................ Mme Génin (M.), précitée.
2307. — 1 mâle gris.................... M. Hélin (J.-B.), précité.
2308. — 1 mâle gris.................... Le même.
2309. — 1 mâle gris.................... Le même.
2310. — 1 femelle grise................ Le même.
•2311. — 1 femelle grise................ Le même.
2312. — 1 femelle grise................ Le même.
2313. — 1 mâle blanc.................. M. Jeanjean-Lorin, à Carignan (Ardennes).
2314. — 1 femelle blanche.............. Le même.
2315. — 1 mâle blanc.................. M. Lasserov, précité.
2316. — 1 femelle blanche.............. Le même.
2317. — 1 femelle blanche.............. Le même.
2318. — 1 mâle gris.................... Le même.
2319. — 1 mâle gris.................... Le même.
2320. — 1 femelle grise................ Le même.
2321. — 1 femelle grise................ Le même.
2322. — 1 femelle grise................ Le même.
2323. — 1 femelle grise................ Le même.
2324. — 1 femelle grise................ Le même.
2325. — 1 mâle....................... M. Lemoine, précité.
2326. — 1 mâle....................... Le même.
•2327. — 1 mâle....................... Le même.
•2328. — 1 mâle....................... Le même.
2329. — 1 femelle.................... Le même.
2330. — 1 femelle.................... Le même.
2331. — 1 femelle.................... Le même.
2332. — 1 femelle.................... Le même.
2333. — 1 mâle gris.................. M. Marois (G.), précité.
2334. — 1 mâle gris.................. Le même.
2335. — 1 mâle gris.................. Le même.
2336. — 1 femelle grise.............. Le même.
2337. — 1 femelle grise.............. Le même.
2338. — 1 femelle grise.............. Le même.
2339. — 1 mâle blanc................. M. Martin (J.), précité.
2340. — 1 femelle blanche............ Le même.
2341. — 1 mâle gris.................. Le même.
2342. — 1 mâle gris.................. Le même.
2343. — 1 femelle grise.............. Le même.
2344. — 1 femelle grise.............. Le même.
2345. — 1 mâle noir.................. Le même.
2346. — 1 femelle noire.............. Le même.
2347. — 1 mâle blanc................. M. Tordeux (Q.), précité.
2348. — 1 femelle blanche............ Le même.
2349. — 1 femelle blanche............ Le même.
2350. — 1 mâle gris.................. Le même.
2351. — 1 mâle gris.................. Le même.
2352. — 1 mâle gris.................. Le même.
2353. — 1 mâle gris.................. Le même.
2354. — 1 femelle grise.............. Le même.
2355. — 1 femelle grise.............. Le même.
2356. — 1 femelle grise.............. Le même.
2357. — 1 femelle grise.............. Le même.
2358. — 1 femelle grise.............. Le même.
2359. — 1 mâle....................... M. Woods (H.), Dukes Brow Blackburne
                                        (Lancashire).
2360. — 1 mâle géant, gris............ M. de Devise (R.), à Béhéricourt (Oise).
2361. — 1 mâle géant, gris............ Le même.
2362. — 1 femelle géante, grise....... Le même.

2ᵉ Section. — Lapins communs.

(1ᵉʳ prix, 25ᶠ; 2ᵉ, 20ᶠ; 3ᵉ, 15ᶠ.)

2363. — 1 mâle............................. M. Bocquet, précité.
2364. — 1 mâle............................. Le même.
2365. — 1 mâle............................. Le même.
2366. — 1 femelle.......................... Le même.
2367. — 1 femelle.......................... Le même.
2368. — 1 femelle.......................... Le même.
2369. — 1 mâle gris........................ M. Breschet, précité.
2370. — 1 mâle gris........................ Le même.
2371. — 1 femelle grise.................... Le même.
2372. — 1 femelle grise.................... Le même.
2373. — 1 mâle gris........................ M. Cabot (J.), à la commune Trinity (Jersey.)
2374. — 1 mâle blanc et noir............... M. Courcout, précité.
2375. — 1 femelle blanche et noire......... Le même.
2376. — 1 mâle gris........................ M. Croizet, précité.
2377. — 1 mâle bleu........................ Le même.
2378. — 1 femelle grise.................... Le même.
2379. — 1 femelle bleue.................... Le même.
2380. — 1 mâle noir et blanc............... M. de Devise (R.), précité.
2381. — 1 femelle noire et blanche......... Le même.
2382. — 1 femelle blanche.................. Le même.
2383. — 1 mâle............................. M. Gois (E.), précité.
2384. — 1 femelle.......................... Le même.
2385. — 1 mâle gris........................ M. Lasseron, précité.
2386. — 1 mâle gris........................ Le même.
2387. — 1 femelle grise.................... Le même.
2388. — 1 femelle grise.................... Le même.
2389. — 1 femelle grise.................... Le même.
2390. — 1 femelle grise.................... Le même.
2391. — 1 mâle............................. M. Lemoine, précité.
2392. — 1 femelle.......................... Le même.
2393. — 1 mâle américain rouge............. M. Liebert, à Nancy (Meurthe-et-Moselle)
2394. — 1 mâle américain rouge............. Le même.
2395. — 1 femelle américaine rouge......... Le même.
2396. — 1 femelle américaine rouge......... Le même.
2397. — 1 mâle gris........................ M. Marois (G.), précité.
2398. — 1 mâle noir et blanc............... Le même.
2399. — 1 femelle grise.................... Le même.
2400. — 1 femelle noire et blanche......... Le même.
2401. — 1 mâle gris........................ M. Martin (J.), précité.
2402. — 1 femelle grise.................... Le même.
2403. — 1 femelle.......................... M. Temple (F.-C.), précité.
2404. — 1 mâle gris........................ M. Tordeux (Q.), précité.
2405. — 1 femelle grise.................... Le même.
2406. — 1 mâle............................. M. Vermeulen (J.), précité.
2407. — 1 femelle.......................... Le même.
2408. — 1 femelle.......................... M. Woods (H.), précité.
2409. — 1 mâle des Flandres................ M. de Valck (A.), précité.
2410. — 1 femelle des Flandres............. Le même.
2411. — 1 femelle des Flandres............. Le même.
2412. — 1 femelle des Flandres............. Le même.
2413. — 1 léporide mâle.................... M. Lorré (P.), précité.
2414. — 1 léporide femelle................. Le même.
2415. — 1 léporide femelle................. Le même.

2416. — 1 léporide mâle................... M. Ponsard, à Omey (Marne).
2417. — 1 léporide mâle................... Le même.
2418. — 1 léporide femelle............... Le même.
2419. — 1 léporide femelle............... Le même.
2420. — 1 léporide femelle............... Le même.
2421. — 1 léporide femelle............... Le même.
2422. — 1 léporide mâle................... M. Vermeulen (J.), précité.
2423. — 1 léporide femelle............... Le même.

3ᵉ Section. — Lapins russes.

(1ᵉʳ prix, 25ᶠ; 2ᵉ, 20ᶠ; 3ᵉ, 15ᶠ.)

2424. — 1 mâle..................... M. Bocquet, précité.
2425. — 1 femelle................... Le même.
2426. — 1 femelle................... Le même.
2427. — 1 mâle..................... M. Boutillier, précité.
2428. — 1 mâle..................... Le même.
2429. — 1 mâle..................... Le même.
2430. — 1 mâle..................... Le même.
2431. — 1 mâle..................... Le même.
2432. — 1 mâle..................... Le même.
2433. — 1 femelle................... Le même.
2434. — 1 femelle................... Le même.
2435. — 1 femelle................... Le même.
2436. — 1 femelle................... Le même.
2437. — 1 femelle................... Le même.
2438. — 1 femelle................... Le même.
2439. — 1 mâle noir................. Le même.
2440. — 1 femelle noire............. Le même.
2441. — 1 mâle..................... M. Brescher, précité.
2442. — 1 mâle..................... Le même.
2443. — 1 femelle................... Le même.
2444. — 1 femelle................... Le même.
2445. — 1 mâle..................... M. Croizet, précité.
2446. — 1 femelle................... Le même.
2447. — 1 mâle..................... M. de Devise (R. , précité.
2448. — 1 femelle................... Le même.
2449. — 1 mâle..................... M. le baron d'Hauteserve, précité.
2450. — 1 mâle..................... Le même.
2451. — 1 femelle................... Le même.
2452. — 1 femelle................... Le même.
2453. — 1 femelle................... Le même.
2454. — 1 femelle................... Le même.
2455. — 1 mâle..................... M. Hélin (J.-B.), précité.
2456. — 1 femelle................... Le même.
2457. — 1 femelle................... Le même.
2458. — 1 femelle................... Le même.
2459. — 1 femelle................... Le même.
2460. — 1 mâle..................... M. Lasseron, précité.
2461. 1 mâle..................... Le même.
2462. — 1 femelle................... Le même.
2463. — 1 femelle................... Le même.
2464. — 1 femelle................... Le même.
2465. — 1 mâle blanc............... M. Lemoine, précité.
2466. — 1 mâle blanc............... Le même.
2467. — 1 mâle blanc............... Le même.
2468. — 1 mâle blanc............... Le même.

2469. — 1 femelle blanche................... M. Lemoine, précité.
2470. — 1 femelle blanche................... Le même.
2471. — 1 femelle blanche................... Le même.
2472. — 1 femelle blanche................... Le même.
2473. — 1 mâle noir........................ Le même.
2474. — 1 mâle noir........................ Le même.
2475. — 1 mâle noir........................ Le même.
2476. — 1 femelle noire..................... Le même.
2477. — 1 femelle noire..................... Le même.
2478. — 1 femelle noire..................... Le même.
2479. — 1 mâle............................ M. Marois (G.), précité.
2480. — 1 mâle............................ Le même.
2481. — 1 femelle......................... Le même.
2482. — 1 femelle......................... Le même.
2483. — 1 mâle blanc...................... M. Martin (J.), précité.
2484. — 1 femelle blanche.................. Le même.
2485. — 1 mâle............................ Mme Mengin, précitée.
2486. — 1 femelle......................... La même.
2487. — 1 mâle............................ M. Tordeux (Q.), précité.
2488. — 1 mâle............................ Le même.
2489. — 1 mâle............................ Le même.
2490. — 1 femelle......................... Le même.
2491. — 1 femelle......................... Le même.
2492. — 1 femelle......................... Le même.

4e Section. — **Lapins à fourrure ou argentés**

(1er prix, **25^f** ; 2°, **20^f** ; 3°, **15^f**.)

2493. — 1 mâle........................ Mme Aillerot, précitée.
2494. — 1 femelle..................... La même.
2495. — 1 mâle........................ M. Bocquet, précité.
2496. — 1 femelle..................... Le même.
2497. — 1 femelle..................... Le même.
2498. — 1 mâle........................ M. Boutillier, précité.
2499. — 1 mâle........................ Le même.
2500. — 1 mâle........................ Le même.
2501. — 1 mâle........................ Le même.
2502. — 1 mâle........................ Le même.
2503. — 1 mâle........................ Le même.
2504. — 1 femelle..................... Le même.
2505. — 1 femelle..................... Le même.
2506. — 1 femelle..................... Le même.
2507. — 1 femelle..................... Le même.
2508. — 1 femelle..................... Le même.
2509. — 1 femelle..................... Le même.
2510. — 1 mâle........................ M. Breschet, précité.
2511. — 1 mâle........................ Le même.
2512. — 1 mâle........................ Le même.
2513. — 1 mâle........................ Le même.
2514. — 1 mâle........................ Le même.
2515. — 1 mâle........................ Le même.
2516. — 1 femelle..................... Le même.
2517. — 1 femelle..................... Le même.
2518. — 1 femelle..................... Le même.
2519. — 1 femelle..................... Le même.
2520. — 1 femelle..................... Le même.
2521. — 1 femelle..................... Le même.

2522. — 1 femelle .... M. Bréschet, précité.
2523. — 1 femelle.................... Le même.
2524. — 1 mâle .... M. Cabot (J.), précité.
2525. — 1 mâle .... M. Cirio (F.), précité.
2526. — 1 femelle .... Le même.
2527. — 1 mâle .... M. Croizet, précité.
2528. — 1 femelle .... Le même.
2529. — 1 mâle .... M. de Devise (R.), précité.
2530. — 1 mâle .... Le même.
2531. — 1 femelle .... Le même.
2532. — 1 femelle .... Le même.
2533. — 1 mâle .... M. Farcy (J.), précité.
2534. — 1 femelle .... Le même.
2535. — 1 mâle .... M. de Faye (G.), précité.
2536. — 1 mâle .... M. de Faye (T.), à Saint-Hehers (Jersey),
         Hilary Street.
2537. — 1 mâle .... M. le baron d'Hauteserve, précité.
2538. — 1 femelle .... Le même.
2539. — 1 mâle .... M. Hélin (J.-B.), précité.
2540. — 1 femelle .... Le même.
2541. — 1 mâle .... M. Huot (G.), précité.
2542. — 1 femelle .... Le même.
2543. — 1 mâle .... M. Lasseron, précité.
2544. — 1 mâle .... Le même.
2545. — 1 femelle .... Le même.
2546. — 1 femelle .... Le même.
2547. — 1 mâle .... M. Lemoine, précité.
2548. — 1 mâle .... Le même.
2549. — 1 femelle .... Le même.
2550. — 1 femelle .... Le même.
2551. — 1 mâle .... M. Lorré (C.), précité.
2552. — 1 mâle .... Le même.
2553. — 1 femelle .... Le même.
2554. — 1 femelle .... Le même.
2555. — 1 femelle .... Le même.
2556. — 1 mâle .... M. Marois (G.), précité.
2557. — 1 mâle .... Le même.
2558. — 1 femelle .... Le même.
2559. — 1 femelle .... Le même.
2560. — 1 mâle .... M. Martin (J.), précité.
2561. — 1 mâle .... Le même.
2562. — 1 femelle .... Le même.
2563. — 1 femelle .... Le même.
2564. — 1 mâle .... M. Monrat (P.), précité.
2565. — 1 mâle .... Le même.
2566. — 1 femelle .... Le même.
2567. — 1 femelle .... Le même.
2568. — 1 femelle .... Le même.
2569. — 1 femelle .... Le même.
2570. — 1 mâle .... M. Swetvam, à Chatou (Seine-et-Oise).
2571. — 1 femelle .... Le même.
2572. — 1 mâle .... M. Tordeux (Q.), précité.
2573. — 1 mâle .... Le même.
2574. — 1 mâle .... Le même.
2575. — 1 femelle .... Le même.
2576. — 1 femelle .... Le même.
2577. — 1 femelle .... Le même.
2578. — 1 femelle .... M. Woods (H.), précité.

5° SECTION. — **Lapins angora ou lapins de peigne.**

(1er prix, **25^f**; 2°, **20^f**; 3°, **15^f**).

2579. — 1 mâle......................	M. Bocquet, précité.
2580. — 1 femelle...................	Le même.
2581. —	M. Braitwaite (J.), précité.
2582. — 1 mâle argenté...............	M. Breschet, précité.
2583. — 1 femelle argentée............	Le même.
2584. — 1 mâle blanc.................	Le même.
2585. — 1 mâle blanc.................	Le même.
2586. — 1 femelle blanche............	Le même.
2587. — 1 femelle blanche............	Le même.
2588. — 1 femelle blanche............	Le même.
2589. — 1 mâle chinois...............	Le même.
2590. — 1 femelle chinoise............	Le même.
2591. — 1 mâle gris.................	Le même.
2592. — 1 mâle gris.................	Le même.
2593. — 1 mâle gris.................	Le même.
2594. — 1 femelle grise..............	Le même.
2595. — 1 femelle grise..............	Le même.
2596. — 1 femelle grise..............	Le même.
2597. — 1 femelle grise..............	Le même.
2598. — 1 femelle grise..............	Le même.
2599. — 1 femelle grise..............	Le même.
2600. — 1 femelle bélier, grise..........	Le même.
2601. — 1 mâle......................	M. Courcout, précité.
2602. — 1 femelle...................	Le même.
2603. — 1 mâle blanc.................	M. de Devise (R.), précité.
2604. — 1 femelle blanche............	Le même.
2605. — 1 mâle noir et blanc...........	M. Hélin (J.-B.), précité.
2606. — 1 femelle noire et blanche.......	Le même.
2607. — 1 mâle blanc.................	M. Hollovay jeune, précité.
2608. — 1 mâle russe.................	M. Lasseron, précité.
2609. — 1 mâle russe.................	Le même.
2610. — 1 femelle russe..............	Le même.
2611. — 1 femelle russe..............	Le même.
2612. — 1 femelle russe..............	Le même.
2613. — 1 mâle de Sibérie blanc.........	Le même.
2614. — 1 femelle de Sibérie blanche......	Le même.
2615. — 1 mâle blanc.................	M. Lemoine, précité.
2616. — 1 mâle blanc.................	Le même.
2617. — 1 mâle blanc.................	Le même.
2618. — 1 femelle blanche............	Le même.
2619. — 1 femelle blanche............	Le même.
2620. — 1 femelle blanche............	Le même.
2621. — 1 mâle gris.................	Le même.
2622. — 1 mâle gris.................	Le même.
2623. — 1 mâle gris.................	Le même.
2624. — 1 mâle gris.................	Le même.
2625. — 1 femelle grise..............	Le même.
2626. — 1 femelle grise..............	Le même.
2627. — 1 femelle grise..............	Le même.
2628. — 1 femelle grise..............	Le même.
2629. — 1 mâle marron...............	Le même.
2630. — 1 mâle marron...............	Le même.
2631. — 1 femelle marron.............	Le même.
2632. — 1 femelle marron.............	Le même.

2633. — 1 mâle blanc..................... M. Lonré (P.), précité.
2634. — 1 femelle blanche............... Le même.
2635. — 1 femel'e blanche............... Le même.
2636. — 1 femelle blanche.............. Le même.
2637. — 1 mâle argenté................. M. Marois (G.), précité.
2638. — 1 femelle argentée .... Le même.
2639. — 1 mâle blanc .... Le même.
2640. — 1 femelle blanche............. Le même.
2641. — 1 mâle gris.................. Le même.
2642. — 1 femelle grise............... Le même.
2643. — 1 mâle blanc .... M. Swetnam, précité.
2644. — 1 femelle blanche............. Le même.
2645. — 1 mâle argenté............... M. Tordeux (Q.), précité.
2646. — 1 mâle argenté............... Le même.
2647. — 1 mâle argenté............... Le même.
2648. — 1 mâle argenté............... Le même.
2649. — 1 femelle argentée .... Le même.
2650. — 1 femelle argentée .... Le même.
2651. — 1 femelle argentée .... Le même.
2652. — 1 femel'e argentee .... Le même.
2653. — 1 feme le argentée .... Le même.
2654. — 1 mâle russe .... Le même.
2655. — 1 mâle russe .... Le même.
2656. — 1 feme le russe .... Le même.
2657. — 1 femelle russe................ Le même.
2658. — 1 mâle de Sibérie, blanc........ Le même.
2659. — 1 mâle de Sibérie, b'anc........ Le même.
2660. — 1 mâle de Sibérie, blanc........ Le même.
2661. — 1 femelle de Sibérie, blanche..... Le même.
2662. — 1 femelle de Sibérie, blanche..... Le même.
2663. — 1 femelle de Sibérie, blanche..... Le même.
2664. — 1 feme le de Sibérie, blanche..... Le même.
2665. — 1 mâle...................... M. de Walck (A.), précité.
2666. — 1 femel'e .... Le même.
2667. — 1 femelle .... Le même.
2668. — 1 femelle .... M. Woods (H.), précité.

LISTE DES EXPOSANTS

AVEC L'INDICATION DES NUMÉROS

SOUS LESQUELS SONT INSCRITS LES ANIMAUX.

LISTE DES EXPOSANTS

AVEC L'INDICATION DES NUMÉROS

SOUS LESQUELS SONT INSCRITS LES ANIMAUX.

ANGLETERRE.

Sa Majesté la Reine d'Angleterre, Domaine de Windsor. — Espèce bovine, 30 – 62 – 87 – 92 – 104. — Espèce porcine, 54 – 108.

Son Altesse Royale le prince de Galles, Domaine de Norfolk. — Espèce ovine, 26 – 27 – 32 – 44 – 46 – 49 – 50.

M. Adams (G.), à Faringdon (Berkshire). —Espèce ovine, 54 – 69 – 78 – 86.

M. Arnold (M.), Whitethorns Acton (Middlesex).—Animaux de basse-cour, 981 – 1004.

M. Beattie, à Crocknacunnie Pettigo (Irlande). — Espèce ovine, 190 – 191 – 195 – 196 – 199 – 200.

M. Beldon (H.), à Gortstock, near Bingley (Yorkshire). — Animaux de basse-cour, 611 – 658 – 697 – 716 – 736 – 754 – 775 – 792 – 800 – 801 – 850 – 851 – 982 – 1005 1043 – 1058 – 1087 – 1103 – 1127 – 1173 – 1218 – 1229 – 1277 – 1328 – 1395 – 1450.

M. Bell (G.), à York Cottage, Edgware Road, Kilburn, à Londres. — Animaux de basse-cour, 1112.

M. Benjafield, à Schaffesbury (Dorsetshire). — Espèce porcine, 66.

M. Bennison (J.-H.), à Middlesborough, Gorford Street, 23.—Animaux de basse-cour, 612 – 660 – 737 – 755 – 802 – 852 – 895 – 941 – 1044 – 1088 – 1128 – 1174 – 1930 – 2147.

M. Beetive (Earl of), à Underby Hall Carnforth. — Espèce bovine, 18 – 29 – 38 – 39 – 41 – 49.

M. Berger Spence (J.), à Londres, Half Moon Street, 15, Piccadilly. — Espèce bovine, 50.

M. Bigg (A.), à Bromyard. — Animaux de basse-cour, 803 – 804 – 853 – 854.

M. Black (W.-L.), Black lien hotel, à Llandoff (Glamorganshire). — Animaux de basse-cour, 1204 – 1205.

M. Broad (H.-E.), à Warlingham (Surrey). — Animaux de basse-cour, 34 – 1266 – 1317.

M. Brown, (J.-B.), à Gilmerton Liberton (Écosse). — Animaux de basse-cour, 118.

M. Bruce (G.), Aberdeenshire (Écosse). — Espèce bovine, 138.

M. Bruce (R.), à Great Smeathon, Notthallerton. — Espèce bovine, 33 – 55 – 64.

M. le duc de Buckingham, à Stone near Buckingham. — Espèce bovine, 357 – 374 – 386.

M. Cabot (J.), à la Commune Trinity (Jersey). — Animaux de basse-cour, 2373.

M. Calcutt (J.), à Witney (Oxfordshire). — Animaux de basse-cour, 1060 – 1105.

M. Catling, à Wisbeach (Cambridgeshire). — Espèce ovine, 117 – 129 – 130 – 144 – 154.

Mme Christy (A.), à Falkoners Edenbridge (Kent). — Animaux de basse-cour, 621 – 624 – 666 à 669 – 1396 – 1451.

M. Colly (R.-C.), à Saint-Héliers, Resevelle Street, 45 (Jersey). — Animaux de basse-cour, 986 – 1009.

M. Colman (J.-J.) à Norwich (Norfolk). — Espèce ovine, 17 – 22 – 30 – 40 – 51.

M. Celman, Esquire, à Norwich. — Espèce bovine, 123 – 130 – 134 – 139.

M. Mc Combie (W.), à Aberdeen (Écosse). — Espèce bovine, 122 – 124 – 127 – 128 – 129 – 131 – 133 – 136 – 137.

M. le lieutenant-colonel Cooke, à Colomendy (Pays de Galles). — Espèce porcine, 77 – 78 – 86 – 87 – 96 – 97 – 98 – 100 – 101 – 102.

M. Creswell (R.-W.), à Ravenstone (Ashby de la Zouche). — Espèce ovine, 106 – 124 – 137 – 149.

MM. Crosweller et Coleman, à Storrington (Pulborough-Sussex). — Espèce ovine, 14 - 15 - 16 - 28 - 34 - 35 - 36 - 47.

M. Cudlipp (W.-J.), à Saint-Héliers, Great Union Road (Jersey). — Animaux de basse-cour, 906 – 1397 – 1452.

M. Darby (A.-E.-W.), à Little Ness (Shrewsbury). — Animaux de basse-cour, 629 – 673 – 702 – 721 – 741 – 759 – 814 – 819 – 863 – 868 – 1223 – 1234.

M. Dean (T.-A.), à Rose Villa, Marden near Hereford. — Animaux de basse-cour, 630 – 631 – 674 – 675 – 703 – 722 – 989 – 1012 – 1013 – 1014 – 1061 – 1067 à 1072 – 1106 – 1113 – 1114 – 1115 – 1133 – 1134 – 1179 – 1180 – 1278 – 1279 – 1329.

M. Downing (J.), à Saint-Héliers, Ann Street, 23 (Jersey). — Animaux de basse-cour, 1208 – 1214.

M. Duckering (R.-E.), à Northope, Kirton-Lindsay (Lincolnshire). — Espèce porcine, 10 – 16 – 22 – 41 – 42 – 43 – 60 – 61 – 63 – 73 – 74 – 88 – 94 – 109 – 110 – 111 – 114 – 115 – 116 – 118 – 120.

MM. Dudding, à Wragby (Lincolnshire). — Espèce ovine, 99 – 100 – 101 – 121 – 122 – 133 – 134 – 135 – 148.

M. Dukering (C.-E,), à Whitehoo, Kirton Lindsay (Lincolnshire). — Espèce porcine, 15 – 44 – 45 – 46 – 62.

MM. Dudding, à Wragby (Lincolnshire). — Espèce bovine, 5.

M. Duncan (J.), à Benmore Killemun, Argyllshire (Écosse). — Espèce bovine, 117. — Espèce ovine, 189 – 192 – 193 – 194 – 197 – 198. — Espèce porcine, 93 – 149.

M. Duncan (J.), à Benmore Killemun (Argyllshire). — Espèce bovine, 142 – 143 – 144 – 145 – 146 – 147 – 148.

M. Entswille (W.-F.), à Wike near Bradford (Yorkshire). — Animaux de basse-cour, 1135 – 1136 – 1137 – 1181 à 1184.

M. le marquis d'Exeter, à Burghley House Stamford (Northamptonshire). — Espèce bovine, 31 – 46 – 67 – 69.

M. Farmer (W.), à Hinckley (Leicestershire). — Espèce bovine, 114 – 115 – 120.

M. Farthing (W.), à Stoweycourt, Bridgewater (Somerset). — Espèce bovine, 98 – 100 – 105 – 109.

M. de Faye (G.), à Saint-Héliers, Corteret Street, 1 (Jersey). — Animaux de basse-cour, 358 – 423 – 2535.

M. de Faye (T.), à Saint-Héliers, Hilary Street, 5 (Jersey). — Animaux de basse-cour, 2536.

M. Fox (G.), à Elzuhurst-Hall (Lichfield). — Espèce bovine, 16 – 26.

M. Fraser (J.-C.), à Londres, Palace Stonns, Bayswater-Hill, 1. — Animaux de basse-cour, 1374 – 1431.

M. Frownce (T.-F.), à Londres, Lavender Grove Dalston. — Animaux de basse-cour, 1016.

MM. Fowler (J.-K. et R.-B.), à Aylesbury, Prebendal farm. — Espèce porcine, 13 – 49 – 50. — Animaux de basse-cour, 53 – 137 – 199 – 281 – 634 – 635 – 678 – 705 – 706 – 724 – 742 – 760 – 778 – 779 – 795 – 796 – 820 à 823 – 869 – 870 – 911 – 912 – 913 – 958 – 959 – 991 – 1015 – 1138 – 1139 – 1185 – 1371 – 1372 – 1373 – 1392 – 1393 – 1429 – 1430 – 1447 – 1448 – 1605 – 1625 – 1629 – 1644 – 1673 – 1693 – 1697 – 1712.

M. Gallichon (A.), à Saint-Heliers, Saint-Aubins Road (Jersey). — Animaux de basse-cour, 200 – 1267 – 1318.

M. Gillett (J.), à Charlbury (Oxfordshire). — Espèce ovine, 162 – 163 – 164 – 168 – 169 – 171 – 176 – 178.

M. Govringe, à Shoreham (Sussex). — Espèce ovine, 23 – 24 – 33 – 41 – 42 – 52.

M. Grant (G.-M.), à Ballindalloch Caetle Tillyfour (Écosse). — Espèce bovine, 121 – 125 – 126 – 132 – 140 – 141.

MM. Green and son, à Silsden, Leeds. — Espèce ovine, 95 – 119 – 141 – 151 – 228 – 239.

M. Greenn (B.-J.), à The Hill Secarrow Roscommon (Irlande). — Espèce bovine, 13.

M. Grieve (J.), à Newtonn Bolness (Écosse). — Animaux de basse-cour, 55.

M. Gunnell, à Milton, (Cambridgeshire). — Espèce ovine, 107 – 125 – 138 – 155.

M. Hannan (B.), à Killucan (Irlande). — Espèce bovine, 1 – 6 – 65 – 66 – 72 – 78 – 86 – 90 – 91. — Espèce ovine, 105 – 123 – 136 – 158 – 165 – 170 – 175.

M. Heasman, à Angmering, near Arundel (Sussex). — Espèce ovine, 25 – 31 – 43.

Mme Hendrie (J.), Muirfield House, à Inverness, (Écosse). — Animaux de basse-cour, 781.

M. Hewer (J.-L.), à Paradise Villa Marden (Hereford). — Espèce bovine, 93.

M. Hewer (W.), à Highworth (Wiltshire). — Espèce porcine, 5 – 18 – 28 – 57 – 58 – 59.

M. Holloway (G.) **jeune,** à The Hill, Stroud (Gloucestershire). — Animaux de basse-cour 1341 – 1877 – 2607.

M. Homer (G.-W.), à Atelampton (Dorsetshire). — Espèce ovine, 56 – 71 – 80 – 87.

M. Howard (C.), à Biddenham, near Bedford. — Espèce ovine, 57 – 58 – 72 – 81 – 89.

MM. Howard (J. et F.), à Bedford. — Espèce porcine, 20 – 67 – 68 – 69.

M. Humfrey, à Shuwenham (Berkshire). — Espèce porcine, 11 – 17 – 38 – 47 – 65.

M. Hunter (W.), à Abington, Lamarkshire (Écosse). — Espèce bovine, 113 – 118. — Espèce ovine, 179 – 182 – 184 – 187.

M. Jelf (C.-H.), à Hastings Lodge (Hastings). — Animaux de basse-cour, 637 – 638. — 639 – 681 – 682 – 683.

M. Kent (W.), à Londres, Saint-Paul's-Palace, 17, Saint-Paul's Road Canonbury. — Animaux de basse-cour, 1907.

M. Kersley-Fowler (J.), à Aylesbury. — Espèce bovine, 3 – 14 – 70.

M. King (L.), à Geashell, King's County (Irlande). — Espèce bovine, 112.

Mlle King (L.), à Rothfeston House Geashell, King's County (Irlande). — Animaux de basse-cour, 1462 à 1465 – 1509 à 1512 – 1607 – 1608 – 1675 – 1676.

MM. King (H.-W. et H.), Wood Top., Hebden Bridge (Yorkshire). — Animaux de basse-cour, 1398 – 1453.

Mme Langdon (M.), à North Molton (Devonshire). — Espèce bovine, 94 – 95 – 107 – 108. — Espèce ovine, 223 – 229 – 230 – 233 – 242.

M. Le Sueur (P.-F.), à Meadow Vale House, Grand Vale, (Jersey). — Animaux de basse-cour, 998 – 1024.

M. Livett (G.-C.), à Soham (Cambridgeshire). — Animaux de basse-cour, 750 – 751.

M. Long (J.), à Ravenscroft farm, Ridge (Barnet). — Animaux de basse-cour, 647 – 829 830 – 875 – 1075 à 1079 – 1117 à 1120 – 1144 – 1244 – 1296 – 1403 – 1459 – 1664 1731 – 1933 – 1978 – 2106 – 2107.

M. de la Mare (J.-A.), Market Place, 4 (Guernesey). — Animaux de basse-cour, 1148 à 1157.

M. Marsh (W.-S.), à Winkland Oaks, near Deal (Kent). — Animaux de basse-cour, 296 – 834 – 1356 – 2231.

M. Müller (J.-P.), à Feustanton near Saint-Yves (Huntingdonshire). — Espèce porcine, 1 – 8 – 23 – 32 – 33 – 34.

M. Morgan (E.), à Hastings, High Street, 68. — Animaux de casse-cour, 1357 – 1418.

M. Morris (G.), à Lincoln, Queen Street, 59. — Animaux de basse-cour, 1063 – 1107.

M. Morton (J.), à Rether Abington (Lamarkshire, Écosse). — Espèce bovine, 116.

M. Naylor (C.-J.), à Beynllywark, Newtown (Pays de Galles). — Animaux de basse-cour, 225 – 226 – 304 – 732 – 842 – 887 – 997 – 1023.

MM. Newham et Mauby, à Wolverhampton, King Street, 10. — Animaux de basse-cour, 888.

M. Norris (L.-C.-C.-B.), à Trumpington (Cambridge). — Animaux de basse-cour, 843 844 – 845 – 889 – 890.

M. Pears (J.), à Lincoln. — Espèce ovine, 114 – 115 – 127 – 145 – 156.

Lady Pigot, à Weybridge (Surrey). — Espèce bovine, 7 – 15 – 32 – 48 – 50 – 56 – 71.

M. Pointer (G.-J.-P.), à Loraine House, Truro Road, Woodgreen (Middlesex). — Animaux de basse-cour, 1080 – 1121.

M. le Révérend Réginald, S. S. Woodgate, à Tembridge Wells (Kent). — Animaux de basse-cour, 713 – 733 – 1394 – 1449.

M. le Révérend Ridley (N.-J.),, à Hollington House (Newbury). — Animaux de basse-cour, 1209 – 1215 – 1469 – 1515.

M. le Riche (S.) **jeune**, à Saint-Hellers, Colombéry, 26 (Jersey). — Animaux de basse-cour, 1382 – 1438.

M. Robertson (H.), à Malahide Co., Dublin. — Espèce bovine, 155.

M. Robertson (J.), à Malahide Co., Dublin. — Espèce bovine, 149 – 152 – 153 – 154 – 158 – 159 – 160.

M. Robertson (J.), **junior**, à Dublin, 22, Mary street. — Espèce bovine, 150 – 161.

M. Robertson Tait, à Malahide Co., Dublin. — Espèce bovine, 162.

Mme Robertson, à Malahide Co., Dublin. — Espèce bovine, 157.

M. Robin (Capt. T. S.), à Jersey. — Animaux de basse-cour, 652 – 695.

M. Robson (J.), à Berngs-Otterburn, Northumberland. — Espèce ovine, 180 – 181 – 183 – 185 – 186 – 188.

M. Rolles Fryer, à Poole (Dorsetshire). — Espèce bovine, 99 – 102 – 110.

M. Rule, à Harrogats, Yorkshire. — Animaux de basse-cour, 2079 – 2112 – 2142 à 2146.

M. Russell (R.), à Horton court Lodge, Dartford-Kent. — Espèce ovine, 59 – 60 – 73 – 74 – 108 à 112.

M. Russell Swanwick, à Cirencester (Gloucestershire). — Espèce ovine, 159 – 160 – 161 – 166 – 167 – 172 – 173 – 174 – 177.

M. Sell, à Bassingbourne, Royeton (Cambridgshire). — Espèce ovine, 113 – 126 – 139 – 153.

M. Senior (C.-R.), à Beevor House, Bowden (Cheshire). — Animaux de basse-cour, 1099.

M. Sexton, à Ipswich, Suffolk. — Espèce porcine, 80 à 83 – 90 – 91 – 103 à 106 – 112 – 117.

M. Skinner (R.-V.), à Periteau House, Winchelsea (Sussex). — Animaux de basse-cour, 653.

M. Smith (G.-H.), à Harborne. — Animaux de basse-cour, 824 – 1404 – 1460.

M. Smith (H.), à Mountmellick, Queen's County (Irlande). — Espèce bovine, 28 – 47.

M. Smith (J.), à Lincoln, 30, Simd banks. — Animaux de basse-cour, 1064 – 1109.

M. Snell (E.), à Barrowden, near Stamford (Rutland). — Animaux de basse-cour, 311 – 715 – 735 – 972 – 1192 – 1496 – 1539 – 1577 – 1601.

M. Southwood (E.-W.), à Falkenham (Norfolk). — Animaux de basse-cour, 928 – 929 – 973 – 974.

Mme Spence (B.-C.), à Broughty Ferry (Écosse). — Animaux de basse-cour, 930 – 975 – 1081 – 1082 – 1083 – 1122 – 1123 – 1124 – 1160 à 1163 – 1193 à 1196 – 1376 – 1433 – 1878 – 1879 – 1880.

MM. Stanford (E. et A.), à Ashurst, Steynnig (Sussex). — Espèce bovine, 97 – 101 – 106 – 111. — Espèce porcine, 76. — Animaux de basse-cour, 931 – 976 – 1164 – 1197.

M. Steward, à Glowcester. — Espèce porcine, 6 – 9 – 21 – 29 – 35 – 39 – 40 – 64.

M. Stott (S.-H.), à Preston (Lancashire). — Animaux de basse-cour, 932 – 1497 – 1540 – 1578 – 1602 – 1603 – 1724.

MM. Stoot et Booth, à Huntley, Brouck Bury (Lancashire). —Animaux de basse-cour, 1084.

M. Street (F.), à St-Yves (Huntingdonshire).—Espèce ovine, 61 —62 —63,—75 — 82 — 85 — 90.

M. Street (G.), à Maulden Ampthill, (Gedfordshire.) —Espèce ovine, 64 — 65 — 66 — 76 — 77 — 83 — 91 — 92.

M. Swanwick (R.), à Cirencester, (Gloucestershire). — Espèce porcine, 2 — 3 — 7 — 12 — 24 — 25 — 30 — 31 — 48 — 52 — 70.

M. Taaffe, à Foxborough Tulsk Co, Roscommon (Irlande).— Espèce bovine, 2. — Espèce ovine, 214 — 215 — 217 — 219 — 222 — 222 *bis* — 222 *ter*.

M. Taaffe (P.), à Foxborough Tulsk Co., Roscommon (Irlande). — Animaux de basse-cour, 753.

M. Tearle (F.), à Gazley Vicarage, near Newmarket. — Animaux de basse-cour, 1345.

M. Temple (F.-C.), à Liskeard (Cornwall). — Animaux de basse-cour, 1165 — 2403.

M. Treadwell, à Winchendon Aylesbury, Bucks. — Espèce ovine, 55 — 67 — 70 — 79 — 93.

Mme Trougthon, à Garthmyl Hall (Montgomeryshire, Pays de Galles). —'Animaux de basse-cour, 1377 — 1434.

M. Turner (G.), à Great Bowley, near Fiverson (Devonshire). — Espèce bovine, 96 — 103 ; espèce ovine, 101 — 102 — 103 — 143 — 152.

M. Turner (G.), **junior**, à Northamptonshire. — Espèce ovine, 96 — 97 — 98 — 120. — 132 — 142 — 147 — 157.

M. Vachell (F.-H.), à Fairfield, Landaff (Glamerganshire, Pays de Galles). — Animaux de basse-cour, 999 — 1000 — 1025.

Mme Vallance (K.-R.), à Aymers, Sittingbourne (Kent). — Animaux de basse-cour, 235 — 236 — 314 — 315.

Lord Walsingham, à Thetford, Norfolk. — Espèce ovine, 18 à 21 — 29 — 38 — 39 — 45 — 48.

M. Watson (J.-S.), à Gebfield, Belper (Derbyshire). — Animaux de basse-cour, 1056 — 1057 — 1065 — 1066 — 1086 — 1101 — 1102 — 1110 — 1111 — 1126 — 1166 à 1170 — 1198 à 1202 — 1352 — 1414.

M. Weeb (A.-S.), à Stockingsford Vicarage Nuneaton (Warwickshire). — Animaux de basse-cour, 1628 — 1696 — 1752.

M. Weeb (T.), à Chester Road, near Birmingham. — Animaux de basse-cour, 847 — 892 — 1228 — 1237 — 1273 — 1324.

M. Weeks (J.-B.), à Glebe farm, Bronajan (Worcestershire). — Animaux de basse-cour, 1171.

M. Wheeler (W.), à Long Compton, (Worcestershire). —Espèce porcine, 19 — 36 — 37 — 51 — 71 — 72 — 99 — 113.

M. While (H.-C.), à Maney, Sutten Coldfield, near Birmingham. — Animaux de basse-cour, 848 — 893.

Mme William (E.), à Henclys Berriens (Montgomeryshire). — Animaux de basse-cour, 937 — 979.

M. William (J.-B.-W.), 30, Waterloo Street, Stocke, Devenport. — Animaux de basse-cour, 1383 — 1439.

M. Winwood (E.), à Grove, Worcester. — Animaux de basse-cour, 1172 — 1203 — 1358 — 1419.

M. Wood (R.-J.), à Walmssley's Leigh (Lancashire). — Animaux de basse-cour, 782.

M. Woods (A.), à Aintree, near Liverpool. — Espèce bovine, 119.

M. Woods (H.), à Dukes Brow Blackburne (Lancashire). — Animaux de Basse-cour, 2359 — 2408 — 2578 — 2668.

M. Yung (H.-H.), à Stapleton Dorking (Surrey). — Animaux de basse-cour, 938 — 939 — 980.

AUTRICHE.

M. Bruskoy (J.-B.), de la société d'agriculture de Vienne. — Animaux de basse-cour 1756 — 1757 — 1784 — 1982 — 1983 — 2088.

M. Dumisa (A. J.), de la société d'aviculture de Vienne. — Animaux de basse-cour, 2122 à 2126.

M. Muschveck (L.), de la société d'aviculture de Vienne. — Animaux de basse-cour, 1893 — 1894 — 1903 — 1904 — 1905 — 1932 — 2118 à 2121.

M. le baron Romaznan, à Horodenka (Galicie). — Espèce ovine, 218 — 220.

M. le baron de Villa-Sécca, à Groxsau (Basse-Autriche). — Animaux de basse-cour, 1210 — 1211 — 1216 — 1217 — 1280 — 1281 — 1330 — 1331 — 1364 — 1365 — 1402 1425 — 1426 — 1458.

M. Voltolini (L.), de la société d'aviculture de Vienne. — Animaux de basse-cour, 1895 à 1900.

BELGIQUE.

M. Bauduin (J.-J.), à Rosoux (province de Liége). — Espèce bovine, 12 — 85.

M. Bouillon (H.), à Villers-Saint-Gislain (Hainaut). — Espèce bovine, 48 — 343 — 352 — 369 — 380.

MM. Brunin frères, à Bruxelles. — Animaux de basse-cour, 2232 — 2233.

M. Chermanne (B.), à Pont-le-Loup (Hainaut). — Espèce bovine, 173.

M. Chomé (L.), à Bruxelles. — Animaux de basse-cour, 620 — 665 — 811 — 860.

M. Coene (E.), à Vlamertinghe (Flandre occidentale). — Espèce bovine, 10.

M. Coppée, à Mons. — Espèce bovine, 42 — 57.

M. Derboven (J.) à Malines (province d'Anvers). — Espèce bovine, 172 — 214 — 225 — 347 — 384.

M. Dessauvage (A.), à Rumbeke, près Roulers (Flandre occidentale). — Espèce Bovine, 355.

M. Dreypondt-Bergeron, à Bruges (Flandre occidentale). — Animaux de basse-cour, 633 — 677 — 704 — 723 — 785 — 797 — 908 — 955.

M. Duchâteau (F.), à Quevaucamps (Hainaut). — Espèce bovine, 22.

M. Durand (V.), à Bousval (Brabant). — Animaux de basse-cour, 2234 à 2243.

M. Eagermont (P.), à Deerlyk (Flandre occidentale). — Espèce bovine, 353.

M. Everard, à Haine-Saint-Pierre (Hainaut). — Animaux de basse-cour, 1242 – 1294
2244 – 2245.

M. Fabry (T.), à Lauvegnez (province de Liége). — Espèce bovine, 348.

M. Fontaine, à Baisy-Thy (Brabant). — Espèce ovine, 236.

M. Geersens, à Mons (Hainaut). — Espèce bovine, 342.

M. Godin (L.), à Mons (Hainaut). — Espèce bovine, 135 – 179 – 209 – 341 – 354 –
360 – 370 – 379 – 383.

M. Goffinet (H.), à Lavaux (Luxembourg). — Espèce porcine, 79 – 123.

M. Haeltermann (J.-B.), à Oultre (Flandre occidentale). — Espèce bovine, 234.

M. Lefèvre-Lamblin, à Taintignies (Hainaut). — Espèce bovine, 223 – 232 – 233
– 337 – 338 – 339 – 349 – 358 – 361. — Espèce ovine, 204 – 210.

M. Lorio (C.), à Thulin (Hainaut). — Espèce bovine, 351.

M. Mathieu (J.), à Thourout (Flandre occidentale). — Espèce bovine, 9 – 37 – 45 –
61 – 63 – 68 – 73 – 74 – 238.

M. Prévot (A.), à Quevaucamps (Hainaut). — Espèce bovine, 340.

M. le comte de Ribeaucourt, à Perk (Brabant). — Espèce bovine, 174 – 213
– 218.

M. le comte de Riocourt, à Boussu-en-Fagne (province de Namur). — Espèce
bovine, 20 – 24 – 25 – 27 – 53 – 58 – 75 – 77 – 79 – 82 – 88 – 89.

M. Roberti (C.), à Laminne (province de Liége). — Espèce bovine, 203 – 350 – 371 –
372 – 373 – 376 – 378.

M. Steemackers, à Turnhout (province d'Anvers). — Animaux de basse-cour, 1360
– 1421.

M. Tiberghien (P.), à Manage (Hainaut). — Espèce bovine, 4 – 23 – 34 – 35 – 36 – 76,
80 – 84 – 229 – 230 – 364 – 385. — Espèce ovine, 53 – 68 – 84 – 88 – 224 – 231 –
234 – 235. — Espèce porcine, 92 – 122.

M. de Valek (A.), à Asshe (Brabant). — Animaux de basse-cour, 1085 – 1125 – 2409
à 2412 – 2665 – 2666 – 2667.

M. Van de Kerre (B.), à Wetteren (Flandre orientale). — Espèce bovine, 226.

M. Vandermersch (J.), à Moorseele (Flandre orientale). — Espèce bovine, 11.

M. Van Loo (C.), à Gand (Flandre orientale). — Espèce ovine, 94 – 118 – 131 –
146.

M. Van Loo (J.), à Gand (Flandre orientale). — Espèce bovine, 236.

M. Verheyden (E), à Dilbeck (Brabant). — Espèce bovine, 19 – 81.

M. Vermeulen (J.), à Wetteren (Flandre orientale). — Espèce bovine, 344. – Animaux de basse-cour, 81 – 161 – 054 – 696 – 934 – 935 – 936 – 978 – 1001 – 1003 –
1026 – 1028 – 1362 – 1378 – 1423 – 1435 – 1500 – 1665 – 1666 – 1732 – 2406 –
2407 – 2422 – 2423.

Mme Ve Verplancke, à Daunne (Flandre occidentale). — Espèce bovine, 8.

M. Wathilet (N.), à Louveigné (province de Liége). — Espèce bovine, 359 – 375 –
382.

M. de Monk-Valériane, à Cras-Avernas (province de Liége). — Espèce bovine, 21
40 – 43 – 44 – 54 – 59 – 60 – 83 – 195 – 362 – 363 – 377 – 381.

DANEMARK.

M. le comte de Krag-Juel-Wind-Frys, à Halsted (Maribo). — Espèce bovine, 239 – 243 – 246 – 248 – 249 – 250.

M. Tlausem, à Gùdme (Svendbourg). — Espèce bovine, 240 – 241 – 242 – 244 – 245 – 247.

HOLLANDE.

M. Akkerman, à Alkmaar. — Espèce ovine, 211.

M. Brantjes (N.), à Purmerende. — Espèce bovine, 185 – 198 – 210 – 211.

M. de Goede, à Purmerende. — Espèce bovine, 163 – 168 – 181 – 186 – 217. — Espèce ovine, 201 – 202 – 206 – 207.

M. Hulleman, à Furisk. — Espèce bovine, 169 – 182 – 187 – 219 – 221. — Espèce ovine, 203 – 208.

M. Klay, à Mydrecht. — Espèce bovine, 177.

M. Lamquet, à Beho (Luxembourg). — Espèce bovine, 17 – 336.

M. Rezelman, à Winkel. — Espèce ovine, 205 – 312.

Société du Herd-book néerlandais, à Loosduinen. — Espèce bovine, 164 – 165 – 166 – 175 – 178 – 180 – 189 – 190 – 191 – 192 – 199 – 200 – 201 – 202 – 208.

M. le baron Van der Borch, à Roville, près Zevenbergen. — Espèce bovine, 171 – 176 – 184 – 193 – 194 – 204 – 205 – 207 – 215.

M. Visser, à Doorn. — Espèce ovine, 213.

Mme de Vries, à Baard. — Espèce bovine, 220.

M. Waldek, à Loosduinen. — Espèce ovine, 209.

ITALIE.

M. Angeloni (S.), à Roccaraso. — Espèce ovine, 4 – 7.

M. Bertani (A.), à Reggio Émilia. — Espèce bovine, 301 – 319 – 329.

M. Bertani (G.), à Colo. — Espèce bovine, 302 – 321 – 322.

MM. Cappelli (C. et A.), à Naples. — Espèce ovine, 5 – 6 – 12.

M. le marquis Cappelli (J.-B.), à San Demetrio. — Espèce ovine, 1 – 2 – 3 – 8 – 9 – 13.

M. Cirio (F.), à Turin. — Animaux de basse-cour, 1249 - 1276 - 1282 à 1290 - 1300 - 1327 - 1332 à 1340 = 1405 = 1461 - 1503 à 1508 - 1547 à 1553 - 1556 à 1559 = 1581 à 1584 - 1667 à 1671 - 1733 à 1737 - 1753 - 1754 - 1755 - 1854 à 1857 - 1931 - 1931 *bis* - 2141 - 2303 - 2304 - 2525 - 2526.

Le Comice agricole d'Ozieri (Sassari). — Espèce bovine, 345 - 346 - 365 - 366 - 367 - 368.

Le Comice agricole de Reggio Emilia. — Espèce bovine, 303 - 307 - 317 - 318 - 334 = 335. = Espèce ovine, 226 - 237.

L'École supérieure d'agriculture de Portici (Naples). — Espèce porcine, 124 à 127.

M. le comte de Forni, à Modène. — Espèce bovine, 304 - 323 - 324.

M. Landi (É.), à Fireuje. — Espèce bovine, 356.

M. Piscini (B.), à Corneto Tarquina (Rome). — Espèce ovine, 10 - 11.

PORTUGAL.

M. Gualdimo (A.-G.), directeur de la ferme-école régionale de Cintra (Lisbonne). — Espèce bovine, 305 - 306 - 308 - 309 - 310 - 311 - 312 - 313 - 314 - 315 = 316 - 325 - 326 = 327 - 328 = 329 - 330 - 331 - 332 - 333.

SUISSE.

M. Anken, à Iweisimmen (canton de Berne). — Espèce bovine, 252 - 254 - 256 - 257 - 262 - 263.

M. Burgi, à Arth (canton de Schwyz). — Espèce bovine, 273 - 278 - 279 = 282 = 287 - 288 = 289 = 290.

M. Caspar Hasler, à Fannenhof, commune de Schönenberg (canton de Zurich). = Espèce bovine, 274 - 281 - 296 - 300.

M. Henggeler-Benziger, à Rethenbüth, Oberaegeri (canton de Zug). — Espèce bovine, 275 - 291 - 297.

M. Henggeler (J.), à Wyssenbach, commune d'Unteraegeri (canton de Zug). — Espèce bovine, 286 - 298.

M. Henggeler (L.), à Mittenaegeri, commune d'Unteraegeri (canton de Zug). — Espèce bovine, 269 - 280 - 283 - 295.

M. Linnat, à Cormagens (canton de Fribourg). — Espèce bovine, 266 - 267.

Société des éleveurs du Bas-Simmenthal. — Espèce bovine, 251 - 253 = 255 - 258 - 259 = 260 - 261 - 265 - 268.

Société agricole de Schwitz. — Espèce bovine, 270 - 272 - 284 - 285 - 292 - 293 - 294.

FRANCE.

A.

M. Abafour (E.), à Saint-Laurent-des-Mortiers (Mayenne). — Espèce porcine, 131.

M. Abafour (L.), à Miré (Maine-et-Loire). — Espèce bovine, 1310 – 1558 – 1615. — Espèce ovine, 638 – 660.

M.ᵐᵉ Aillerot, à la Flèche (Sarthe). — Animaux de basse-cour, 1 – 86 – 166 – 246 – 324 – 325 – 390 – 391 – 448 – 459 – 608 – 655 – 2493 – 2494.

M.ˡˡᵉ Aillerot (L.), à la Flèche (Sarthe). — Animaux de basse-cour, 2 – 87 – 326 – 327 – 392 – 393 – 449 – 460 – 609 – 656 – 1400 – 1455 – 1614 – 1682.

M.ᵐᵉ Aillerot née **Lusson**, à la Flèche (Sarthe). — Animaux de basse-cour, 3 – 88 – 167 – 247 – 328 à 331 – 394 à 397 – 530 – 573 – 610 – 657 – 799 – 849 – 894 – 940 – 1456 – 1470 – 1516 – 1615 – 1683 – 1738.

M. Alleman (F.), à Montpellier (Hérault). — Espèce bovine, 1156 – 1158 – 1500 – 1521 – 1530 – 1531 – 1537 – 1676.

M. Ambert, à Muron (Charente-Inférieure). — Espèce bovine, 1107.

M. Amilhon (J.), à Saint-Floret (Puy-de-Dôme). — Espèce bovine, 944 – 964 – 965 – 970 – 982 – 985 – 999.

M. Amilhon-Milhon (P.), à Ronzières (Puy-de-Dôme). — Espèce bovine, 941 – 956 – 968 – 974 – 975 – 994 – 1008 – 1009.

M. Amiot, à Rochefort (Charente-Inférieure). — Espèce bovine, 1261 – 1276 – 1570.

M. Ancelin (O.), à Grandvilliers (Oise). — Espèce bovine, 462 – 504 – 1667 – 1685.

M. Ancelin (T.), à la Chapelle-sous-Gerberoy (Oise). — Espèce bovine, 389 – 404 – 426 – 442 – 454 – 480 – 483 – 514 – 518 – 1559 – 1635 – 1671. — Espèce ovine, 521 – 540.

M.ᵐᵉ Vᵉ Ancelin, à Grandvilliers (Oise). — Espèce bovine, 472 – 501.

M. André, à Pont-à-Mousson (Meurthe-et-Moselle). — Espèce bovine, 1275.

M. Anouilh, à Toulouse (Haute-Garonne). — Espèce bovine, 1436 – 1441.

M. Ardouin, à Sainte-Radegonde-les-Noyers (Vendée). — Espèce ovine, 758.

M. d'Arfeuille, à Coussac-Bonneval (Haute-Vienne). — Espèce porcine, 148 – 175 – 322.

M. Auclerc (C.), à Allichamps (Cher). — Espèce bovine, 1295 – 1299 – 1312 – 1345 – 1366 – 1384 – 1400 – 1429.

M. Auvray (P.), à Rocquencourt (Seine-et-Oise). — Espèce bovine, 197 – 443 – 463 – 468 – 469 – 470 – 494 – 505 – 519 – 608 – 1499 – 1680.

M. d'Auzay, au Tallud (Deux-Sèvres). — Espèce bovine, 1110 – 1119 – 1131.

M. Avisse, à Sierville (Seine-Inférieure). — Espèce ovine, 515 – 523.

B.

M. Babin, à Saint-Étienne de-Montluc (Loire-Inférieure). — Espèce bovine, 1090 – 1126 – 1141.

M. Badin-d'Oustrac, à Laguiole (Aveyron). — Espèce bovine, 1017 – 1018 – 1022 – 1029 – 1035 – 1036 – 1037 – 1041 – 1049 – 1051 – 1054.

M. Bailleau aîné, à Illiers (Eure-et-Loir). — Espèce ovine, 252 – 253 – 254 – 315 – 359 à 362 – 423 à 426 – 460 – 496.

M. Bailleau-Moulin, à Mottereau (Eure-et-Loire). Espèce bovine, 401. — Espèce ovine, 255 – 316 – 363 – 364 – 427 à 430 – 461 – 497.

M. Bajau, à Toulouse (Haute-Garonne). — Espèce bovine, 836 – 850 – 1432 – 1440 – 1442 – 1512.

M. Bajol, à Carcassonne (Aude). — Espèce ovine, 243 – 444 – 570 – 571 – 572 – 588 – 589 – 590 – 765.

M. Balès, à Boulogne (Seine), rue de Bellevue, 23. — Animaux de basse-cour, 4 à 11 – 89 à 96.

M. Ballot, à Chancey (Haute-Saône). — Espèce bovine, 768 – 810 – 819.

M. Baqué, à Bordérer (Hautes-Pyrénées). — Espèce porcine, 338.

M. le baron de Bardies, à Oust (Ariége). — Espèce ovine, 227 – 240 – 581 – 602.

M. de Bardies (C.), à Saint-Girons (Ariége). — Espèce bovine, 696 – 702 – 709 – 839 – 842 – 845 – 848 – 851. — Espèce ovine, 232 – 241 – 583 – 610.

M. Bardin, à Chévenon (Nièvre). — Espèce bovine, 644.

M. Bardoux, à Dôle (Jura). — Espèce bovine, 647 – 781 – 786 – 823.

M. de la Barrière, à Fauguerolles (Lot-et-Garonne). — Espèce bovine, 718 – 733 – 739 – 745 – 750.

M. Bataille, à Passy-en-Valois (Aisne). — Espèce ovine, 244 – 245 – 311 – 321 – 345 – 415 – 416 – 417 – 442 – 450 – 491 – 502.

M. Beau, à Sambourg (Yonne). — Espèce bovine, 1513.

M. Béglet, à Trappes (Seine-et-Oise). — Espèce ovine, 649 – 675.

M. Bernard, à Vals (Haute-Loire). — Espèce bovine, 1084 – 1181.

M. Bernède, à Meilhan (Lot-et-Garonne). — Espèce bovine, 710 – 719 – 725 – 740 – 741 – 744 – 749.

M. Bérot, à Momères (Hautes-Pyrénées). — Espèce porcine, 129 – 181 – 244 – 314 – 335.

M. Bertel, à Ancretteville-sur-Mer (Seine-Inférieure). — Espèce bovine, 1336.

Le frère Bertrandus, directeur de l'établissement de Saint-Nicolas, à Igny (Seine-et-Oise). — Espèce porcine, 334 – 346 – 350.

M. Beuzeboc, à Froberville (Seine-Inférieure). — Espèce bovine, 405.

M. Bignon fils, à Theneuille (Allier). — Espèce bovine, 621 – 635 – 656 – 658 – 662 – 666 – 670 – 671 – 674 – 677 – 679 – 682 – 1258 – 1277. — Espèce ovine, 549 – 550 – 559. — Espèce porcine, 142 – 161 – 213 – 268.

M. Boquet, avenue d'Ivry, 118, à Paris. — Animaux de basse-cour, 12 à 26 – 97 à 111 – 168 à 177 – 248 à 255 – 332 à 335 – 398 à 401 – 450 – 451 – 461 – 462 – 470 à 473 – 495 à 498 – 531 – 532 – 574 – 515 – 613 – 614 – 615 – 619 – 698 – 717 – 738 – 756 – 776 – 783 – 793 – 805 – 855 – 896 – 897 – 898 – 942 à 945 – 983 – 984 – 1006 – 1007 – 1029 – 1030 – 1031 – 1036 – 1037 – 1038 – 1045 – 1059 – 1089 – 1104 – 1129 – 1130 – 1131 – 1175 – 1176 – 1177 – 1206 – 1212 – 1219 – 1220 – 1230 – 1231 – 1238 – 1250 – 1263 – 1291 – 1302 – 1314 – 1347 – 1384 à 1388 – 1401 – 1410 – 1440 à 1443 – 1457 – 1477 – 1478 – 1521 – 1522 – 1523 – 1560 – 1585 – 1604 – 1622 – 1630 à 1633 – 1672 – 1690 – 1698 à 1701 – 1739 – 1740 – 1741 – 1758 – 1759 – 1787 – 1788 – 1799 – 1800 – 1825 – 1831 – 1832 – 1901 – 1902 – 1906 – 1908 – 1911 – 1912 – 1917 – 1920 – 1938 – 1943 – 1949 – 1992 – 2005 – 2019 – 2020 – 2045 – 2069 – 2086 – 2108 – 2127 – 2128 – 2130 – 2135 – 2148 à 2162 – 2275 – 2276 – 2303 à 2368 – 2424 – 2425 – 2426 – 2495 – 2496 – 2497 – 2579 – 2580.

M. Bodin (J.), à Pont-Le-Roy (Loir-et-Cher). — Espèce ovine, 616 – 629 – 631.

M. Boigues, à Decize (Nièvre). — Espèce bovine, 655 – 657 – 1597 – 1600.

M. Bonafé, à Arpajon (Cantal). — Espèce bovine, 945 – 962 – 1003.

M. Bondon (A.), à Brisambourg (Charente-Inférieure). — Animaux de basse-cour, 558 – 600 – 601 – 602.

M. Bosse, directeur de l'asile de Bailleul (Nord). — Espèce bovine, 546 – 588 – 612 – 613 – 618.

M. Bouden, à Wallon-Cappel (Nord). — Espèce bovine, 595.

M. Bouillé (le comte de), à Villars (Nièvre). Espèce bovine, 622 – 643 - 659 – 664 – 675 – 676. — Espèce ovine, 687 – 702 – 707 – 713 – 715 – 718.

M. Boulay, à Jonvelle (Haute-Saône). — Espèce ovine, 528 – 701 – 706.

M. Bourdeau, à Mousseau (Nièvre). — Espèce bovine, 627 – 639.

M. Boutillier, à Choisy-le-Roi (Seine), rue de Vitry, 3 *bis*. — Animaux de basse-cour, 27 – 28 – 112 – 178 – 179 – 256 – 257 – 330 – 402 – 699 – 718 – 806 – 856 – 1046 – 1090 – 1348 – 1353 – 1411 – 1415 – 1616 – 1634 – 1684 – 1702 – 2427 à 2440 – 2498 à 2509.

M. Bouyssou, à Naucelles (Cantal). — Espèce bovine, 943 – 953 – 1004.

M. Boyenval, à Saint-Germain-des-Bois (Loiret). — Espèce bovine, 391 – 425 – 451 – 473. — Espèce porcine, 135 – 138 – 154 – 155 – 166 – 167 – 170 – 295 – 362.

M. Boyer (P.), à Menet (Cantal). — Espèce bovine, 949.

M. Braitwaite, à Chatou (Seine-et-Oise). — Animaux de basse-cour, 1635 – 2581.

M. Breschet, rue de la Procession, 76, à Paris. — Animaux de basse-cour, 29 à 33 – 113 à 117 – 180 à 189 – 258 à 269 – 337 – 338 – 403 – 404 – 452 – 474 – 499 – 542 – 585 – 616 à 619 – 661 à 664 – 700 – 719 – 739 – 757 – 769 – 784 – 787 – 807 à 810 – 857 – 858 – 859 – 899 à 902 – 946 à 950 – 985 – 1008 – 1032 – 1039 – 1047 – 1091 – 1207 – 1213 – 1221 – 1232 – 1239 – 1240 – 1247 – 1248 – 1251 – 1252 – 1264 – 1265 – 1274 – 1292 – 1299 – 1303 – 1304 – 1305 – 1315 – 1316 – 1325 – 1479 – 1480 – 1524 – 1525 – 1561 – 1586 – 1611 – 1636 – 1679 – 1703 – 1704 – 1760 à 1769 – 1789 à 1793 – 1801 à 1805 – 1826 – 1833 – 1840 – 1841 – 1842 – 1850 – 1851 – 1868 à 1872 – 1923 – 1924 – 1939 – 1945 – 1948 à 1955 – 1956 – 1962 – 1968 – 1971 à 1975 – 1993 – 1994 – 2011 – 2012 – 2013 – 2021 à 2024 – 2041 – 2046 à 2049 – 2063 – 2070 – 2071 – 2072 – 2081 à 2084 – 2087 – 2090 – 2091 – 2097 – 2098 – 2099 – 2163 – 2164 – 2165 – 2277 à 2302 – 2369 à 2372 – 2441 à 2444 – 2510 à 2523 – 2582 à 2600.

M. le comte de Briey, à Magné-en-Gençay (Vienne). — Espèce bovine, 722 – 747 – 961 – 1124 – 1136.

M. Broquet (C.), à Void (Meuse). — Espèce porcine, 201 – 245 à 248 – 276 – 325 – 331 – 347 – 363 – 364 – 365.

M. Broquet (V.), à Void (Meuse). —Espèce bovine, 212 – 264 – 1269 – 1283 – 1450 – 1502 – 1511 – 1517 – 1538 - 1539 – 1022 – 1648 – 1668.—Espèce porcine, 85 – 95 – 107 – 160 – 215 – 269 – 288 – 313 – 355.

M. Bruyer, à Albert (Somme). — Espèce bovine, 577 – 584 – 585 – 620.

M. de Buor, à Chaillé-les-Ormeaux (Vendée). — Espèce porcine, 193 – 223 – 226 – 256 – 305 – 309 – 315 – 336.

C.

M. Cabot. — Animaux de basse-cour, 2524.

M. Cabralier, à Montrozier (Aveyron). — Espèce bovine, 1019 – 1023 - 1038 – 1059.

M. Cahour, à Montbray (Manche). — Espèce bovine, 393 – 419 – 427 – 444 – 455 – 456 – 485. — Espèce porcine ; 143.

M. Caill, à Plouzevédé (Finistère). — Espèce bovine, 1435 – 1642.

Mme Ve Caill, à Rillé (Indre-et-Loire). — Espèce bovine, 1546 – 1616. — Espèce ovine, 730 – 773.

M. Caillaud, à Chatenet (Haute-Vienne). — Espèce bovine, 864 – 880 – 891 – 893 – 896 – 909 – 910.

M. Campagnoles, à Bordères (Hautes-Pyrénées). — Espèce porcine, 185 – 229 – 230 – 298.

M. Camus, à Pontru (Aisne). — Espèce ovine, 256 – 266 – 267 – 374 – 375 – 436.

M. Camus (C.), à Chevry-Cossigny (Seine-et-Marne). — Espèce bovine, 397 – 417 – 441 – 495 – 551 – 1462 – 1480 – 1674.

M. Carel, à Sainte-Marie-du-Mont (Manche). — Espèce bovine, 407 – 452 – 465 – 491 – 1617. — Espèce ovine, 527 – 556 – 565 – 626 – 658 – 754 – 764.

M. Cavey, à la Cochère (Orne). — Espèce bovine, 1566 – 1586 – 1610 – 1611 – 1628.

M. Cazenave, à Joron (Basses-Pyrénées). — Espèce bovine, 52 – 1305 – 1560.

M. Chabanon, à Anglars (Cantal). — Espèce bovine, 939 – 976 – 977 – 991 – 992 – 993.

M. Chaigneau, à Mongauzy (Gironde). — Espèce bovine, 716 – 897.

M. Chambaud, à Péronnas (Ain). — Espèce bovine, 771 – 775 – 789 – 800 – 812. — Animaux de basse-cour, 475 – 476 – 500 – 501.

M. Chanal (P.), à Chaudeyrolles (Haute-Loire). — Espèce bovine, 1014 – 1057 – 1063 – 1067 – 1072 – 1081 – 1085. — Espèce ovine, 546 – 569 – 595.

M. Chanal (R.), à Chaudeyrolles (Haute-Loire). — Espèce bovine, 1058 – 1064 – 1070 – 1075 – 1079 – 1086.

M. de Châteauvieux (A.), à Étrelles (Ille-et-Vilaine). — Espèce bovine, 1389. — Espèce porcine, 196 – 208 – 239 – 240 – 257 – 258 – 294.

M. Chavaroche (A.), à Trizac (Cantal). — Espèce bovine, 933 – 950 – 966 – 967 – 978 – 1005 – 1007.

M. Chavaroche (H.), à Beaulieu (Cantal). — Espèce bovine, 946.

M. Chemery, à Moiremont (Marne). — Espèce bovine, 1515 – 1544 – 1545.

M. Cherbonneau, à Contigné (Maine-et-Loire). — Espèce bovine, 1260 – 1556 – 1568 = 1577 – 1599 – 1608 – 1618 – 1619 – 1643 – 1663. — Espèce ovine, 750 = 768 = 792.

M. Chevalier (E.), à Braux-Sainte-Cohière (Marne). = Espèce ovine, 283 – 284 – 285 – 420 – 421 – 493.

M. Chevalier (E.), à Clères (Seine-Inférieure). — Espèce porcine, 157.

M. Christofle, à Brunoy (Seine-et-Oise). — Espèce bovine, 1451 – 1456 – 1464 – 1469 = 1489 – 1493.

M. Clair (A.), à Mars-sur-Allier (Nièvre). = Espèce bovine, 672.

M. Clair (F.), à Mars-sur-Allier (Nièvre). — Espèce bovine, 623 – 628 – 632 – 637 – 640 = 660 = 661 = 665 – 667 = 673 – 680 – 681 – 685 – 686.

M. Colboc, à Boisguillaume (Seine-Inférieure). — Espèce bovine, 387 = 445 = 474 – 506 – 520.

M. Colrat de Montrozier, à Montrozier (Aveyron). — Espèce bovine, 1016 – 1026 – 1032 – 1042 – 1044 – 1045 – 1052.

Mme de Concha (A.-C.), à Dannemarie-les-Lys (Seine-et-Marne). — Animaux de basse-cour, 1366 à 1369 – 1427.

M. Conseil-Lamy, à Oulchy-le-Château (Aisne). — Espèce ovine, 290 – 291 – 329 – 391 – 392 – 475.

M. Cordier, directeur de l'École pratique de Saint-Remy (Haute-Saône). — Espèce bovine, 767 – 782 = 788 – 790 = 792 – 799 – 815 – 817 – 1571 – 1598. — Espèce ovine, 269 = 322 – 433 – 469 – 657 – 664 – 676 – 682. — Espèce porcine, 222 – 277 – 296 – 303.

M. le baron Corvisart, à Châteauneuf (Cher). — Espèce porcine, 89 – 121 – 281.

M. Couderchet, au Puy (Haute-Loire). — Espèce bovine, 1062 – 1089 – 1148 – 1154 – 1161 – 1167 – 1171 – 1176 – 1184 – 1189 – 1195 – 1198 – 1199 – 1650. — Espèce ovine, 770.

M. Courcout, à Amiens (Somme). — Animaux de basse-cour, 35 – 36 = 119 – 120 – 190 – 191 – 270 – 271 – 339 – 340 – 405 – 406 – 453 = 477 = 502 – 544 – 549 – 554 – 587 – 592 – 596 – 625 – 626 – 670 – 770 – 788 = 812 – 861 – 903 – 951 – 987 – 1010 – 1048 – 1049 – 1092 – 1093 – 1222 = 1233 – 1253 – 1306 – 1346 – 1354 – 1363 – 1389 – 1409 – 1416 = 1424 – 1444 – 1471 – 1481 – 1517 – 1526 – 1562 – 1587 – 1617 – 1623 = 1637 – 1685 – 1691 – 1705 – 1742 – 1770 – 1806 – 1834 – 1858 = 1859 – 1860 – 1882 à 1887 – 1934 – 1969 – 1970 – 1990 – 1991 – 1995 – 1996 = 2006 – 2009 – 2010 – 2073 – 2117 – 2166 à 2171 – 2374 = 2375 = 2601 = 2602.

M. Courrégelongue, à Bazas (Gironde). — Espèce bovine, 753 – 759 – 761 – 762 – 764 – 765 = 859.

M. Coussolle, à Villeneuve-d'Ornon (Gironde). — Espèce bovine, 1446 – 1465 – 1491 – 1503 – 1652 = 1655 – 1670 – 1681.

M. Crémet, à Couëron (Loire-Inférieure). = Espèce bovine, 1097 – 1106.

M. Croizet, à Amiens (Somme). — Animaux de basse-cour, 37 – 38 – 121 – 122 – 192 – 193 – 272 – 273 – 341 – 342 – 407 = 408 – 454 – 465 – 478 – 503 – 545 – 546 – – 588 – 589 – 595 – 597 = 627 = 628 – 671 – 672 – 701 – 720 – 740 – 758 – 771 – 789 – 813 – 862 = 904 – 905 – 952 = 953 – 988 – 1011 – 1033 – 1040 – 1050 – 1051 = 1094 = 1095 – 1132 – 1178 – 1349 – 1390 – 1412 – 1445 – 1482 – 1483 = 1527 = 1528 – 1563 – 1564 – 1588 – 1624 – 1638 – 1639 – 1692 = 1706 = 1707 – 1771 – 1807 – 1888 – 1889 – 1985 – 1986 – 2068 – 2103 – 2109 – 2110 – 2111 – 2172 à 2176 – 2376 à 2379 – 2445 – 2446 – 2527 = 2528.

D.

M. Dabrip, à Preignan (Gers). — Espèce bovine, 700 – 708.

M. le marquis de Dampierre, à Plassac (Charente-Inférieure). — Espèce bovine, 1433 – 1434.

M. Damprun, à Charbonnières (Puy-de-Dôme). — Espèce bovine, 940 – 951 – 957 – 963 – 980 – 995 – 1672.

M. Darras, à Coudekerque (Nord). — Espèce bovine, 556 – 583.

M. Darolles (J.), à l'Isle-Jourdain (Gers). — Espèce bovine, 688 – 698.

M. Darroman, à Lignac (Gironde). — Espèce bovine, 755 – 758.

M. Darroman (H.), à Bazas (Gironde). — Espèce bovine, 703 – 766.

M. Daube (J.), à Sarniguet (Hautes-Pyrénées). — Espèce bovine, 857 – 858 – 862.

M. Daube (J.-M.), à Sarniguet (Hautes-Pyrénées). — Espèce bovine, 830.

M. Daudier (D.), à Niafle (Mayenne). — Espèce bovine, 1318 – 1320 – 1323 – 1329 – 1361 – 1373 – 1374 – 1375 – 1377 – 1394 – 1402 – 1409 – 1413 – 1414 – 1421 – 1423 – 1427 – 1553 – 1584 – 1601 – 1603 – 1634.

M. Debailly, à Mézières (Somme). — Espèce bovine, 1355 – 1612 – 1623.

M. Déclemy-Boulanger, à Peuplinguer (Pas-de-Calais). — Espèce bovine, 555 – 567 – 594 – 609 – 1604 – 1651.

M. Degorre, à Caestre (Nord). — Espèce bovine, 537. — Espèce porcine, 134.

M. Delafosse, à Mentheville (Seine-Inférieure). — Espèce porcine, 345.

M. Delagarde, à Blosville (Manche). — Espèce bovine, 515 – 1636.

M. Delcasse, à Lauraguel (Aude). — Espèce ovine, 376 – 377 – 467 – 468.

M. Delgery, à Willeman (Pas-de-Calais). — Espèce ovine, 544 – 651 – 666 – 679 – 680 – 737 – 759 – 781 – 782 – 794 – 795 – 802 – 803.

M. Delizy, à Montémafroy, (Aisne). — Espèce ovine, 346 – 418 – 419 – 451 – 492.

M. Delsol, à Montpellier (Hérault). — Espèce bovine, 1028 – 1039 – 1043 – 1152 – 1509 – 1519.

M. Demarolle, à Neuville-Saint-Amand (Aisne). — Espèce bovine, 557.

M. Dequidt (H.), à Saint-Sylvestre-Cappel (Nord). — Espèce bovine, 572.

M. Dequidt (L.), à Hazebrouck (Nord). — Espèce bovine, 574.

M. Deram (V.), à Hazebrouck (Nord). — Espèce bovine, 558 – 586 – 589 – 601 – 607 – 1550.

M. Desbois, à Auteuil-Paris, rue Chanez, 9. — Animaux de basse-cour, 343 – 409 – 632 – 676 – 777 – 907 – 954 – 990 – 1017 – 1241 – 1293.

M. Descours, aux Estables (Haute-Loire). — Espèce bovine, 1080 – 1087.

M. Desprès (F.), à la Guerche (Ille-et-Vilaine). — Espèce bovine, 1410.

MM. Desprès fils et Sinoir, à Ballots (Mayenne). — Espèce bovine, 1370 – 1430.

M. Robert de Devise, à Béhéricourt (Oise). — Animaux de basse-cour, 2360 – 2361 – 2362 – 2380 – 2381 – 2382 – 2447 – 2448 – 2529 à 2532 – 2603 – 2604.

M. Deynaut, à Blaignac. — Espèce bovine, 713.

M. Douchement, à Blois (Loir-et-Cher). — Espèce bovine, 1322.

M. Douladoure, à Montlaur (Haute-Garonne). — Animaux de basse-cour, 1565 – 1589.

M. Doumeny, à l'Isle-en-Jourdain (Gers). — Espèce bovine, 690 – 692 – 697 – 701 – 704 – 706 – 707.

M. Drouet-Fleurizelle, à Moffricourt (Marne). — Espèce bovine, 406 – 1587.

M. Dubosc, à Tourville-les-Ifs (Seine-Inférieure). — Espèce bovine, 1590 – 1593. — Espèce ovine, 777.

M. Dubosc (N.); à Épreville (Seine-Inférieure). — Espèce bovine, 1341. — Espèce ovine, 476.

M. Dubourg (Louis), à Beure (Doubs). — Espèce bovine, 773 – 776 – 777 – 783 – 793 – 794 – 797 – 801 – 805 – 808 – 813 – 820.

M. Dubourg (Louis), à Beure (Doubs). — Espèce bovine, 804.

M. Duchemin, à Amfreville (Manche). — Espèce ovine, 652 – 734 – 776. — Espèce porcine, 278 – 329 – 348. — Animaux de basse-cour, 39 – 123.

M. Duclert, à Oulchy-le-Château (Aisne). — Espèce ovine, 280 – 347 – 348 – 412 – 413 – 445 – 452 – 490.

M. Duct, à Digne (Basses-Alpes). — Espèce ovine, 343 – 344 – 351 – 352 – 448 – 449 – 456 – 457. — Espèce porcine, 147 – 169 – 178 – 179.

M. Dumoutier, à Claville (Eure). — Espèce bovine, 507. — Espèce porcine, 189 – 250 – 264 – 266. — Animaux de basse-cour, 40 – 124 – 344.

M. Dupont-Saviniat, à Piney (Aube). — Espèce ovine, 749 – 791.

M. Duguénel, à Saint-Sorlin (Charente-Inférieure). — Espèce bovine, 1326. — Espèce porcine, 209 – 259.

M. Duthu, à Nancy (Meurthe-et-Moselle). — Espèce porcine, 211 – 249 – 293 – 317 – 339 – 357 – 360.

M. Duvert, à Verneuil-sur-Vienne (Haute-Vienne). — Espèce bovine, 881 – 912.

E.

M. Eyraud, aux Estables (Haute-Loire). — Espèce bovine, 1061 – 1068 – 1073 – 1078 – 1083.

F.

M. Facqueur, à Staple (Nord). — Espèce bovine, 542.

M. Fagot, à Mazerny (Ardennes). — Espèce ovine, 646 – 663 – 673 – 684 – 733 – 775.

M. le comte de Falloux, à Bourg-d'Iré (Maine-et-Loire). — Espèce bovine, 1311 – 1325 – 1344 – 1391 – 1398 – 1403 – 1418.

M. Famin, à Saint-Just-les-Marais (Oise). — Espèce bovine, 428 – 453 – 508 – 1661 – 1669.

M. Farcy, à Fouilletourte (Sarthe). — Animaux de basse-cour, 41 à 52 – 125 à 136 – 194 – 195 – 196 – 274 – 275 – 276 – 345 à 357 – 410 à 422 – 455 – 456 – 466 – 467 – 479 – 480 – 504 – 505 – 533 – 534 – 576 – 577 – 909 – 910 – 956 – 957 – 1052 – 1053 – 1096 – 1097 – 1554 – 1555 – 1579 – 1580 – 1640 – 1641 – 1708 – 1709 – 2533 – 2534.

M. Favray, à Paris, avenue d'Orléans, 19. — Animaux de basse-cour, 1254 – 1255 – 1307 – 2003.

M. Fayet, à Barbézieux (Charente). — Animaux de basse-cour, 521 — 522 — 565 — 566.

M. Fétel-Longuéval, à Loon (Nord). — Espèce bovine, 562 — 580 — 596 — 1578.

M. Feuteun Hervé, à Ergué-Armel (Finistère). — Espèce bovine, 1204 — 1210 — 1227 — 1237 — 1250. — Espèce porcine, 332 — 358.

M. Feunteun (Y.), à Ergué-Armel (Finistère). — Espèce bovine, 1205 — 1215 — 1224 — 1229 — 1238 — 1254.

M. Fleury, à Bennetot (Seine-Inférieure). — Espèce bovine, 418.

M. Flotte, à Montpellier (Hérault). — Espèce bovine, 1190 — 1510 — 1543.

M. Fougeron, à Breilly (Somme). — Espèce bovine, 399 — 408 — 411.

M. Fournier, à Lorris (Loiret). — Animaux de basse-cour, 197 — 198 — 277 à 280 — 1642 — 1643 — 1710 — 1711.

M. Fourtané, à Toulouse (Haute-Garonne). — Espèce bovine, 1522.

M. Francez, à Limoges (Haute-Vienne). — Espèce bovine, 724 — 867 — 876 — 887 — 1647 — 1653 — 1677.

Mme Francheterre, à Souesmes (Loir-et-Cher). — Animaux de basse-cour, 1484 — 1485 — 1486 — 1529 — 1530 — 1531.

M. Frémont, à Saint-Romain (Seine-Inférieure). — Espèce bovine, 420.

M. Froment, à Sotteville (Seine-Inférieure). — Animaux de basse-cour, 2177 — 2178 — 2179.

✦G.

M. le prince Galitzin, à Arfeuille-Chataing (Creuse). — Espèce bovine, 882 — 1324.

MM. Galtayries et Scudier, à Montrozier (Aveyron). — Espèce bovine, 1020 — 1024 — 1040 — 1048 — 1055.

M. Gardye de Lachapelle, à Farges-Allichamps (Cher). — Espèce bovine, 1296 — 1302 — 1303 — 1304 — 1358 — 1360.

M. Gaudet, à Saint-Laurent-la-Conche (Loire). — Espèce porcine, 14 — 53 à 56 — 221 — 233 — 290 — 291 — 301 — 302.

M. Génin, à Avignon (Vaucluse). — Espèce ovine, 277 — 323 — 393 — 414 — 437 — 488 — 504 — 505 — 607.

Mme Génin (M.), à Avignon (Vaucluse). — Animaux de basse-cour, 54 — 138 — 201 — 282 — 557 — 599 — 743 — 761 — 1268 — 1319 — 2305 — 2306.

M. Gilbert, à Crespières (Seine-et-Oise). — Espèce ovine, 286 — 287 — 327 — 384 à 387, — 439 — 447 — 471 — 472 — 510 — 511.

M. Gillain, à Carentan (Manche). — Espèce bovine, 409 — 461. — Espèce ovine, 642 — 667 — 670 — 685.

M. Gillet-Chémery, à Courtisols (Marne). — Espèce bovine, 216. — Espèce ovine, 477.

M. Giot, à Chevry-Cossigny (Seine-et-Marne). — Espèce bovine, 1157 — 1164 — 1165 — 1169 — 1170 — 1177 — 1179 — 1185 — 1194 — 1207 — 1216 — 1228 — 1240 — 1242 — 1243 — 1245 — 1246 — 1248. — Espèce caprine, 382.

M. Gois (E.), à Montchaudé (Charente). — Animaux de basse-cour, 523 — 524 — 567 — 2383 — 2384.

M. Gouache-Baret, à Ollé (Eure-et-Loir). — Espèce ovine, 292 – 330 – 440 – 441 –
462 – 751 – 793.

M. de Goy, à Osmery (Cher). — Espèce ovine, 551 – 552 – 560.

M. Graux, à Juvincourt (Aisne). — Espèce ovine, 271 – 324.

MM. Grégoire (A.) **et fils,** à Almenèches (Orne). — Espèce bovine, 1330 – 1411 –
1565 – 1602 – 1609 – 1631 – 1637.

M. Grille, à Morannes (Maine-et-Loir). — Espèce bovine, 1562.

M. Grimard, à Lagarde (Charente). — Espèce ovine, 512 – 529 – 532 – 533. —
Animaux de basse-cour, 525 – 568.

M. le marquis de Grosourdy de Saint-Pierre, à Silly (Orne). — Espèce
bovine, 1315 – 1328 – 1346 – 1348 – 1351 – 1352 – 1376 – 1383 – 1397 – 1407 –
1425 – 1428.

M. Grousset, à Barjac (Lozère). — Espèce bovine, 1021 – 1030 – 1034 – 1050 – 1060
– 1155 – 1162 – 1166 – 1178 – 1196.

M. Guénin-Gautherot, à Troyes (Aube). — Espèce bovine, 475 – 496 – 509.

M. Guépard, à Paris, rue Boucher, 10. — Animaux de basse-cour, 2180 à 2191.

M. Guerchet, à Saint-Étienne-de-Montluc (Loire-Inférieure). — Espèce bovine, 1099 –
1115 – 1125 – 1137.

Mme Ve Guérin-Manceau, à Challet (Eure-et-Loir). — Espèce ovine, 293 – 331 –
394 – 443 – 478 – 508.

M. Guillaume, à Montpellier (Hérault). — Espèce bovine, 1025.

M. Guilleminot père, à Buncey (Côte-d'Or). — Espèce ovine, 270 – 325 – 378.

M. Guillon, aux Prés-Saint-Gervais (Seine); Grande-Rue, 11. — Animaux de basse-
cour, 2192 à 2203.

M. Guillot, à Saint-Amand-sur-Fion (Marne). — Espèce porcine, 318 – 337 – 340.

M. Guion, à Gap (Hautes-Alpes). — Espèce porcine, 171 – 176.

M. Guyon, à Gap (Hautes-Alpes). — Animaux de basse-cour, 559 – 560 – 603 – 604 –
786 – 798.

<h3 style="text-align:center">H.</h3>

M. le baron d'Hauteserve, à Granville (Manche). — Animaux de basse-cour,
481 à 487 – 506 à 513 – 780 – 794 – 1606 – 1645 – 1646 – 1674 – 1713 – 2449 à 2454 –
2537 – 2538.

M. Héau, à Férolles (Loiret). — Espèce ovine, 268 – 281 – 282.

M. Hélin, à Neuilly (Seine), avenue de Neuilly, 158. — Animaux de basse-cour, 262 –
283 – 636 – 679 – 680 – 707 – 725 – 726 – 825 – 871 – 1256 – 1308 – 1772 – 1808 –
1809 – 1827 – 1925 à 1928 – 1940 – 1950 – 2204 à 2208 – 2307 à 2312 – 2455 à
2459 – 2539 – 2540 – 2605 – 2606.

M. Hellard, à Gouville (Eure). — Espèce ovine, 288 – 294 – 332 – 356 – 357 – 479.

M. de Hersecke, à Pitgam (Nord). — Espèce bovine, 538 – 578.

M. Hervieu (A.), à Varaville (Calvados). — Espèce bovine, 412 – 435 – 437 – 446 –
531.

M. Hervieu (L.), à la Maucellière (Manche). — Espèce bovine, 390 – 414 – 438 –
439 – 471 – 493 – 502. — Espèce porcine, 132 – 153.

M. Hiérosme de Tourlaville, à Beaubray (Eure). — Espèce bovine, 433. —
Espèce ovine, 295 – 296 – 333 – 395 – 396 – 480. — Animaux de basse-cour, 74.

M. Hincelin, à Loupeigne (Aisne). — Espèce ovine, 349 – 411 – 453 – 494.

M. Houdard, à Paris, boulevard des Italiens, 1. — Animaux de basse-cour, 1847.

M. Huyard, à Châtillon-sur-Seine (Côte-d'Or). — Espèce bovine, 1518 – 1523. — Espèce ovine, 246 – 312 – 350.

M. le vicomte d'Hunolstein, à Entrains-sur-Nohain (Nièvre). — Espèce ovine, 755 – 756 – 757 – 780.

M. Huot (G.), à Saint-Julien (Aube). — Espèce bovine, 1297 – 1309 – 1334 – 1362 – 1378 – 1417 – 1419. — Espèce ovine, 731 – 769 – 778 – 796. — Animaux de basse-cour, 2080 – 2541 – 2542.

M. Hurlin, à Stainville (Meuse). — Espèce bovine, 1476 – 1477 – 1525 – 1662 – 1666 – 1683.

M. Hurtaud, à Champagne-les-Marais (Vendée). — Espèce ovine, 800.

M. Hutin, à Montron (Aisne). — Espèce ovine, 297 – 334 – 358 – 397 – 459 – 481 – 482.

J.

M. Jamain (C.), à Cézais (Vendée). — Espèce bovine, 1103 – 1122.

M. Jamin. — Espèce bovine, 1112 – 1130.

M. Japiot-Cotton, à Châtillon-sur-Seine (Côte-d'Or). — Espèce bovine, 257 à 260 – 317 – 370 – 371 – 434 – 435 – 440 – 464 – 465 – 500.

M. Jeanjean-Sorin, à Carignan (Ardennes). — Espèce ovine, 383. — Animaux de basse-cour, 2313 – 2314.

M. Jeannaud, à Criteuil (Charente). — Espèce ovine, 557 – 563.

M. Joly, à Fontrailles (Hautes-Pyrénées). — Espèce bovine, 691 – 694 – 699 – 703 – 705. — Espèce ovine, 247 – 365 – 547 – 582. — Espèce porcine, 130 – 150 – 190 – 232 – 319 – 341.

M. Jorait, à Saint-André-du-Garn (Gironde). — Espèce bovine, 729 – 736.

M. Joyon, à Langeron (Nièvre). — Espèce bovine, 624 – 633 – 634 – 648 – 649.

M. Jugard, à Civray (Cher). — Espèce ovine, 553 – 554 – 561.

L.

M. Labbé, à Bernos (Gironde). — Espèce bovine, 754 – 757.

MM. Labitte (frères), à Fitz-James (Oise). — Espèce porcine, 200 – 234 – 274 – 282 – 286 – 289 – 297.

M. Labro, à Arpajon (Cantal). — Espèce bovine, 934 – 954 – 979.

M. Lacharme, à Sermages (Nièvre). — Espèce bovine, 1266 – 1267 – 1278 – 1286 – 1292 – 1293. — Espèce ovine, 573 – 574 – 597 – 598.

Mme Ve Lacoste, à Fontrailles (Hautes-Pyrénées). — Espèce bovine, 695. — Espèce porcine, 199 – 241.

M. Lacour, à Saint-Fargeau (Yonne). — Espèce bovine, 1300 – 1332 – 1367 – 1372 – 1547 – 1569 – 1573 – 1591 – 1644 – 1654 – 1675. — Animaux de basse cour, 359 – 424 – 488 – 514 – 540 – 583 – 1501 – 1543 – 1612 – 1680 – 1743.

M. le comte de Laferrière, à Bierre-lès-Semur (Côte-d'Or). — Espèce bovine, 1625 – 629 – 638 – 646 – 653 – 654 – 663 – 668 – 678 – 683 – 684.

MM. Lagèze et Nouvion, à Bétheniville (Marne). — Espèce bovine, 276 – 818 – 1259 – 1270 – 1271 – 1273 – 1274 – 1284 – 1287 – 1288 – 1289 – 1613 – 1629.

M. Lainé (G.), à Rouen (Seine-Inférieure). — Animaux de basse-cour, 2209 – 2210.

M. Lallemand, au Puy (Doubs). — Espèce bovine, 778.

M. Lambert, à Velleguindry (Haute-Saône). — Espèce bovine, 780 – 795 – 800.

M. Lamé, à Coueron (Loire-Inférieure). — Espèce bovine, 1095.

M. Lamy, à Nomény (Meurthe-et-Moselle). — Espèce bovine, 1340 – 1555 – 1579 à 1582 – 1594 – 1595 – 1620 – 1632 – 1673.

MM. Lamy de la Chapelle et Delhomme, à Condat (Haute-Vienne). — Espèce bovine, 865 – 901.

M. Lane, à la Neuville-Champ-d'Oisel (Seine-Inférieure). — Espèce ovine, 517 – 525 – 531 – 536 – 545.

M. Lanfray fils, à Maromme (Seine-Inférieure). — Animaux de basse-cour, 2211 – 2212 – 2213.

M. Langlade (L.), à Pau (Basses-Pyrénées). — Espèce bovine, 824 – 833 – 852 – 854 – 863 – 1431 – 1657.

M. Laparra (J.), à Arpajon (Cantal). — Espèce bovine, 958.

M. Laparra (P.), à Giou-de-Mançou (Cantal). — Espèce bovine, 947 – 1664.

M. Lapierre, à Monségur (Gironde). — Espèce bovine, 720.

M. Laprade (de), à Mazerolles (Vienne). — Espèce bovine, 271 – 299 – 1015 – 1047 – 1056 – 1256 – 1505 – 1532 – 1541. — Espèce ovine, 542 – 700 – 743 – 789.

M. Lasmon, à Monville (Seine-Inférieure). — Espèce ovine, 520 – 522 – 539. — Espèce porcine, 324 – 369.

Mme Lasmon, à Monville (Seine-Inférieure). — Animaux de basse-cour, 550 – 593 – 1647 – 1714.

M. Lasseran, à Paris, rue de l'Ouest, 116. — Animaux de basse-cour, 56 – 139 – 203 – 204 – 284 – 285 – 360 – 425 – 541 – 584 – 640 – 684 – 708 – 727 – 744 – 762 – 773 – 791 – 826 – 872 – 1257 – 1262 – 1269 – 1301 – 1309 – 1320 – 1342 – 1355 – 1406 – 1417 – 1466 – 1487 – 1513 – 1532 – 1566 à 1569 – 1590 à 1593 – 1613 – 1620 – 1621 – 1681 – 1688 – 1689 – 1744 – 1745 – 1774 – 1775 – 1810 – 1811 – 1835 – 1843 – 1890 – 1891 – 1913 à 1916 – 1921 – 1922 – 1935 – 1936 – 1941 – 1951 – 1957 – 1959 – 1964 – 1980 – 1987 – 1997 – 1999 – 2001 – 2004 – 2007 – 2008 – 2025 – 2042 – 2050 – 2064 – 2074 – 2113 – 2114 – 2137 – 2138 – 2214 à 2225 – 2315 à 2324 – 2385 à 2390 – 2460 à 2464 – 2543 à 2546 – 2608 à 2614.

M. Laverge, à Mathieu (Calvados). — Espèce bovine, 421.

M. Lebesgue, à Montherlant (Oise). — Espèce bovine, 553 – 1279 – 1291.

M. Leblond (J.), à Saint-Étienne-du-Rouvray (Seine-Inférieure). — Animaux de basse-cour, 551 – 552 – 594 – 1648 – 1715.

M. Léconte, à Hubert-Folie (Calvados). — Espèce bovine, 476 – 497 – 510.

M. Lefebvre-Laforge, à Saint-Florent (Loiret). — Espèce ovine, 516 – 524 – 530 – 535 – 541 – 543 – 549 – 555 – 558 – 562. — Espèce porcine, 128 – 141 – 145 – 149 – 156 – 159 – 163 – 165 – 174.

M. Lefebvre-Poisson, à Artenay (Loiret). — Espèce ovine, 298 à 301 – 335 – 366 – 398 – 399 – 400 – 483 – 501 – 507.

M. de Leffes, à Limoges (Haute-Vienne). — Espèce bovine, 868 – 871' – 884 – 886 – 889. — Espèce porcine, 328.

M. le Floch (H.), à Penhan (Finistère). — Espèce bovine, 1202 – 1220 – 1225 – 1235 – 1257.

M. le Floch (L.), à Vannes (Morbihan). — Espèce bovine, 1201 – 1214 – 1217 – 1218 – 1230 – 1231 – 1244 – 1255. — Espèce ovine, 513.

M. Lefort, à Formigny (Calvados). — Espèce porcine, 366.

M. le Gac, à Briec (Finistère). — Espèce bovine, 1200 – 1211 – 1221' – 1222 – 1232 – 1233 – 1253.

M. Léger, à Vrigny (Orne). — Espèce bovine, 402.

M. Lemoine, à Crosne (Seine-et-Oise). — Animaux de basse-cour, 57 à 61' – 140 à 144 – 205 à 209 – 286 à 290 – 361 à 366 – 426 à 430 – 457 – 468 – 489 – 515 – 526 – 535 – 569 – 578 – 641 à 646 – 685 à 690 – 745 à 749 – 763 à 767 – 827 – 828 – 873 – 874 – 914 à 917 – 960 à 963 – 992 – 993 – 1018 – 1019 – 1034 – 1041' – 1073 – 1074' – 1116 – 1140 à 1143 – 1186 – 1187 – 1188 – 1224 – 1225 – 1235 – 1243 – 1258 – 1295 – 1310 – 1343 – 1375 – 1407 – 1467 – 1472 – 1488 – 1502 – 1514 – 1518 – 1533 – 1544 – 1570 – 1571 – 1594 – 1609 – 1626 – 1649 – 1650 – 1651 – 1677 – 1694 – 1716 – 1717 – 1718 – 1770 – 1828 – 1861 – 1881 – 1892 – 2000 – 2026' – 2051 – 2075 – 2092 – 2102 – 2105 – 2226 – 2325 à 2332 – 2391 – 2392 – 2465 à 2478 – 2547 à 2550 – 2615 à 2632.

M. Lemoine-Bréard, à Maisey-le-Duc (Côte-d'Or). — Espèce ovine, 261 – 318 – 353 – 454.

M. le marquis de Lénoncourt, à Bussières (Haute-Saône). — Espèce porcine, 186 – 214 – 267 – 279 – 292 – 307 – 321 – 342 – 344.

M. de Léobardy, à la Jonchère (Haute-Vienne). — Espèce bovine, 866 – 874 – 875 – 886 – 894 – 898 – 905 – 906.

M. Lépine, à Rouez-en-Champagne (Sarthe). — Espèce bovine, 1307 – 1335 – 1401' – 1404 – 1575.

M. Lereverend, à Amfreville (Manche). — Espèce ovine, 650' – 735. — Espèce porcine, 330 – 351.

M. Leroy, à l'Aigle (Orne). — Espèce bovine, 302 – 303 – 336 – 401 – 402 – 484.

M. Lesenne, à Froberville (Seine-Inférieure). — Espèce bovine, 403.

M. Lesergeant, à Eslettes (Seine-Inférieure). — Espèce ovine, 518 – 526 – 537.

M. le comte de Lespinats, à Séreilhac (Haute-Vienne). — Espèce bovine, 1548 – 1625 – 1679.

Mme Lewal (L.), à Montivilliers (Seine-Inférieure). — Animaux de basse-cour, 62 – 145 – 918 – 964 – 1270 – 1321 – 1344 – 1350 – 1408 – 1413 – 1468 – 1473 – 1475 – 1476 – 1545 – 1546 – 1777 – 1952 – 2076 – 2093.

M. Levrier, à Rom (Deux-Sèvres). — Espèce ovine, 614 – 628 – 630.

M. Liebert, à Nancy (Meurthe-et-Moselle). — Animaux de basse-cour, 2393 à 2396.

M. Lière, à Villeneuve-du-Paréage (Ariége). — Espèce ovine, 580 – 599.

M. de Lingua de Saint-Blanquat, à Saint-Lizier (Ariége). — Espèce bovine, 840 – 841 – 846. — Espèce ovine, 577 – 596.

M. Lobbedez, à Blaringhem (Nord). — Espèce bovine, 568. — Espèce porcine, 162.

M. Lorré, à Troyes (Aube). — Espèce caprine, 383 – 384 – 385. — Animaux de basse cour, 63 – 146 – 210 – 291 – 561 – 562 – 605 – 831 – 876 – 1145 – 1146 – 1147 – 1189 – 1489 – 1534 – 1572 – 1595 – 1618 – 1686 – 2413 à 2415 – 2551 à 2555 – 2633 à 2636.

M. Louard, à Paris, rue du Poteau, 80. — Espèce caprine, 386.

M. Lucas, à Couëron (Loire-Inférieure). — Espèce bovine, 1116.

M.

M. Mabilais (J.), à Saint-Étienne-de-Montluc (Loire-Inférieure). — Espèce bovine, 1132.

M. Mabilais (P.), à Saint-Étienne-de-Montluc (Loire-Inférieure). — Espèce bovine, 1123.

M. Magne-Gérard, à Anglars-de-Salers (Cantal). — Espèce bovine, 959.

M. Mahier (A.), à Ménil (Mayenne) — Espèce ovine, 738 – 783.

M. Mahier (R.), à Ménil (Mayenne). — Espèce ovine, 643 – 659.

M. Mailhard de la Couture, à Limoges (Haute-Vienne). — Espèce bovine, 712 – 751 – 907 – 1056.

M. Maillard, à Sainte-Marie-du-Mont (Manche). — Espèce bovine, 394 – 422 – 447 – 466 – 481 – 488 – 489. — Espèce ovine, 639 – 640 – 661 – 665 – 669 – 677 – 686.

M. Maisonhaute, à Grignon (Seine-et-Oise). — Espèce porcine, 195 – 204 – 220 – 224 – 243 – 252 – 253 – 275 – 280 – 306 – 308 – 310 – 311 – 312.

Mme Malmaison, à Rouen (Seine-Inférieure). — Animaux de basse-cour, 553 – 595.

M. Mamy fils, à Conflans (Haute-Saône). — Espèce bovine, 770 – 798 – 802 – 822.

M. Mamy père, à Conflans (Haute-Saône). — Espèce bovine, 645 – 772 – 784 – 796 – 803 – 814 – 821. — Espèce porcine, 139. — Animaux de basse-cour, 491 – 517.

M. Mapataud aîné, à Limoges (Haute-Vienne). — Espèce bovine, 735 – 890 – 900 – 908 – 914.

M. Marhin, à Pontivy (Morbihan). — Espèce bovine, 1208 – 1209 – 1223 – 1239 – 1251 – 1437 – 1439 – 1444. — Espèce ovine, 519 – 538 – 575.

M. Marois (G.), rue du Rond-Point, 16, au Grand-Montrouge (Seine). — Animaux de basse-cour, 64 – 65 – 147 – 148 – 211 à 214 – 292 à 295 – 367 – 368 – 431 – 432 – 458 – 469 – 490 – 516 – 537 – 538 – 580 – 581 – 648 – 649 – 691 – 692 – 709 – 710 – 728 – 729 – 752 – 768 – 772 – 790 – 832 – 833 – 877 – 878 – 910 – 920 – 921 – 965 – 966 – 994 – 995 – 1020 – 1021 – 1054 – 1062 – 1098 – 1108 – 1158 – 1190 – 1245 – 1259 – 1271 – 1275 – 1297 – 1311 – 1322 – 1326 – 1359 – 1391 – 1420 – 1446 – 1490 – 1491 – 1535 – 1536 – 1573 – 1596 – 1610 – 1627 – 1678 – 1695 – 1746 – 1778 à 1781 – 1794 – 1795 – 1796 – 1812 à 1817 – 1829 – 1836 – 1837 – 1844 – 1862 à 1867 – 1937 – 1942 – 1944 – 1953 – 1965 – 1976 – 1977 – 1981 – 1988 – 1989 – 1998 – 2002 – 2014 – 2015 – 2016 – 2027 à 2033 – 2043 – 2052 à 2055 – 2065 – 2066 – 2067 – 2077 – 2085 – 2094 – 2104 – 2115 – 2129 – 2131 – 2136 – 2227 à 2230 – 2333 à 2338 – 2397 à 2400 – 2479 à 2482 – 2556 à 2559 – 2637 à 2642.

M. Martenot, à Cruzy-le-Châtel (Yonne). — Espèce bovine, 1507 – 1524 – 1535. — Espèce ovine, 262 – 263 – 319 – 354 – 422 – 458.

M. Martial, à Limoges (Haute-Vienne). — Espèce bovine, 869 - 877 - 1639 - 1646. — Espèce porcine, 206 – 333.

M. Martin (J.), rue de Neuilly, 22, à Suresnes (Seine). — Animaux de basse-cour, 66 – 167 – 149 – 150 – 215 – 216 – 217 – 297 – 298 – 369 – 433 – 527 – 570 – 650 – 651 – 693 – 694 – 835 – 836 – 880 – 881 – 922 – 967 – 996 – 1022 – 1159 – 1191 – 1246 – 1260 – 1261 – 1298 – 1312 – 1313 – 1652 – 1719 – 1782 – 1783 – 1784 – 1797 – 1818 – 1819 – 1830 – 1845 – 1929 – 2017 – 2034 – 2035 – 2044 – 2056 – 2057 – 2078 2089 – 2095 – 2096 – 2100 – 2101 – 2339 à 2346 – 2401 – 2402 – 2483 – 2484 – 2560 à 2563.

M. de la Massardière, à Autran (Vienne). — Espèce bovine, 1100 – 1108 – 1127 – 1134 – 1139 – 1144. — Espèce porcine, 198.

M. Massé (A.), à Germigny (Cher). — Espèce ovine, 645 – 729 – 732 – 779.

M. le comte de Massol, à Souhey (Côte-d'Or). — Espèce bovine, 1294 – 1301 – 1313 1337 – 1347 – 1350 – 1381 – 1392 – 1549 – 1572 – 1589 – 1624.

M. Mativon, à Rannegon (Cher). — Espèce bovine, 1567 – 1621.

M. Maynial, à Moussages (Cantal). — Espèce bovine, 935.

M. Médard, à Saint-Julien-du-Sault (Yonne). — Espèce ovine, 564.

Mme Mengin, à Yvoy-le-Marron (Loir-et-Cher). — Animaux de basse-cour, 68 à 73 – 151 à 154 – 218 à 223 – 299 à 302 – 370 à 375 – 434 à 437 – 492 – 518 – 556 – 598 – 711 – 712 – 730 – 731 – 837 – 838 – 882 – 883 – 923 à 927 – 968 à 971 – 1380 – 1381 – 1436 – 1437 – 1492 – 1493 – 1494 – 1519 – 1537 – 1538 – 1574 – 1575 – 1597 – 1598 – 1599 – 1653 – 1654 – 1655 – 1658 – 1661 – 1662 – 1663 – 1720 – 1721 – 1722 – 1725 – 1728 – 1729 – 1730 – 1747 – 1748 – 1820 – 1873 à 1876 – 1958 – 1966 – 2485 – 2486.

M. Mengin (E.), à Bourges (Cher). — Espèce bovine, 410 – 448 – 517. — Espèce ovine, 514 – 534. — Espèce porcine, 197 – 212 – 242 – 265 – 356.

M. Mongin (P.), à Yvon-le-Marron (Loir-et-Cher). — Espèce bovine, 388 – 423 – 431 – 434 – 457 – 484 – 490 – 498. — Espèce porcine, 182 – 184 – 187 – 200 – 218 – 225 – 228 – 235 – 236 – 237 – 254 – 270 – 271 – 320 – 343.

M. Ménier, à Champagne (Vendée). — Espèce bovine, 1091.

M. Merle, à Châtel-Gérard (Yonne). — Espèce bovine, 1262 – 1264 – 1268 – 1282 – 1585.

M. Merle, à Châteaurenaud (Saône-et-Loire). — Animaux de basse-cour, 493 – 519.

M. Méxia (V.), à Cognac (Charente). — Animaux de basse-cour, 2246 à 2251.

M. Michel, aux Estables (Haute-Loire). — Espèce bovine, 1065 – 1066 – 1071 – 1076 – 1077 – 1082 – 1088.

M. Michenon, à Andrezel (Seine-et-Marne). — Espèce ovine, 304 – 337 – 409 – 455.

M. Miédan, à Bourg-Saint-Maurice (Savoie). — Espèce bovine, 1149 – 1159 – 1175 – 1193 – 1684.

M. Millon, à Bissy (Savoie). — Espèce bovine, 1163 – 1172 – 1173 – 1186 – 1191. — Espèce ovine, 272 – 338 – 367 – 463.

M. Minoret, à Bourg-Saint-Maurice (Savoie). — Espèce bovine, 1151 – 1160 – 1168 – 1180 – 1188. — Espèce ovine, 225 – 238.

M. Monpelie, à Villardonnel (Aude). — Espèce ovine, 566 – 584 – 600 – 605 – 752 – 785.

M. Monrat (P.), à Paris, impasse Hauteforme, 25. — Animaux de basse-cour, 224 –
303 – 528 – 529 – 571 – 572 – 839 – 840 – 841 – 884 – 885 – 886 – 1785 – 1786 –
1798 – 1821 – 1822 – 1838 – 1846 – 1848 – 1849 – 1852 – 1853 – 1954 – 1960 –
1961 – 1963 – 1967 – 2018 – 2036 à 2040 – 2058 à 2062 – 2132 – 2133 – 2134 –
2139 – 2140 – 2252 à 2263 – 2564 à 2569.

M. Montalivet (le comte de), à Saint-Bouize (Cher). — Espèce ovine, 618 à 623 –
633 à 636.

M. Montenot-Beau, à Nesle et Maussault (Côte-d'Or). — Espèce ovine, 372 – 373 –
379 – 403.

M. Montlaur (le marquis de), à Cognat-Lyonne (Allier). — Espèce bovine, 1308 –
1339 – 1393 – 1396.

M. De Mont-Redon, à Villemur (Haute-Garonne). — Espèce bovine, 567 – 568 –
601 – 753. — Animaux de basse-cour, 539 – 563 – 582 – 600 – 1576 – 1000.

M. Morel, à Saulty, par l'Albret (Pas-de-Calais). — Espèce bovine, 413 – 547 – 559 –
573 – 587 – 604 – 610 – 1447 – 1452 – 1458 – 1468 – 1470 – 1479 – 1500.

M. Morisse (A.), à Bretteville (Seine-Inférieure). — Espèce bovine, 1369.

M. Morisse (E.), à Bretteville (Seine-Inférieure). — Espèce bovine, 1317 – 1343.

M. Moynier (J.), à Montpellier (Hérault). — Animaux de basse-cour, 564 – 607 – 774 –
1226.

M. Muler, à Nancy (Meurthe-et-Moselle). — Espèce porcine, 4 – 26 – 27 – 164 – 216 –
262 – 272 – 352 – 359.

M. Muret, à Noyon-sur-Seine (Seine-et-Marne). — Espèce bovine, 1514 – 1542. —
Espèce ovine, 740 – 744 – 745 – 786 – 787.

M. Musard, à Villequier (Seine-Inférieure). — Espèce bovine, 151 – 156.

N.

M. Namur, à Coucy (Ardennes). — Espèce bovine, 709 – 779 – 787 – 809 – 816 – 1285 –
1455 – 1461 – 1478 – 1492 – 1498. — Espèce ovine, 799 – 806.

M. le comte des Nétumières, à Balazé (Ille-et-Vilaine). — Espèce porcine, 203 –
255 – 326 – 349.

M. Nicolas (L.), à Chaumes (Seine-et-Marne). — Espèce bovine, 511 – 512 – 521 – 522
– 527 – 528 – 529 – 532 – 533 – 534 – 535 – 536.

M. Noblet, à Château-Renard (Loiret). — Espèce bovine, 415 – 477 – 526 – 1443. —
Espèce ovine, 116 – 128 – 140 – 150 – 273 – 274 – 275 – 380 – 382 – 499 – 653 à 656
– 683. — Espèce porcine, 75 – 136 – 158 – 183 – 210 – 219 – 227 – 251 – 260 – 261
– 263 – 287 – 304.

M. Nouette-Delorme, à Ouzouer-des-Champs (Loiret). — Espèce ovine, 37 – 693 à
698 – 703 – 704 – 705 – 708 – 709 – 710 – 716 – 719.

O.

M. Olivier (A.), à Jusix (Lot-et-Garonne). — Espèce bovine, 714 – 723 – 732 – 737 –
743 – 746 – 756 – 760.

M. Ollivier (F.), à Kerfeunteun (Finistère). — Espèce bovine, 1203 – 1212 – 1219 –
1236 – 1249 – 1438.

M. Omer Mailhes, à Momères (Hautes-Pyrénées). — Espèce bovine, 825 – 828 –
831 – 832 – 834 – 835.

P.

M. Paillart, à Quesnoy-le-Montant (Somme). — Espèce bovine, 1554 – 1576 – 1605 – 1630. — Espèce porcine, 192 – 285 – 299 – 300 – 323 – 367 – 368.

Mme Paillart, à Quesnoy-le-Montant (Somme). — Animaux de basse-cour, 543 – 586 – 1495 – 1656 – 1657 – 1723.

M. Parage, à Chazé-sur-Argos (Maine-et-Loire). — Espèce bovine, 1627 – 1633.

M. Pasquier, à Sainte-Hermine (Vendée). — Espèce bovine, 1140.

M. Paynel, à Mesnil-Mauger (Calvados). — Espèce bovine, 400 – 430 – 459 – 486 – 487 – 499 – 500 – 525.

M. Pébrel, à'Anglards-de-Salers (Cantal). — Espèce bovine, 938 – 996 – 1000.

M. Penel, à Eps (Pas-de-Calais). — Espèce bovine, 562 – 598 – 605.

M. Péré, à Bordères (Hautes-Pyrénées). — Espèce bovine, 829.

M. Pervinquières, (Baron de), à Bazages (Vendée). — Espèce bovine, 1120 – 1133.

M. Petitjean, à Trugny (Côte-d'Or). — Espèce bovine, 774.

M. Pichot (P.-A.), boulevard Haussmann, 132. — Animaux de basse-cour, 1370 – 1428.

M. Piébert, à Magnils-Regner (Vendée). — Espèce bovine, 1102.

M. Pillaud, à Suirier-la-Vineuse (Vendée). — Espèce bovine, 1098.

M. Pillot, à Cours (Deux-Sèvres). — Espèce bovine, 1094.

M. Pineau, à Saint-Denis (Seine), rue Dézobry, 3. — Animaux de basse-cour, 1227 – 1236 – 1272 – 1323 – 1361 – 1422.

M. Pissevin, à Moulins (Allier), — Espèce porcine, 133 – 151 – 152 – 172 – 194 – 354.

M. Plaisant, à Beauzains-lès-Arras (Pas-de-Calais). — Espèce bovine, 1453 – 1457 – 1473 – 1474 – 1482 à 1486 – 1494 à 1497 – 1501 – 1606 – 1660.

M. Pluchet, à Trappes (Seine-et-Oise). — Espèce ovine, 746 – 747 – 748 – 761 – 762 – 763 – 790 – 798.

M. Poisson, directeur de la ferme-école de Laumoy (Cher). — Espèce porcine, 168 – 188 – 207 – 217 – 231 – 273 – 283 – 284 – 327 – 353 – 361.

M. Ponsard, à Omey (Marne). — Espèce ovine, 688 à 692 – 711 – 717. — Animaux de basse-cour, 2416 à 2421.

M. Porte, à Ozon (Hautes-Pyrénées). — Espèce bovine, 837 – 843 – 844 – 847 – 849.

M. Pouliquen, à Landivisiau (Finistère). — Espèce bovine, 1338.

M. Poullet, à Rony (Nièvre). — Espèce bovine, 650 – 651.

M. Proux, à Saint Germain-de-Marencennes (Charente-Inférieure). — Espèce bovine, 1314 – 1321 – 1371 – 1387 – 1563 – 1588 – 1592 – 1596 – 1614.

M. Prudent, à Châteaurenaud (Saône-et-Loire). — Animaux de basse-cour, 494 – 520.

R.

M. Rambaud, à Saint-Sulpice (Vendée). — Espèce bovine, 1121.

Rambouillet (Bergerie de). — Espèce ovine, 814 à 825.

M. Ramond, à Aurillac (Cantal). — Espèce bovine, 942 – 955 – 969 – 983 – 1001.

M. Ranc, à Cayses (Haute-Loire). — Espèce ovine, 586 – 600 – 612 – 627.

M. Rancy, à Hazebrouck (Nord). — Espèce bovine, 543 – 571. — Espèce porcine, 140.

M. Raspaud, à Saint-Pierre-de-Rivière (Ariége). — Espèce bovine, 687. — Espèce ovine, 576.

M. Rasset fils, à Montérolier (Seine-Inférieure). — Espèce ovine, 641 – 667 *bis* – 671 – 774 – 804.

M. Raulin, à Villiers-Fossard (Manche). — Espèce bovine, 416 – 449 – 450 – 458 – 460 – 513 – 523.

M. Raymon fils, à Cognac (Charente). — Animaux de basse-cour, 2264 à 2269.

M. Régimond, à Saint-André-du-Gard (Gironde). — Espèce bovine, 717 – 721 – 727 – 731 – 734 – 738 – 752.

Mᵐᵉ Rellier-Gallway, à Bois-Colombes (Seine). — Animaux de basse-cour, 714 – 734 – 1351.

M. Renaud, à Vouillé-les-Marais (Vendée). — Espèce porcine, 1146.

M. Revencau, à Sainte-Radegonde-les-Noyers (Vendée). — Espèce ovine, 767 – 801.

M. Rhodes, à Aurillac (Cantal). — Espèce bovine, 952 – 960 – 973 – 988 – 990 – 997. – 1006.

M. Richard (A.), à Montpellier (Hérault). — Espèce bovine, 856 – 1150 – 1174 – 1182 – 1187 – 1192 – 1197 – 1528.

M. Richard (C.), à Hattenville (Seine-Inférieure). — Espèce ovine, 736.

M. Richard (J.), à Ardillières (Charente-Inférieure). — Espèce bovine, 1333 – 1357. 1406.

M. Robcis, à Bussy-Saint-Georges (Seine-et-Marne). — Espèce ovine, 289 – 328 – 382 - 389 – 473 – 474.

M. Robert (J.-B.), à Aixe (Haute-Vienne). — Espèce bovine, 878 – 1574.

M. Robert (P.-J.-B.), à Paris, rue de la Chapelle, 46. — Espèce bovine, 167 – 170 - 183 – 188 – 196 – 205 – 222 – 224 – 227 – 228 – 231 – 235 – 237 – 392 – 424 – 429 – 440 – 464 – 482 – 503 – 510 – 544 – 549' – 561' – 563 – 566 – 575 – 590 – 599 – 602 – 614 – 616 – 1206 – 1213 – 1226 – 1234 – 1241 – 1247 – 1252.

M. Roger, à Charray (Eure-et-Loir). — Espèce ovine, 305 – 306 – 339 – 404 – 405 431 – 485 – 506.

M. Roublot (E.), à Paris, rue Malher, 26. — Animaux de basse-cour, 1035 – 1042.

Mˡˡᵉ de Rougé (P.), à Précigné (Sarthe). — Espèce bovine, 1319 – 1356 – 1388. — Espèce porcine, 137.

M. Rougier, à la Réole (Gironde). — Espèce bovine, 715 – 726 – 742 – 904.

MM. Roullier et Arnoult, à Gambais (Seine-et-Oise). — Animaux de basse-cour, 227 à 232' – 305 à 310.

M. Rupp, à Paris, boulevard Mazas, 138. — Animaux de basse-cour, 376 à 381' – 438 – 439.

S.

M. Saint-Jean, à Rodez (Aveyron). — Espèce ovine, 579.

M. le baron de Saint-Priest, à Parage (Tarn-et-Garonne). — Espèce ovine, 714.

M. Saint-Ubéry, à Orleix (Hautes-Pyrénées). — Espèce bovine, 826 – 827.

M. le vicomte de Saint-Vallier, à Limon (Nièvre). — Espèce bovine, 630 – 641 – 669.

M. Salvat, à Saint-Claude (Loir-et-Cher). — Espèce bovine, 1354 – 1364 – 1365 – 1379 – 1382 – 1390 – 1412 – 1416 – 1420.

M. Samson, à Constantine (Algérie). — Espèce bovine, 1686 à 1700. — Espèce ovine, 807 à 813.

M. Sédillot, à Dammarie (Eure-et-Loir). — Espèce ovine, 307 – 340 – 341 – 406 – 486.

M. Ségassie, à Boeil-Bezing (Basses-Pyrénées). — Espèce bovine, 860.

M. Séguinot (Ferd.), à Nalliers (Vendée). — Espèce bovine, 1092 – 1104 – 1109 – 1111 – 1128 – 1135 – 1138 – 1147.

M. Séguinot (Franç.), à Sainte-Gemme-la-Plaine (Vendée). — Espèce bovine, 1142.

M. Sénam, à Armbouts-Cappel (Nord). — Espèce bovine, 550 – 570 – 589 – 611 – 1607 – 1665.

M. Serre (J.), à Anglars (Cantal). — Espèce bovine, 948 – 972.

M. Serre, à Valette (Cantal). — Espèce bovine, 981 – 1002 – 1010 – 1011 – 1012 – 1013.

M. Signoret (C.), à Sermoise (Nièvre). — Espèce bovine, 1306 – 1349.

M. Signoret (H.-F.), à Sermoise (Nievre). — Espèce bovine, 631 – 652.

M. Sinoir, à Fontaine-Couverte (Mayenne). — Espece porcine, 173.

M. Soliman, à Couëron (Loire-Inferieure). — Espece bovine, 1096 – 1117.

M. Solle, à Boulogne (Haute-Garonne). — Espèce bovine, 689 – 693 – 838.

M. le baron Springer, à Maisons-Alfort (Seine). — Espece bovine, 615 – 642 – 1564.

M. Stevenoot (A.), à Armbouts-Cappel (Nord). — Espèce bovine, 1551 – 1583. — Espece porcine, 316.

M. Stevenoot (L.), à Pitgam (Nord). — Espèce bovine, 539 – 579 – 1552 – 1640 – 1661.

M. Suhit, à Artiquelouve (Basses-Pyrenees). — Espèce bovine, 853 – 855 – 861.

M. Swetmann, à Chatou (Seine-et-Oise). — Animaux de basse-cour, 2570 – 2571 – 2643 – 2644.

M. Sys, à Hazebrouck (Nord). — Espèce bovine, 592 – 593 – 606.

T.

Mme V° Taillefer, à Morières (Vaucluse). — Espece bovine, 1033 – 1053 – 1153 – 1183 – 1508 – 1520 – 1527 – 1529 – 1536 – 1540.

Mlle Taillefert (E.-L.), à Morières (Vaucluse). — Animaux de basse-cour, 233 – 312 – 846 – 801 – 1399 – 1454 – 1498 – 1541 – 1749.

M. Talabot, à Condat (Haute-Vienne). — Espèce bovine, 730 – 870 – 872 – 873 – 879 – 888 – 892 – 895 – 899 – 902 – 903 – 911 – 913.

M. Talhouet-Roy (le marquis de), au Lude (Sarthe). — Espèce bovine, 1363 – 1420.

M. Teisserenc de Bort fils (E.), à Saint-Priest-Taurion (Haute-Vienne). —Espèce bovine, 530 – 915 à 932. — Espece ovine, 721 à 728. — Espece porcine, 370 à 381.

M. Tempier, à Aimargues (Gard). — Espèce ovine, 381 – 498 – 587 – 591 à 594 – 604 – 608 – 609 – 611 – 613.

M. Terrillon-Lemoine, à Châtillon-sur-Seine (Côte-d'Or). — Espèce bovine, 1516 – 1526 – 1534. — Espèce ovine, 264 – 276 – 438 – 470. — Espèce porcine, 191 – 238.

M. Terrillon-Roy, à Châtillon-sur-Seine (Côte-d'Or). — Espèce ovine, 278 – 279 – 326.

M. Textoris, à Cheney (Yonne). — Espèce bovine, 1445 – 1463 – 1466 – 1472 – 1475 – 1487 – 1488 – 1490. — Espèce ovine, 265 – 320 – 432 – 466.

M. Thilloy, à Servon (Marne). — Espèce bovine, 277.

M. Thimel (E.), à Mosnay (Indre). — Espèce bovine, 1113 – 1143.

M. Thimel (E.), à Bouesse (Indre). — Espèce bovine, 1093 – 1105 – 1118 – 1129 – 1145.

M. Thirouin, à Béville-le-Comte (Eure-et-Loir). — Espèce ovine, 308 – 309 – 342 – 368 – 369 – 407 – 408 – 487 – 509.

M. Thoral (C.), à Briennon (Loire). — Espèce bovine, 1557 – 1626.

M. Thoral (C.-M.); à Briennon (Loire). — Espèce bovine, 1353.

M. Thoral (L.), à Saint-Nizier (Loire). — Espèce bovine, 1415.

M. de Thoury, à Saint-Saulge (Nièvre). — Espèce bovine, 626.

M. Tiersonnier (A.), à Gimouille (Nièvre). — Espèce bovine, 1298 – 1327 – 1359 – 1380 – 1395 – 1405 – 1408. — Espèce ovine, 644 – 647 – 648 – 662 – 668 – 672 – 674 – 678.

M. Tiersonnier (L.), à Gimouille (Nièvre). — Espèce bovine, 636.

M. Tilloy, à Servon (Marne). — Espèce bovine, 1533.

M. Tordeux (Q.), rue des Moulinets, 27, à Paris. — Animaux de basse-cour, 1823 – 1824 – 1909 – 1910 – 2116 – 2270 à 2274 – 2347 à 2358 – 2404 – 2405 – 2487 à 2492 – 2572 à 2577 – 2645 à 2664.

M. Toulot, à Épieds (Aisne). — Espèce ovine, 310 – 410.

M. Tristant, à Échiré (Deux Sèvres). — Espece bovine, 1101 – 1114.

M. Trottein, à Hazebrouck (Nord). — Espèce bovine, 540.

MM. Trouillard et Barassé, à la Suze (Sarthe). — Animaux de basse-cour, 75 à 80 – 155 à 160 – 234 – 313 – 382 à 387 – 440 à 445 – 536 – 579 – 933 – 977 – 1055 – 1100.

M. Tujas, à Saint-Sève (Gironde). — Espèce bovine, 711 – 728 – 748.

M. le marquis de la Tullaye, à Ménil (Mayenne). — Espèce bovine, 1316 – 1331 – 1368 – 1385 – 1399 – 1422 – 1424. — Espèce ovine, 699 – 720. — Espece porcine, 202.

V.

M. Vaillant de Quélis père, à Herry (Cher). — Espèce ovine, 624 – 625 – 637.

M. Vaillant de Quélis (T.), à Herry (Cher). — Espèce ovine, 615 – 617 – 632.

Mᵐᵉ Vᵉ Vanhove, à Arras (Pas-de-Calais). — Espèce bovine, 395 – 548 – 560 – 569 –
576 – 597 – 619 – 1448 – 1454 – 1459 – 1467 – 1471 – 1481 – 1504 – 1641 – 1645 –
1658.

M. Varin d'Épensival, à Épense (Marne). — Espèce ovine, 248 à 251 – 313 – 314
355 – 390 – 495 – 503.

M. Vavasseur, à Ferrières-en-Brie (Seine-et-Marne). — Espèce bovine, 398 – 432 –
467 – 492.

Mᵐᵉ Vergé, à Vergné (Indre-et-Loire). — Animaux de basse-cour, 237 – 316 – 1474 –
1499 – 520 – 1542 – 1750.

M. Vermond, à Péronne (Somme). — Espèce bovine, 541 – 554 – 564 – 565 – 581 –
582 – 600 – 603 – 617.

M. Vérot, à Vergézac (Haute-Loire). — Espèce bovine, 1027 – 1031 – 1046 – 1060 –
1074. — Espèce ovine, 578 – 603.

M. Vidal, à Menet (Cantal). — Espèce bovine, 936 – 937 – 971 – 984 – 986 – 987 –
989 – 998.

M. Vigier, à Fay-le-Froid (Haute-Loire). — Espèce ovine, 585.

M. de la Ville, à Bretteville-sur-Odon (Calvados). — Espèce bovine, 396 – 436 – 478
– 479 – 524 – 1638 – 1659 – 1678 – 1682.

M. Villeneuve, à Pouzac (Hautes-Pyrénées). — Espèce porcine, 146.

M. de Villepin, à Jupilles (Sarthe). — Espèce bovine, 1342 – 1386. — Espèce ovine,
712.

M. Voisin (R.), à la Suze (Sarthe). — Animaux de basse-cour, 82 – 83 – 162 – 163 –
388 – 389 – 446 – 447.

M. Voitellier, à Mantes (Seine-et-Oise). — Animaux de basse-cour, 84 – 85 – 164 –
165 – 238 à 245 – 317 à 323 – 547 – 548 – 590 – 591 – 1002 – 1027 – 1619 – 1659
– 1660 – 1687 – 1726 – 1727 – 1751.

W.

M. Wallet, à Gannes (Oise). — Espèce ovine, 741 – 742 – 771 – 772 – 788 – 805.

M. Werlein, à Besançon (Doubs). — Espèce bovine, 785 – 791 – 807 – 811 – 1263 –
1265 – 1272 – 1280 – 1281 – 1290 – 1449. — Espèce porcine, 144 – 177 – 180.

M. Wissocq, à Bourbourg (Nord). — Espèce bovine, 545.

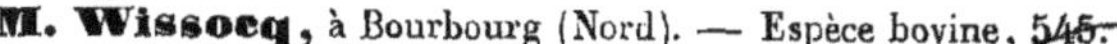

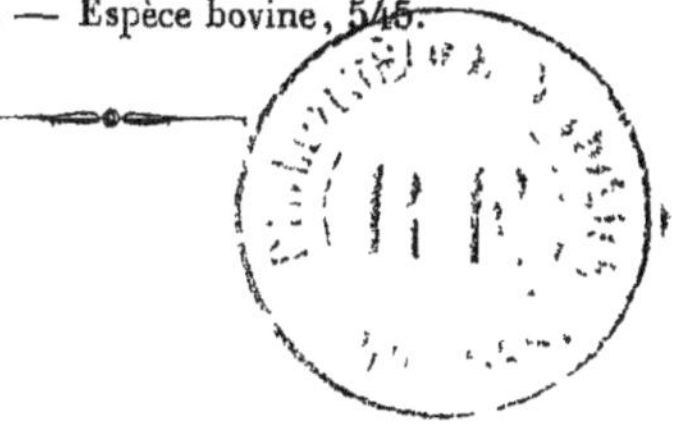

9 782329 106120